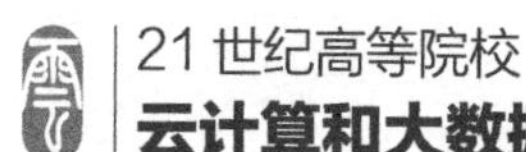

21世纪高等院校
云计算和大数据人才培养规划教材

CLOUD COMPUTING AND BIG DATA

大数据技术与应用基础

陈志德 曾燕清 李翔宇 ◎ 编著

人民邮电出版社
北京

图书在版编目（CIP）数据

大数据技术与应用基础 / 陈志德，曾燕清，李翔宇编著. -- 北京 : 人民邮电出版社，2017.1（2021.12 重印）
21世纪高等院校云计算和大数据人才培养规划教材
ISBN 978-7-115-44347-2

Ⅰ. ①大… Ⅱ. ①陈… ②曾… ③李… Ⅲ. ①数据处理 Ⅳ. ①TP274

中国版本图书馆CIP数据核字(2016)第300291号

内容提要

本书在介绍大数据发展背景、特点及主要技术的基础上，对大数据的数据采集、数据存储、常见计算模式进行了分析介绍。本书同时对各种典型系统工具进行了讲解，包括大数据查询分析计算典型工具（HBase、Hive）、批处理计算典型工具（MapReduce、Spark）、流式计算典型工具（Storm、Apex、Flink）、事件流典型工具（Druid）等。

本书提供了大量的实例和源代码供读者参考，指导读者快速、无障碍地了解和掌握常见大数据分析工具。本书适合作为计算机及相关专业的教学用书，也可以作为大数据初学者的自学教材和参考手册。

◆ 编　著　陈志德　曾燕清　李翔宇
责任编辑　桑　珊
执行编辑　左仲海
责任印制　焦志炜

◆ 人民邮电出版社出版发行　北京市丰台区成寿寺路 11 号
邮编　100164　电子邮件　315@ptpress.com.cn
网址　http://www.ptpress.com.cn
北京七彩京通数码快印有限公司印刷

◆ 开本：787×1092　1/16
印张：13.75　　2017 年 1 月第 1 版
字数：266 千字　　2021 年 12 月北京第 5 次印刷

定价：39.80 元

读者服务热线：(010)81055256　印装质量热线：(010)81055316
反盗版热线：(010)81055315

前 言

近几年，大数据技术迅猛发展，在各个领域都得到广泛关注，推动了新一轮技术发展浪潮。大数据技术的发展，已被列为国家重大发展战略。到2016年为止，大数据已经是第三次出现在政府工作报告中；而在过去的几年里，无论是聚焦大数据发展的《促进大数据发展行动纲要》，还是“十三五”规划中都深刻体现了政府对大数据产业和应用发展的重视。

大数据发展一般会经历扩散期、加速期、转型期、成熟期。目前国内发展还处于第二和第三阶段，数据与传统产业的融合还处于起步阶段，各行业对大数据分析和挖掘的应用还不理想。但随着市场竞争的加剧，各行业对大数据技术研究的热情越来越高，未来几年，各领域的数据分析都将大规模应用。本书在注重大数据时代应用环境前提下，考虑大数据处理分析需求多样、复杂的基本情况，从初学者角度出发，以轻量级理论、丰富的实例介绍大数据常用计算模式的各种系统和工具，注重大数据分析实践操作。本书主要特点如下。

1. 内容丰富多样，对比学习

考虑到当前大数据发展处于起步并逐步赶超先进的阶段，其应用领域丰富广泛，本书除了介绍典型开源大数据处理框架——Apache Hadoop框架之外，还介绍了批处理计算Spark、流式计算及典型工具（Storm、Apex、Flink）和事件流及典型工具（Druid）等，让读者了解不同类型工具系统的特点，并配以丰富简单易上手的实例，让读者能够切实体会和掌握各种类型工具的特点和应用。

2. 轻量级理论，重在培养动手实践能力

为了让读者能够快速掌握技能并保证理论能够适应实践要求，本书本着轻量级理论原则，给出丰富的实例、详实的实验操作步骤，使读者易于配置的实验环境，让读者能够快速上手，在做中学。

3. 有效结合实际应用

除了各章节给出的配套实例外，本书在最后还给出电商领域的大数据分析综合实例，以实际行业应用案例说明大数据处理和计算工具的使用，并进一步阐述大数据行业应用的重大意义。

为了方便读者学习和使用，本书中所有实验操作和实验代码均经过实际运行测试，可直接使用运行。

本书由陈志德、曾燕清、李翔宇共同完成，陈志德统编全稿。由于编者水平有限，书中不妥或错误之处在所难免，不当之处敬请读者批评指正，并将反馈意见发送到邮箱feedbackbigdata@163.com，以便我们及时修正完善。

编者

2016 年 10 月

目 录 CONTENTS

第 1 章 大数据概述 1

第 2 章 数据获取 8

第 3 章 Hadoop 基础 19

第 4 章 HDFS 基本应用 48

第 5 章 MapReduce 应用开发 65

第 11 章　事件流 OLAP 之 Druid　168

第 12 章　事件数据流引擎 Flink　181

第 13 章　分布式文件搜索 Elasticsearch　190

第 14 章　实例电商数据分析　203

参考文献　212

第11章 实时流OLAP之Druid 168

第12章 实时数据流计算引擎Flink 181

第13章 分布式文件搜索Elasticsearch 190

第14章 实例电商数据分析 203

参考文献 212

PART 1

第1章 大数据概述

随着大数据技术的发展，大数据处理及其行业应用价值有目共睹。本章将从大数据发展、大数据的基本概念和特点、大数据的来源、大数据的主要技术层面及大数据的应用等方面简要介绍大数据的基础知识。

1.1 大数据的发展

近年来，随着计算机和信息技术的迅猛发展和普及应用，行业应用系统的规模迅速扩大，行业应用所产生的数据呈爆炸性增长。互联网（社交、搜索、电商）、移动互联网（微博、微信）、物联网（传感器、智慧地球）、车联网、GPS、医学影像、安全监控、金融（银行、股市、保险）、电信（通话、短信）都在疯狂地产生数据。Google 上每天需要处理 24PB 的数据；每个月网民在 Facebook 上要花费 7 000 亿分钟时间，被移动互联网使用者发送和接受的数据量高达 1.3EB；百度目前的总数据量已超过 1000PB，每天需要处理的网页数据达到 10～100PB；每天亚马逊上要产生 630 万笔订单；淘宝累计的交易数据量高达 100PB；Twitter 每天发布超过 2 亿条消息，新浪微博每天发帖量达到 8000 万条；每天会有 2.88 万小时的视频上传到 YouTube；中国移动一个省级公司的电话通联记录数据每月可达 0.5～1PB；一个省会城市公安局道路车辆监控数据 3 年可达 200 亿条、总量 120TB。根据国际数据公司（IDC）的检测，人类产生的数据量正呈指数级增长，大约每两年翻一番，这个速度在 2020 年之前会继续保持，意味着人类在最近两年产生的数据量相当于之前产生的全部数据量。根据 IDC 的测算，到 2020 年数字世界将产生 35 000EB 的数据。行业/企业大数据已远远超出了现有传统的计算技术和信息系统的处理能力，因此，寻求有效的大数据处理技术、方法和手段已经成为现实世界的迫切需求。

前些年人们把大规模数据称为“海量数据”，但大数据（Big Data）的概念早在 2008 年就已被提出。2008 年，《自然》杂志出版了一期专刊，专门讨论未来的大数据处理相关的一系列技术问题和挑战，其中就提出了“Big Data”的概念。

1.2 大数据的概念及特征

1.2.1 大数据的概念

关于大数据，难以有一个非常定量的定义。

麦肯锡对大数据的定义是：大数据指的是那些大小超过标准数据库工具软件能够收集、存储、管理和分析的数据集。

维基百科给出的大数据概念是：在信息技术中，“大数据”是指一些使用目前现有数据库管理工具或者传统数据处理应用很难处理的大型而复杂的数据集。其挑战包括采集、管理、存储、搜索、共享、分析和可视化。

“大数据”是需要新处理模式才能具有更强的决策力、洞察发现力和流程优化能力的海量、高增长率和多样化的信息资产。从数据的类别上看，“大数据”指的是无法使用传统流程或工具处理或分析的信息。它定义了那些超出正常处理范围和大小、迫使用户采用非传统处理方法的数据。Gartner 在阐述大数据概念时，提出如上论述。

复旦大学朱扬勇教授提出，大数据本质上是数据交叉、方法交叉、知识交叉、领域交叉、学科交叉，从而产生新的科学研究方法、新的管理决策方法、新的经济增长方式、新的社会发展方式等。

1.2.2 大数据的特征

大数据具备以下四个维度的特征（如图 1-1 所示）：

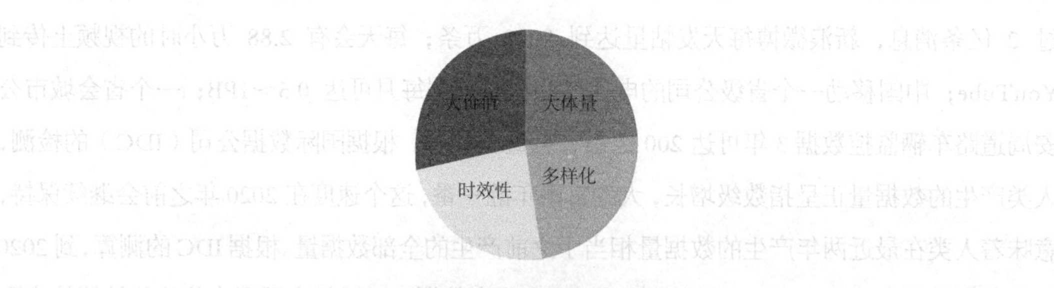

图 1-1　大数据的特征

（1）大体量（Volume）。数据量可从数百 TB 到数百 PB 甚至 EB 的规模。

（2）多样化（Variety）。大数据所处理的数据类型早已不是单一的文本数据或者结构化的数据库中的表，而是包括各种格式和形态的数据，数据结构类型复杂。

（3）时效性（Velocity）。很多大数据需要在一定时间限度下得到及时处理，处理数据的效率决定企业的生命。

（4）大价值（Value）。大数据包含很多深度的价值，通过强大的机器学习和高级分析对数据进行“提纯”，能够带来巨大商业价值。

1.3 大数据的产生及数据类型

1.3.1 大数据的产生

大量数据的产生是计算机技术和网络通信技术普及的必然结果，特别是近年来互联网、云计算、移动互联网、物联网及社交网络等新型信息技术的发展，使得数据产生来源更加丰富。

（1）企业内部及企业外延。企业原有内部系统（如 ERP、OA 等应用系统）所产生的存储在数据库中的数据，属于结构化数据，可直接进行处理使用，为公司决策提供依据。另外，企业内部也存在大量非结构化的内部交易数据，并且随着移动互联网、社交网络等的应用越来越广泛，信息化环境的变化促使企业越来越多的业务需要在互联网、移动互联网、社交网络等平台开展，使得企业外部数据迅速扩展。

（2）互联网及移动互联网。随着社交网络的发展，互联网进入新的时代，用户角色也发生了巨大的变化，从传统的数据使用者转变为随时随地的数据生产者，数据规模迅猛扩展。另外，移动互联网更进一步促进更多用户成为数据生产者。

（3）物联网。物联网技术的发展，使得视频、音频、RFID、M2M、物联网和传感器等产生大量数据，其数据规模更巨大。据 IDC 预测，到 2020 年，由 M2M 产生的数据将占到全世界数据总量的 42%。由此可见物联网产生的数据在整体数据来源中的比重之大。

1.3.2 数据类型

大数据除了数据量巨大外，另一个特点就是数据类型多。在海量数据中，仅有 20%属于结构化数据，其余均为非结构化数据。

按照数据结构，数据可以分为结构化数据、半结构化数据和无结构的非结构化数据。结构化数据存储在数据库中，逻辑结构清晰，易于使用。非结构化数据不方便用数据库二维表来表现，如文档、图片、XML、图像、音频、视频等。非结构化数据中有半结构化数据和无结构化的数据。

按照生产主体，数据可以分为企业应用产生的少量数据、用户产生的大量数据（社交、电商等）、机器产生的巨量数据（应用服务器日志、传感器数据、图像和视频、RFID 等）。

按照数据作用的方式，数据可以分为交易数据和交互数据。海量交易数据指企业内部的经营交易信息，主要包括联机交易数据和联机分析数据，是结构化的、可以通过关系数据库进行管理和访问的静态历史数据。海量交互数据由源于 Facebook、Twitter、微博及其他来源的社交媒体数据构成，包括呼叫详细记录（CDR）、设备和传感信息、GPS 和地理位置映射数据、通过管理文件传输协议传送的海量图像文件、Web 文本和点击流数据、科学信息、电子邮件等。

两类数据的有效融合将是大势所趋，大数据应用要有效集成两类数据，并实现数据的处理和分析。

1.4　大数据计算模式和系统

大数据计算模式，是指根据大数据的不同数据特征和计算特征，从多样性的大数据计算问题和需求中提炼并建立的各种高层抽象和模型。传统的并行计算方法主要从体系结构和编程语言的层面定义了一些较为底层的抽象和模型，但由于大数据处理问题具有很多高层的数据特征和计算特征，因此大数据处理需要更多地结合其数据特征和计算特征考虑更为高层的计算模式。根据大数据处理多样性的需求，出现了各种典型的大数据计算模式，并出现了与之相对应的大数据计算系统和工具。表 1-1 所列为大数据计算模式及典型系统和工具。

表 1-1　大数据计算模式及典型系统和工具

大数据计算模式	典型系统和工具
大数据查询分析计算	HBase，Hive，Cassandra，Premel，Impala，Shark，Hana，Redis 等
批处理计算	MapReduce，Spark 等
流式计算	Scribe，Flume，Storm，S4，Spark Steaming、Apex、Flink 等
迭代计算	HaLoop，iMapReduce，Twister，Spark 等
图计算	Pregel，Giraph，Trinity，PowerGraph，GraphX 等
内存计算	Dremel，Hana，Redis 等

1.5　大数据的主要技术层面和技术内容

从信息系统的角度来看，大数据处理是涉及软硬件系统各个层面的综合信息处理技术。从信息系统角度可以将大数据处理分为基础层、系统层、算法层以及应用层，表 1-2 所列是从信息处理系统角度所看到的大数据技术的主要技术层面和技术内容。

表 1-2　大数据主要技术层面和技术内容

<table>
<tr><td rowspan="3">应
用
层</td><td rowspan="2">大数据行业应用/服务层</td><td>电信/公安/商业/金融/遥感遥测/勘探/生物医药/教育/政府</td></tr>
<tr><td>领域应用/服务需求和计算模型</td></tr>
<tr><td>应用开发层</td><td>分析工具/开发环境和工具/行业应用系统开发</td></tr>
</table>

续表

<table>
<tr><td rowspan="2">算法层</td><td>应用算法层</td><td>社交网络、排名与推荐、商业智能，自然语言处理，生物信息媒体分析检索，Web 挖掘与检索，大数据分析与可视化计算……</td></tr>
<tr><td>基础算法层</td><td>并行化机器学习与数据挖掘算法</td></tr>
<tr><td rowspan="2">系统层</td><td>并行编程模型与计算框架层</td><td>并行计算模型与系统批处理计算，流式计算，图计算，迭代计算，内存计算，混合式计算，定制式计算……</td></tr>
<tr><td>大数据存储管理</td><td>大数据查询（SQL，NoSQL，实时查询，线下分析）
大数据存储（DFS，Hbase，MemD，RDM）
大数据采集（系统日志采集、网络数据采集、其他数据采集）与数据预处理</td></tr>
<tr><td>基础层</td><td>并行构架和资源平台层</td><td>集群，众核，GPU，混合式架构（如集群+众核，集群+GPU）云计算资源与支撑平台</td></tr>
</table>

（1）基础层。基础层主要提供大数据分布存储和并行计算的硬件基础设施。目前大数据处理通用化的硬件设施是基于普通商用服务器的集群，在有特殊的数据处理需要时，这种通用化的集群也可以结合其他类型的并行计算设施一起工作。随着云计算技术的发展，也可以与云计算资源管理和平台结合。

（2）系统层。在系统软件层，需要考虑大数据的采集、大数据的存储管理和并行化计算系统软件几方面的问题。常见大数据数据采集方法主要有系统日志采集法、网络数据采集法和其他数据采集法。大数据处理首先面临的是如何解决大数据的存储管理问题。为了提供巨大的数据存储能力，通常做法是利用分布式存储技术和系统提供可扩展的大数据存储能力。首先需要有一个底层的分布式文件系统，但文件系统通常缺少结构化/半结构化数据的存储管理和访问能力，而且其编程接口对于很多应用来说过于底层。当数据规模增大或者要处理很多非结构化或半结构化数据时，传统数据库技术和系统将难以适用。因此，系统层还需要解决大数据的存储管理和查询问题，因此人们提出了一种 NoSQL 的数据管理查询模式。但最理想的状态还是能提供统一的数据管理查询方法，为此，人们进一步提出了 NewSQL 的概念和技术。解决了大数据的存储问题后，进一步面临的问题是如何能快速有效地完成大规模数据的计算。大数据的数据规模极大，为了提高大数据处理的效率，需要使用大数据并行计算模型和框架来支撑大数据的计算。目前，最主流的大数据并行计算框架是 Hadoop MapReduce 技术。同时，人们开始研究并提出其他的大数据计算模型和方法，如高实时、低延迟的流式计算，针对复杂数据关系的图计算，查询分析类计算，以及面向复杂数据分析挖掘的迭代和交互计算，高实时、低延迟的内存计算。

（3）算法层。基于以上的基础层和系统层，为了完成大数据的并行化处理，进一步需要考虑的问题是，如何能对各种大数据处理所需要的分析挖掘算法进行并行化设计。

（4）应用层。基于上述三个层面，可以构建各种行业或领域的大数据应用系统。

1.6 大数据的典型应用

医疗大数据。医疗行业拥有大量的病例、病理报告、治愈方案、药物报告等，如果这些数据可以被整理和应用，将会极大地帮助医生和病人。如果未来基因技术发展成熟，还可以根据病人的基因序列特点进行分类，建立医疗行业的病人分类数据库。在医生诊断病人时可以参考病人的疾病特征、化验报告和检测报告，参考疾病数据库来快速帮助病人确诊，明确定位疾病。同时，这些数据也有利于医药行业开发出更加有效的药物和医疗器械。

生物大数据。自人类基因组计划完成以来，以美国为代表，世界主要发达国家纷纷启动了生命科学基础研究计划，如国际千人基因组计划、DNA 百科全书计划、英国十万人基因组计划等，这些计划引领生物数据呈爆炸式增长。目前，每年全球产生的生物数据总量已达 EB 级，生命科学领域正在爆发一次数据革命，生命科学某种程度上已经成为大数据科学。

金融大数据。大数据在金融行业的应用可以总结为精准营销、风险管控、决策支持、效率提升、产品设计五个方面。

零售大数据。未来考验零售企业的是挖掘消费者需求及高效整合供应链满足其需求的能力，因此信息科技水平的高低成为获得竞争优势的关键要素。

电商大数据。由于电商的数据较为集中，数据量足够大，数据种类较多，因此未来电商数据应用将会有更多的想象空间，包括预测流行趋势、消费趋势、地域消费特点、客户消费习惯、各种消费行为的相关度、消费热点、影响消费的重要因素等。

农牧大数据。大数据在农业应用主要是指依据未来商业需求的预测来进行农牧产品生产，降低菜贱伤农等的概率。同时，大数据的分析将会更加精确预测未来的天气气候，帮助农牧民做好自然灾害的预防工作；可以通过大数据帮助农民依据消费者消费习惯决定农作物生产的种类和数量，提高单位种植面积的产值；可以通过大数据分析来帮助牧民安排放牧范围，有效利用牧场；可以利用大数据帮助渔民安排休渔期、定位捕鱼范围等。

交通大数据。目前，交通的大数据应用主要在两个方面：一方面可以利用大数据传感器数据来了解车辆通行密度，合理进行道路规划（包括单行线路规划）；另一方面可以利用大量数据来实现即时信号灯调度，提高已有线路运行能力。科学地安排信号灯是一个复杂的系统工程，必须利用大数据计算平台才能计算出一个较为合理的方案。机场的航班起降依靠大数据将会提高航班管理的效率，航空公司利用大数据可以提高上座率，降低运行成本。铁路利用大数据可以有效安排客运和货运列车，提高效率、降低成本。

教育大数据。毫无疑问，在不远的将来，无论是教育管理部门，还是校长、教师、学生和家长，都可以得到针对不同应用的个性化分析报告。通过大数据的分析来优化教育机制，也可以做出更科学的决策，这将带来潜在的教育革命。

体育大数据。大数据对于体育的改变可以说是方方面面。对运动员而言，可通过穿戴设备收集的数据更了解身体状况；对媒体评论员而言，通过大数据提供的数据可以更好地解说比赛、分析比赛。

环保大数据。借助于大数据技术，天气预报的准确性和实效性将会大大提高，预报的及时性将会大大提升，同时对于重大自然灾害，如龙卷风，通过大数据计算平台，将会更加精确地了解其运动轨迹和危害的等级，有利于帮助大众提高应对自然灾害的能力。

食品大数据。随着科学技术和生活水平的不断提高，食品添加剂及食品品种越来越多，传统手段难以满足当前复杂的食品监管需求，从不断出现的食品安全问题来看，食品监管成了食品安全的棘手问题。通过大数据管理将海量数据聚合在一起，将离散的数据需求聚合能形成数据长尾，从而满足传统中难以实现的需求。

政府调控和财政支出。政府利用大数据技术可以了解各地区的经济发展情况、各产业发展情况、消费支出和产品销售情况，依据数据分析结果，科学地制定宏观政策，平衡各产业发展，避免产能过剩，有效利用自然资源和社会资源，提高社会生产效率。大数据还可以帮助政府进行监控自然资源的管理，无论是国土资源还是水资源、矿产资源、能源等，大数据都可以通过各种传感器来提高其管理的精准度。同时，大数据技术也能帮助政府进行支出管理，透明合理的财政支出将有利于提高公信力和监督财政支出。

舆情监控大数据。国家正在将大数据技术用于舆情监控，其收集到的数据除了解民众诉求、降低群体事件之外，还可以用于犯罪管理。大量的社会行为正逐步走向互联网，人们更愿意借助互联网平台来表述自己的想法和宣泄情绪。国家可以通过社交媒体分享的图片和交流的信息来收集个体情绪信息，预防个体犯罪行为和反社会行为。

1.7 本章小结

本章对大数据及其分析框架整体流程进行了简单介绍，从大数据数据来源、数据采集、数据存储、数据计算、数据分析及应用等几方面介绍大数据的基本概念。

PART 2 第2章 数据获取

数据是大数据分析与应用的前提和基础，利用网络爬虫进行数据获取是非常高效的方法之一。在本书中，实验所用数据均采用编写的网络爬虫进行获取。本章将简单介绍 Scrapy 爬虫框架，并通过一个爬虫实例介绍运用该框架如何编写一个爬虫的全过程。

2.1 Scrapy 环境搭建

所需环境：

- Python 2.7
- lxml-3.5.0
- pyOpenSSL-0.13.1
- pywin32-219
- setuptools-0.7
- twisted-15.4.0
- zope.interface-4.1.3
- Scrapy-1.0

搭建时，应先搭建 Python 和其他几个环境，最后安装 Scrapy 环境。对依赖包的选择需要根据 Python 的位数（32 位或 64 位）进行，以避免兼容性问题，同时要注意环境变量的设置。

2.2 爬虫项目创建

单击“开始”菜单，输入“cmd”,进入计算机的命令行操作模式（Windows 7 操作系统的进入方式），运行图 2-1 所示的命令，进入到爬虫代码所需存放的目录，然后运行如下命令：

```
scrapy startproject SinanewsSpider
```

其中，SinanewsSpider 为所创建的爬虫项目的名称。此时在相应的目录下出现 SinanewsSpider 爬虫项目，如图 2-2 所示。

在项目路径下的 SinanewsSpider→SinanewsSpider→spiders 文件夹下，可以创建属于自己的爬虫文件。如图 2-3 所示，我们建立一个自己的爬虫，文件名为 SinanewsSpider.py。爬虫代码则主要是在所建的爬虫文件中。

另外，在 SinanewsSpider→SinanewsSpider 路径下，文件 items.py、pipelines.py 以及 settings.py 都是后续需要使用到的文件，我们将在本章后续小节中依次进行介绍。

管理员: 命令提示符
Microsoft Windows [版本 6.1.7601]
版权所有 (c) 2009 Microsoft Corporation。保留所有权利。
C:\Users\Administrator>d:
D:\>cd D:\scrapyframework\projects
D:\scrapyframework\projects>scrapy startproject SinanewsSpider

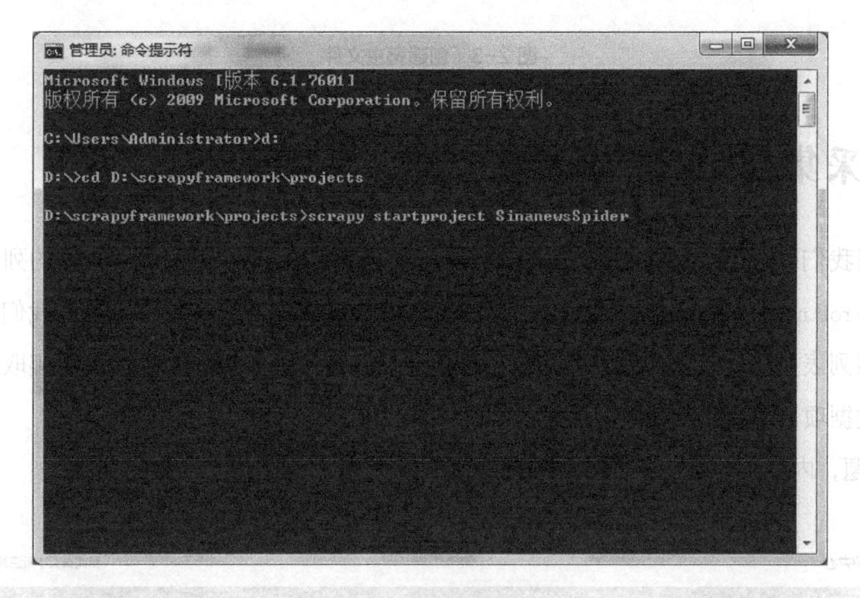

图 2-1　创建爬虫项目

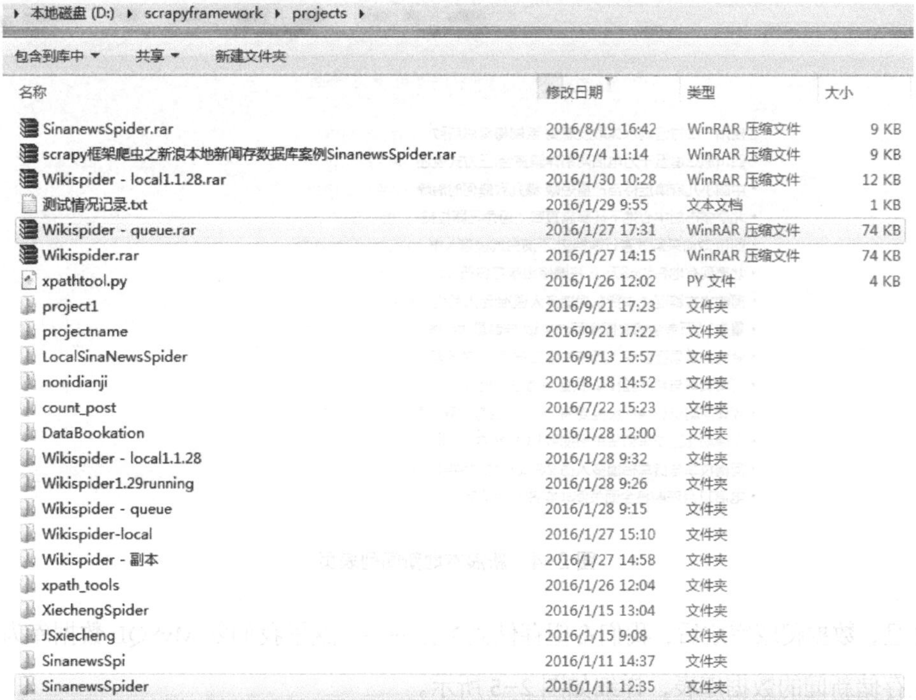

本地磁盘 (D:) ▸ scrapyframework ▸ projects ▸
包含到库中 ▾ 共享 ▾ 新建文件夹
名称 修改日期 类型 大小
SinanewsSpider.rar 2016/8/19 16:42 WinRAR 压缩文件 9 KB
scrapy框架爬虫之新浪本地新闻存数据库案例SinanewsSpider.rar 2016/7/4 11:14 WinRAR 压缩文件 9 KB
Wikispider - local1.1.28.rar 2016/1/30 10:28 WinRAR 压缩文件 12 KB
测试情况记录.txt 2016/1/29 9:55 文本文档 1 KB
Wikispider - queue.rar 2016/1/27 17:31 WinRAR 压缩文件 74 KB
Wikispider.rar 2016/1/27 14:15 WinRAR 压缩文件 74 KB
xpathtool.py 2016/1/26 12:02 PY 文件 4 KB
project1 2016/9/21 17:23 文件夹
projectname 2016/9/21 17:22 文件夹
LocalSinaNewsSpider 2016/9/13 15:57 文件夹
nonidianji 2016/8/18 14:52 文件夹
count_post 2016/7/22 15:23 文件夹
DataBookation 2016/1/28 12:00 文件夹
Wikispider - local1.1.28 2016/1/28 9:32 文件夹
Wikispider1.29running 2016/1/28 9:26 文件夹
Wikispider - queue 2016/1/28 9:15 文件夹
Wikispider-local 2016/1/27 15:10 文件夹
Wikispider - 副本 2016/1/27 14:58 文件夹
xpath_tools 2016/1/26 12:04 文件夹
XiechengSpider 2016/1/15 13:04 文件夹
JSxiecheng 2016/1/15 9:08 文件夹
SinanewsSpi 2016/1/11 14:37 文件夹
SinanewsSpider 2016/1/11 12:35 文件夹

图 2-2　爬虫项目

▸ 本地磁盘 (D:) ▸ scrapyframework ▸ projects ▸ SinanewsSpider ▸ SinanewsSpider ▸ spiders

共享 ▾ 新建文件夹

名称	修改日期	类型	大小
__init__.py	2015/11/17 11:39	PY 文件	1 KB
items.py	2016/1/11 12:01	PY 文件	1 KB
SinanewsSpider.py	2016/9/13 15:02	PY 文件	4 KB

图 2-3 创建爬虫文件

2.3 采集目标数据项定义

这里我们以采集新浪本地新闻为例，介绍一个爬虫实例的实现过程。新闻的列表页地址为 http://roll.news.sina.com.cn/news/gnxw/gdxw1/index.shtml，如图 2-4 所示。我们的采集目标是从该列表页中获取所有列表新闻的链接地址，并访问各条新闻的详情页，爬取各条新闻的详细数据项，需要的数据项定义为：

（标题，内容，时间，图片链接地址，网页链接地址，发表时间）

图 2-4 新浪本地新闻列表页

并且，数据爬取完成后，我们希望存储到数据库中，这里我们以 MySQL 数据库为例。首先建立存储新闻的数据库表，详细如图 2-5 所示。

接下来，我们介绍在爬虫项目中的 items.py 文件。当我们确定好需要采集的目标数据之后，在 Scrapy 框架中，需要再在 items 文件中定义数据项。根据上面所需数据，编写代码如下，其中“#”代表注释符号。

Name	Type	Length	Decimals	Not null	
id	int	11	0	☑	1
title	varchar	500	0	☑	
content	text	0	0	☐	
imgurl	text	0	0	☐	
pubtime	datetime	0	0	☐	
url	varchar	500	0	☑	

图 2-5　新闻表

```
import scrappy
class SinanewsspiderItem(scrapy.Item):    #定义数据项类，从 scrapy.Item 继承
      # define the fields for your item here like:
      title = scrapy.Field()                #定义标题项
      content = scrapy.Field()              #定义内容项
      pubtime = scrapy.Field()              #定义发表时间
      imageUrl = scrapy.Field()             #定义图片链接地址
      Url = scrapy.Field()                  #定义页面链接地址
```

定义好之后，就可以在编写爬虫代码时，定义属于这个数 item 类型的 item 对象了。

2.4　爬虫核心实现

Scrapy 框架已经帮助我们定义好基础爬虫，只需要从 scrapy.spider 继承，并重写相应的解析函数即可。

```
# -*- coding: utf-8 -*-
1 from scrapy.spiders import Spider
2 from scrapy.selector import Selector
3 from scrapy import signals
4 from scrapy.crawler import CrawlerRunner
5 from scrapy.utils.project import get_project_settings
6 from scrapy.utils.log import configure_logging
7 from scrapy.xlib.pydispatch import dispatcher
8 from twisted.internet import reactor
9 from time import ctime,sleep
```

```
10 from scrapy.spiders import Spider
11 from scrapy.selector import Selector
12 from scrapy import signals
13 from scrapy.crawler import CrawlerRunner
14 from scrapy.utils.project import get_project_settings
15 from scrapy.xlib.pydispatch import dispatcher
16 from twisted.internet import reactor
17 from items import SinanewsspiderItem
18 from scrapy.http import Request
19 import logging
20 import MySQLdb
21 import scrapy
22 from scrapy.utils.response import get_base_url
23 from scrapy.utils.url import urljoin_rfc
#以上是一些依赖包的导入
24 class WikiSpider(scrapy.Spider):
25     name = "SinanewsSpider"
26     start_urls = []
27     def __init__(self):
28     self.start_urls = ["http://roll.news.sina.com.cn/news/gnxw/gdxw1/index.shtml"]
29     def parse(self, response):
30         for url in response.xpath('//ul/li/a/@href').extract():
31             yield scrapy.Request(url, callback=self.parse_detail)

32         nextLink=[]
33         nextLink = response.xpath('//div[@class="pagebox"]/
                    // span[last()-1]/a/@href').extract()
34         if nextLink:
35             nextLink = nextLink[0]
36            nextpage= nextLink.split('./')[1]
37            yield Request(http://roll.news.sina.com.cn/news/gnxw/gdxw1/
```

```
                    //+ nextpage,callback=self.parse)
38  def parse_detail(self, response):
39       item = SinanewsspiderItem()
40           item['title'] = response.xpath('//h1[@id="artibodyTitle"]/text()')
                           //.extract()[0].encode('utf-8')
41            content = ''
42            for con in response.xpath('//div[@id="artibody"]/p/text()').extract():
43                content = content + con
44            item['content'] = content.encode('utf-8')
45            item['pubtime'] = response.xpath('//span[@id="navtimeSource"]/text()')
                           //.extract()[0].encode('utf-8')
46             imageurl = ''
47             for img in response.xpath('//div[@id="artibody"]
                   // /div[@class="img_wrapper"]/img/@src').extract():
48                 imageurl = imageurl + img+'|'
49             item['imageUrl'] = imageurl.encode('utf-8')
50             item['Url'] = response.url.encode('utf-8')
51             yield item
```

在以上代码中，第1～23行为引入一些相关的依赖包。第24行定义一个爬虫类，继承自scrapy.spider类。在爬虫类的属性中，一般有name和start_urls 是必须定义的。name作为爬虫的名称，必须唯一，以唯一识别和区分不同爬虫。Startl_urls是一个列表，用来存储爬虫开始时的起始页地址，可以有多个列表值。第27～28行代码为构造函数。在第28行中，我们对start_urls进行初始化赋值操作，将需要爬取的新闻列表页地址赋值给了start_urls。

代码第29～37行定义了parse方法。注意，该方法自带参数response，因为此处我们使用的是专门为爬虫服务的Scrapy框架，该response是框架本身根据start_urls中的页面地址请求得到的http response。response（响应）对象可以理解成你对某个网站发出了一个request（请求），接着收到了一个来自目标网站服务器的response（响应）。接下来，我们需要从初始列表页中解析出所有新闻的页面链接地址，第30行代码则是用一个for循环，从response中解析出当前这个列表页中的所有新闻的详情页的链接地址。代码中用response.xpath方法来提取值，方法的参数为页面中某个元素的xpath值及需要提取的属性。Xpath的相关知识读者可以参阅其他相关资料以加深了解。此处我们要提取的是各条新闻的链接，如图2-6所示。在第31行代码中调用yield scrapy.Request 方法，需要2个参数。第一个参数url即为所获取到的新闻详情页的链接地址，同样，scrapy 框架会根据指定的 url 参数自动去发送请求，并返回响应的 response。第二个参数 callback 指定针对 url 这个链接地址获取到 response 后由哪个方法来对当前这个 response 进行解析。此处我们给的参数是 self.parse_detail，即指定爬虫的 parse_detail 方法来进行解析。parse_detail 方法将在稍后进行详细介绍。

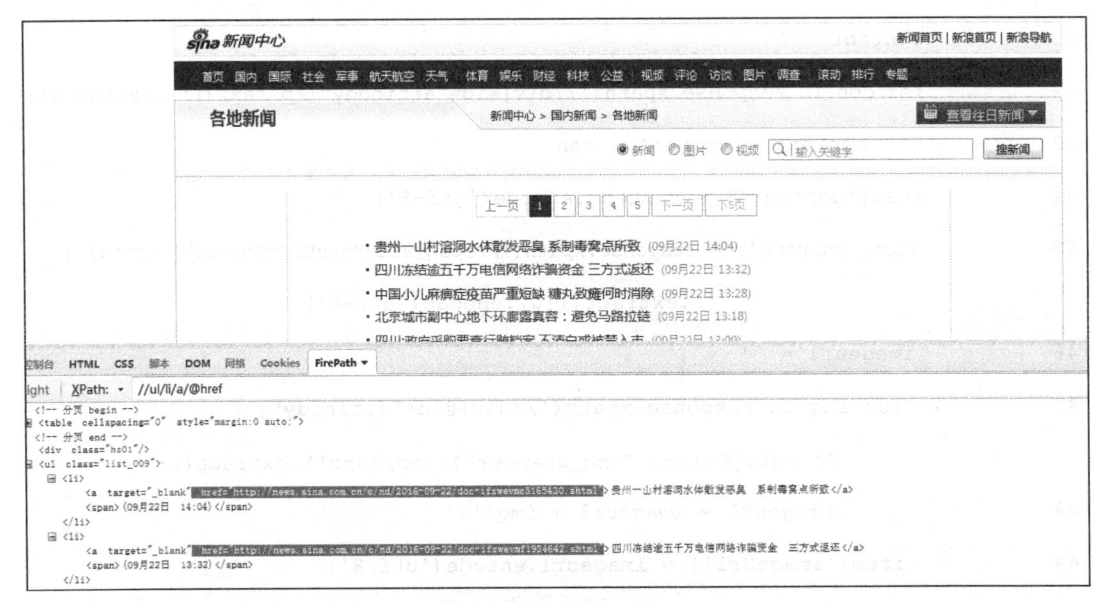

图 2-6 新闻链接 xpath 提取

到这里为止，我们已经实现了在给定一个列表页地址时，从列表页获取详情页的链接地址，并提交给相应的详情页面解析方法对页面进行解析。但是，我们还需要循环对列表页进行下一页操作，才能实现该类别的所有新闻数据的爬取。因此，在代码第 32～37 中，实现这个过程。第 32 行定义一个列表变量来存储下一页地址，因为通过 xpath 方法提取时返回的是列表。第 33 行从 response 中根据 xpath “//div[@class="pagebox"]/ span[last()−1]/a/@href” 来提取下一页的链接地址。但需要注意的是，这里所选取的例子中给出的下一页地址是一个相对地址，因此需要进行完整地址的拼接。在第 34 行中，先判断确定有下一页，即 nextLink 变量不为空。第 35 行取出 nextLink 列表中的第一个值，第 36 行进行字符串分割，因为此处获取的是“./index_2.shtml”这样一个相对地址，进行拼接时只需要 “index_2.shtml” 即可，所以进行分割，并拿出下标为 1 的值。接下来，同理，调用 yield Request，但是此时第一个参数是拼接的链接地址 http://roll.news.sina.com.cn/news/gnxw/gdxw1/+ nextpage，第二个参数 callback 用来解析的方法却是 self.parse，此时就实现了循环单击下一页并获取链接地址进行数据爬取的过程。

现在，我们对上文中提到的 parse_detail 进行详细的说明，所需分析的详情页，我们选择某一条新闻为例，页面结构如图 2-7 所示。实现代码为第 38～51 行。首先在第 39 行中，定

义一个在 2.2 节中定义的用来存放具体数据项的 SinanewsspiderItem 对象，用来存储详情页中提取的各项数据。第 40 行代码用 xpath 提取了标题信息，因为 extract()方法返回的是列表，因此我们取出列表的第一个列表项即为标题并存储到 item 变量的 title 域中，即 item['title']中，并将其编码转化为 utf-8 编码。第 41～43 行用 xpath 提取新闻内容，由于此例中的内容部分有多个 p 标签，因此需要进行内容的一个拼接。同样的方法解析出发表时间。图片链接地址的提取，由于图片可能有多张，因此也进行拼接，同时为了区分不同图片地址，此处选用“|”符号进行分割。item['Url']可以直接用 response 的 url 属性来得到，即 response.url，并将其进行编码转换。至此，我们实现了能够根据给定的初始链接，提取所需的链接地址，并能够对新闻详情页进行解析，提取详细数据项内容，并保存到某个 item 对象中。最后，第 51 行代码 yield item 会将保存了值的 item 自动推送至 pipelines 管道中。在 pipelines 管道中，我们可以对数据进行处理或者进行存储操作。

图 2-7 新闻详情页面结构

2.5 数据存储

在这一节中，我们对 pipelines 进行介绍。我们希望将数据存储到 2.2 节所定义的数据库表中，其主要需要在 pipelines.py 文件中进行代码的实现，如下所示。

```
1 import MySQLdb
2 class SinanewsspiderPipeline(object):
3     con = MySQLdb.connect(host='localhost', port=3306, user='root',
```

```
                                        //passwd='123456', db='sinanews', charset='utf8')
4   cur = con.cursor()
5   def process_item(self, item, spider):
6       query = "INSERT INTO SinaLocalNews (title, content, imageUrl, Url, pubtime)
        // VALUES ('%s', '%s', '%s', '%s',
      //trim(replace(replace(replace(left('%s',16),'年','-'),'月','-'),'日',' ')))"
        //% (item['title'], item['content'], item['imageUrl'], item['Url'], item['pubtime'])
7       self.cur.execute(query)
8       self.con.commit()
```

代码第 1 行中，由于要进行 MySQL 数据库操作，因此我们导入相应的包。第 2 行代码定义当前 pipeline 的类名。第 3 行用 MySQLdb.connect 建立一个数据库连接，其中参数 host 代表数据库服务器的地址（本地可以为 localhost 或者用 IP 地址/域名来指定），port 指定数据库服务器监听的端口号，user 指定数据库的用户名，passwd 则为数据库密码，db 为所要连接的具体数据库的名称，charset 指定目标数据库的编码字符集。第 4 行代码则获取数据库链接的游标。

建立好数据库连接后，我们要进行具体的数据库插入操作，进行数据的保存。默认这些操作在 pipeline 类的 process_item 方法中进行，该方法有一个参数 item，这个 item 会根据框架自动接收来自爬虫传递过来的 item 值。代码第 6 行定义一条数据库插入语句的字符串，其中%s 表示接收参数值。这里主要在插入之前可能要对数据进行一些必要的处理。比如，对发表时间这个数据项提取的原始数据是“2016 年 09 月 22 日 14:04”，而数据库表中定义的是日期时间型，不支持这种格式，因此需要进行一个字符串的处理操作。定义好 SQL 语句之后用 self.cur.execute(query)来执行 SQL 语句，并提交 self.con.commit()，如代码第 7～8 行所示。

写好 pipeline 管道后，我们还需要将当前这个 pipeline 激活使用。此时，我们需要到爬虫项目的 settings.py 文件中进行激活。settings 中主要代码如下：

```
1 BOT_NAME = 'SinanewsSpider'

2 SPIDER_MODULES = ['SinanewsSpider.spiders']
3 NEWSPIDER_MODULE = 'SinanewsSpider.spiders'

4 ITEM_PIPELINES = {
    'SinanewsSpider.pipelines.SinanewsspiderPipeline': 300,
}
```

以上代码中第 4 行括号内的参数一定要替换成在 pipeline 中的自己定义的 pipeline 类名，

才能够进行激活并使用。至此，我们已经利用 Scrapy 框架实现了爬虫示例的主要代码、数据项定义、数据存储等主要步骤。当然，如果需要爬取一些动态页面处理一些 js、ajax 等，则需要了解更多相关知识，并依照具体情况实现爬虫。

2.6 爬虫运行

爬虫的运行，这里我们介绍两种方式。第一种，通过命令行运行。先进入爬虫项目所在的目录，再用命令 scrapy crawl SinanewsSpider 运行程序，其中 SinanewsSpider 为在代码中定义的爬虫的唯一名称，如图 2-8 所示。

图 2-8　命令行运行

第二种可以通过.bat 文件来运行，在爬虫项目目录下建立一个.bat 的文件，并在文件中输入如下命令：

```
scrapy crawl SinanewsSpider
pause
```

然后双击相应图标运行即可，如图 2-9 所示。

SinanewsSpider	2016/9/22 16:18	文件夹	
scrapy.cfg	2016/1/11 11:54	CFG 文件	1 KB
start.bat	2016/1/11 12:35	Windows 批处理...	1 KB

图 2-9　用 bat 运行爬虫

爬虫运行过程中，会在控制台打印很多状态信息，如图 2-10 所示。如果有错误的话，会在运行结束后在相应位置给出错误信息，可以通过这些状态提示信息来对爬虫进行调试。

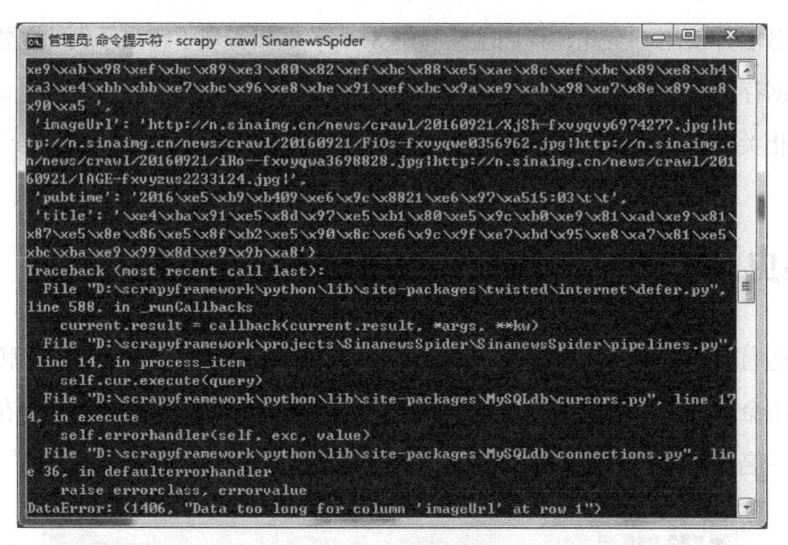

图 2-10　状态信息

当爬虫正确运行并且没有错误时，则在数据库中可以查看到所爬取的数据，如图 2-11 所示。

43	两个台风袭来挟裹狂风暴雨 这些地方出行要	中秋将至，华东和华南沿海的小伙伴们注意了！两个	2016-09-13 0	http://news.sina.com.cn/c/nd/2016-09-13/
44	台风莫兰蒂将登陆广东福建 气象台发布黄色	原标题：台风“莫兰蒂”将登陆闽粤 中央气象台发布	2016-09-13 0	http://news.sina.com.cn/o/2016-09-13/doc
45	湖南日报社原党组成员刘树林涉受贿罪被逮	原标题：湖南日报社原党组成员刘树林涉受贿罪被逮	2016-09-13 1	http://news.sina.com.cn/c/2016-09-13/doc
46	海口原副市长看风向退赃 风平浪静后又索回	原标题：风头过后他又要回好处费　　海南省海口市	2016-09-13 1	http://news.sina.com.cn/c/nd/2016-09-13/
47	河北廊坊市政协原副主席涉受贿罪被逮捕(图	原标题：河北廊坊市政协原副主席孙宝水涉受贿罪被	2016-09-13 1	http://news.sina.com.cn/c/2016-09-13/doc
48	河北任丘人大常委会原主任涉受贿罪被逮捕	原标题：河北任丘人大常委会原主任王生辉涉受贿罪	2016-09-13 1	http://news.sina.com.cn/c/2016-09-13/doc
49	70余所高校晒决算4所超百亿 清华205亿创	原标题：70余高校晒决算 清华205亿创纪录　　部属	2016-09-13 0	http://news.sina.com.cn/c/nd/2016-09-13/
50	前8月商品房销售额66623亿增长38.7% 增	原标题：前8个月商品房销售额66623亿增长38.7%	2016-09-13 1	http://news.sina.com.cn/o/2016-09-13/doc
51	中央两部门就台风莫兰蒂启动国家救灾预警	原标题：两部门就台风“莫兰蒂”启动国家救灾预警	2016-09-13 1	http://news.sina.com.cn/c/2016-09-13/doc
52	山西新闻出版广电局原党组书记涉受贿罪被	原标题：山西新闻出版广电局原党组书记齐峰涉受贿	2016-09-13 1	http://news.sina.com.cn/c/2016-09-13/doc
53	台风“莫兰蒂”13日下午起将严重影响福建	原标题：“莫兰蒂”13日下午起将严重影响福建	2016-09-13 1	http://news.sina.com.cn/c/2016-09-13/doc
54	海航宣布禁止乘客携三星Note7手机登机或	原标题：海航宣布禁止三星Note7手机登机　　中国	2016-09-13 1	http://news.sina.com.cn/s/wh/2016-09-13/

图 2-11　结果数据

2.7　本章小结

本章介绍了如何用 Scrapy 框架来实现一个爬虫。在说明爬虫文件、items、pipelines 以及 settings 等重要文件的作用及基本构成的基础上，用新浪本地新闻实例讲解了完整爬虫实现的过程。

PART 3

第3章 Hadoop基础

大数据是继云计算、物联网之后IT产业又一次重大技术变革，对现实生活产生了方方面面的影响。本章介绍Hadoop的基础理论以及安装，先简单介绍Hadoop的背景及重要组件，接着重点介绍Hadoop单机及集群环境时的部署方法，最后简单介绍Hadoop的生态系统构成。

3.1 Hadoop概述

Hadoop是一个由Apache基金会所开发的分布式系统基础架构。用户可以在不了解分布式底层细节的情况下，开发分布式程序，充分利用集群的威力进行高速运算和存储。

Hadoop的框架最核心的设计就是HDFS和MapReduce。HDFS为海量的数据提供了存储。HDFS有高容错性的特点，并且设计用来部署在低廉的（low-cost）硬件上；而且它提供高吞吐量（high throughput）来访问应用程序的数据，适合那些有着超大数据集（large data set）的应用程序。HDFS放宽（relax）了POSIX的要求，可以以流的形式访问（streaming access）。MapReduce则为海量的数据提供了计算。Hadoop目前除了社区版外，还有众多厂商的发行版本。各个厂商发布的版本有一些差异，现将各个主流的发行版本介绍如下。

（1）Cloudera：最成型的发行版本，拥有最多的部署案例；提供强大的部署、管理和监控工具。Cloudera开发并贡献了可实时处理大数据的Impala项目。

（2）Hortonworks：100%开源的Apache Hadoop唯一提供商。Hortonworks是第一家使用Apache HCatalog的元数据服务特性的提供商，并且它们的Stinger极大地优化了Hive项目。Hortonworks为入门提供了一个非常好的、易于使用的沙盒。Hortonworks开发了很多增强特性并提交至核心主干，这使得Apache Hadoop能够在包括Windows Server和Windows Azure在内的Microsoft Windows平台上本地运行。

（3）MapReduce：与竞争者相比，它使用了一些不同的概念，特别是为了获取更好的性能和易用性而支持本地UNIX文件系统而不是HDFS（使用非开源的组件）。我们可以使用本地UNIX命令来代替Hadoop命令。除此之外，MapReduce还凭借诸如快照、镜像或有状态的故障恢复之类的高可用性特性来与其他竞争者相区别。该公司也领导着Apache Drill项目。本项目是Google的Dremel的开源项目的重新实现，目的是在Hadoop数据上执行类似SQL的查询以提供实时处理。

（4）Amazon Elastic Map Reduce（EMR）：区别于其他提供商的是，这是一个托管的解决方案，运行在由 Amazon Elastic Compute Cloud（Amazon EC2）和 AmzonSimple Strorage Service（Amzon S3）组成的网络规模的基础设施之上。除了 Amazon 的发行版本之外，你也可以在 EMR 上使用 MapReduce，临时集群是主要的使用情形。如果你需要一次性的或不常见的大数据处理，EMR 可能会为你节省大笔开支。然而，这也存在不利之处。它只包含了 Hadoop 生态系统中 Pig 和 Hive 项目，在默认情况下不包含其他很多项目。并且，EMR 是高度优化成与 S3 中的数据一起工作的，这种方式会有较高的延时并且不会定位于你的计算节点上的数据。所以处于 EMR 上的文件 IO 比起你自己的 Hadoop 集群或你私有的 EC2 集群来说会慢很多，并有更大的延时。

3.2 Hadoop 原理

3.2.1 Hadoop HDFS 原理

HDFS 的架构建立在大量普通配置的计算机组成的集群上。集群中的节点通常运行 GNU/Linux 操作系统同时必须支持 Java，因为 HDFS 是用 Java 实现的。HDFS 采用了主从 (Master/Slave)架构，一个集群有一个 Master 和多个 Slave，前者称为名字节点 (NameNode)，后者称为数据节点 (DataNode)。理论上一台计算机可以运行多个 DataNode 进程、一个 NameNode 进程(这个进程在整个集群中是唯一的)，但是在实际情况中往往是一台计算机只运行一个 DataNode 或 NameNode，一个文件被分割成若干 Block 存储在一组 DataNode 上。NameNode 负责打开、关闭和重命名文件及目录，同时建立 Block 与 DataNode 之间的映射；DataNode 负责响应客户的读/写需求，同时在 NameNode 的指挥下实现 Block 的建立、删除以及复制。图 3-1 所示为 HDFS 的架构图。

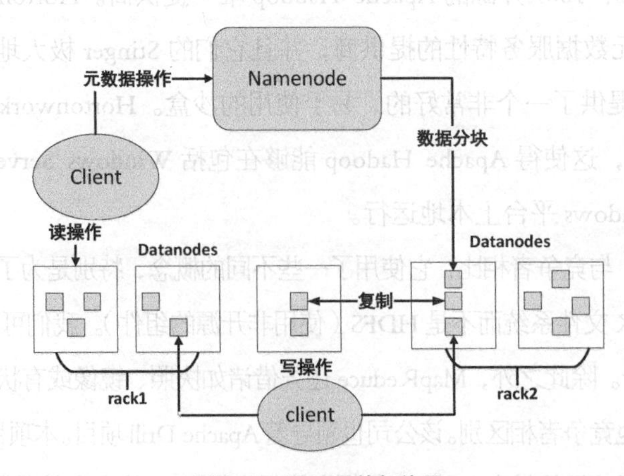

图 3-1 HDFS 的架构图

HDFS 数据上传原理可以参考图 3-1 对照理解。数据上传过程如下：

（1）Client 端发送一个添加文件到 HDFS 的请求给 NameNode；

（2）NameNode 告诉 Client 端如何来分发数据块以及分发的位置；

（3）Client 端把数据分为块（block），然后把这些块分发到 DataNode 中；

（4）DataNode 在 NameNode 的指导下复制这些块，保持冗余。

3.2.2 Hadoop MapReduce 原理

MapReduce 是 Google 公司于 2004 年提出的能并发处理海量数据的并行编程模型，其特点是简单易学、适用广泛，能够降低并行编程难度，让程序员从繁杂的并行编程工作中解脱出来，轻松地编写简单、高效的并行程序。

MapReduce将复杂且运行在大规模集群上的并行计算过程抽象到Map和Reduce两个函数。Map 和 Reduce 处理数据的主要思想是：将待处理数据集分解成许多小的数据集，所有小的数据集可以完全并行地进行处理。因此，一个 MapReduce 作业（job）通常把数据集分解为若干独立数据块，由 map 任务（task）以完全并行方式运行处理它们。框架会对 map 的输出先进行排序，并把结果输入到 reduce 任务。通常，MapReduce 框架的计算节点和存储节点是运行在同一组节点上的，即 MapReduce 和 HDFS 运行的节点通常是在一起的，这使得集群的网络带宽利用更加高效。

MapReduce 框架包括一个主节点（ResourceManager）、多个子节点（NodeManager）和 MRAppMaster（每个任务一个）共同构成。应用程序需要至少指明输入输出的位置，并通过实现合适的接口或抽象类提供 map 和 reduce 函数，再加上其他作业的参数，就构成了作业配置（job configuration）。Hadoop 的 job client 提交作业和配置信息给 ResourceManager，ResourceManager 负责分发这些软件和配置信息给 slave 节点、调度任务并且监控这些 slave 节点的执行过程，将状态和诊断信息反馈给 job-client。MapReduce 框架数据流如图 3-2 所示。

针对上面的流程可以分为两个阶段来描述。

1．Map 阶段

（1）InputFormat 根据输入文件产生键值对，并传送到 Mapper 类的 map 函数中；

（2）map 输出键值对到一个没有排序的缓冲内存中；

（3）当缓冲内存达到给定值或者 map 任务完成，在缓冲内存中的键值对就会被排序，然后输出到磁盘中的溢出文件；

（4）如果有多个溢出文件，则整合这些文件到一个文件中，且是排序的；

（5）这些排序过的、在溢出文件中的键值对会等待 Reducer 的获取。

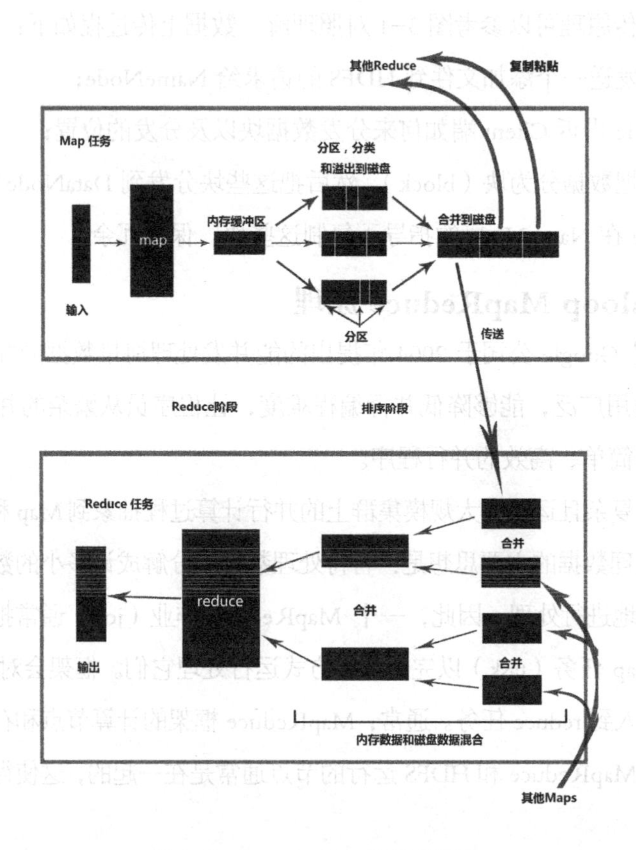

图 3-2 MapReduce 框架数据流

2．Reduce 阶段

（1）Reducer 获取 Mapper 的记录，然后产生另外的键值对，最后输出到 HDFS 中；

（2）shuffle 相同的 key 被传送到同一个 Reducer 中；

（3）当有一个 Mapper 完成后，Reducer 就开始获取相关数据，所有的溢出文件会被排序到一个内存缓冲区中；

（4）当内存缓冲区满之后，就会产生溢出文件到本地磁盘；

（5）当 Reducer 所有相关的数据都传输完成后，所有溢出文件就会被整合和排序；

（6）Reducer 中的 reduce 方法针对每个 key 调用一次；

（7）Reducer 的输出到 HDFS。

3.2.3 Hadoop YARN 原理

Apache Hadoop YARN（Yet Another Resource Negotiator，另一种资源协调者）是一种新的 Hadoop 资源管理器，它是一个通用资源管理系统，可为上层应用提供统一的资源管理和调度，它的引入为集群在利用率、资源统一管理和数据共享等方面带来了巨大好处。

YARN 的基本思想是将 JobTracker 的两个主要功能（资源管理和作业调度/监控）进行分离，主要方法是创建一个全局的 ResourceManager（RM）和若干个针对应用程序的 ApplicationMaster

（AM）。这里的应用程序是指传统的 MapReduce 作业或作业的 DAG（有向无环图）。

YARN 分层结构的本质是 ResourceManager。这个实体控制整个集群并管理应用程序向基础计算资源的分配。ResourceManager 将各个资源部分（计算、内存、带宽等）精心安排给基础 NodeManager（YARN 的每节点代理）。ResourceManager 还与 ApplicationMaster 一起分配资源，与 NodeManager 一起启动和监视它们的基础应用程序。ApplicationMaster 承担了以前的 TaskTracker 的一些角色，ResourceManager 承担了 JobTracker 的角色。

ResourceManager 是 YARN 资源控制框架的中心模块，负责集群中所有资源的统一管理和分配。它接收来自 NM 的汇报，建立 ApplicationMaster，并将资源派送给 ApplicationMaster。YARN 架构图如图 3-3 所示。

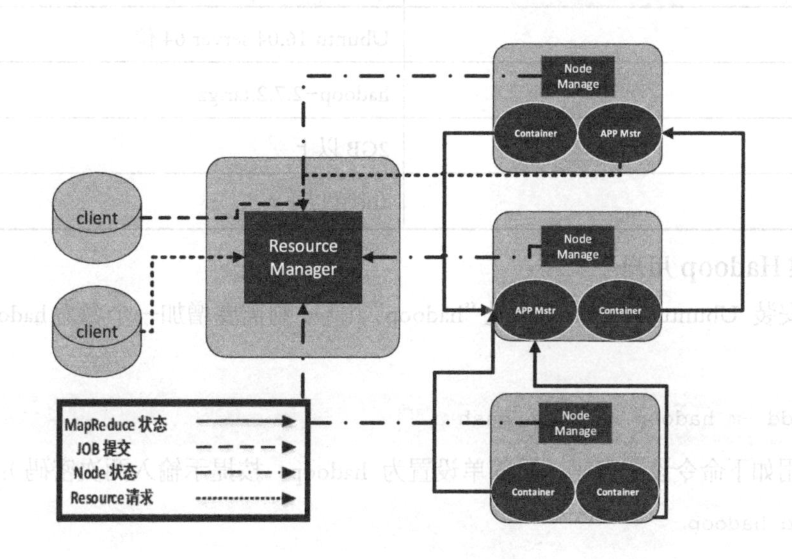

图 3-3　YARN 构架图

下面是提交一个 job 的处理过程：

（1）Client submit 一个 job 到 RM，进入 RM 中的 Scheduler 队列供调度；

（2）RM 根据 NM 汇报的资源情况(NM 会定时汇报资源和 container 使用情况)，请求一个合适的 NM launch container，以启动运行 AM；

（3）AM 启动后，注册到 RM 上，以使 client 可以查到 AM 的信息，便于 client 直接和 AM 通信；

（4）AM 启动后，根据 job 相关的 split 的 task 情况，会和 RM 协商申请 container 资源；

（5）RM 分配给 AM container 资源后，根据 container 的信息，向对应的 NM 请求 launch container；

（6）NM 启动 container 运行 task，运行过程中向 AM 汇报进度状态信息，类似于 MRv1 中 task 的汇报，同时 NM 也会定时地向 RM 汇报 container 的使用情况；

（7）在 application(job)执行过程中，client 可以和 AM 通信，获取 application 相关的进度和

状态信息；

（8）在 application(job)完成后，AM 通知 RM clear 自己的相关信息并关闭，释放自己占用的 container。

3.3 Hadoop 的安装与配置

Hadoop 安装与配置具体流程如下。

1．安装环境要求

环境	Vmware workstation 12 虚拟机
镜像	Ubuntu 16.04 server 64 位
Hadoop 版本	hadoop-2.7.2.tar.gz
虚拟机内存	2GB 以上
硬盘内存	10GB 以上

2．创建 Hadoop 用户

如果你安装 Ubuntu 时使用的不是“hadoop”用户，则需要增加一个名为 hadoop 的用户，其命令如下：

```
sudo useradd -m hadoop -s /bin/bash
```

接着使用如下命令设置密码（可简单设置为 hadoop，按提示输入两次密码）：

```
sudo passwd hadoop
```

可为 hadoop 用户增加管理员权限以方便部署，避免一些对新手来说比较棘手的权限问题。

```
sudo adduser hadoop sudo
```

最后命令重启。

```
sudo -s  hadoop
shutdown -r now
```

3．更新 APT

用 hadoop 用户登录后，我们先更新一下 APT。后续我们使用 apt 安装软件时，如果没更新可能有一些软件安装不了。执行如下命令：

```
sudo apt-get update
```

后续需要更改一些配置文件。我们这里安装 Vim，命令如下：

```
sudo apt-get install vim
```

安装软件时若需要确认，在提示处输入 y 即可。用 hadoop 用户登录后如图 3-4 所示。

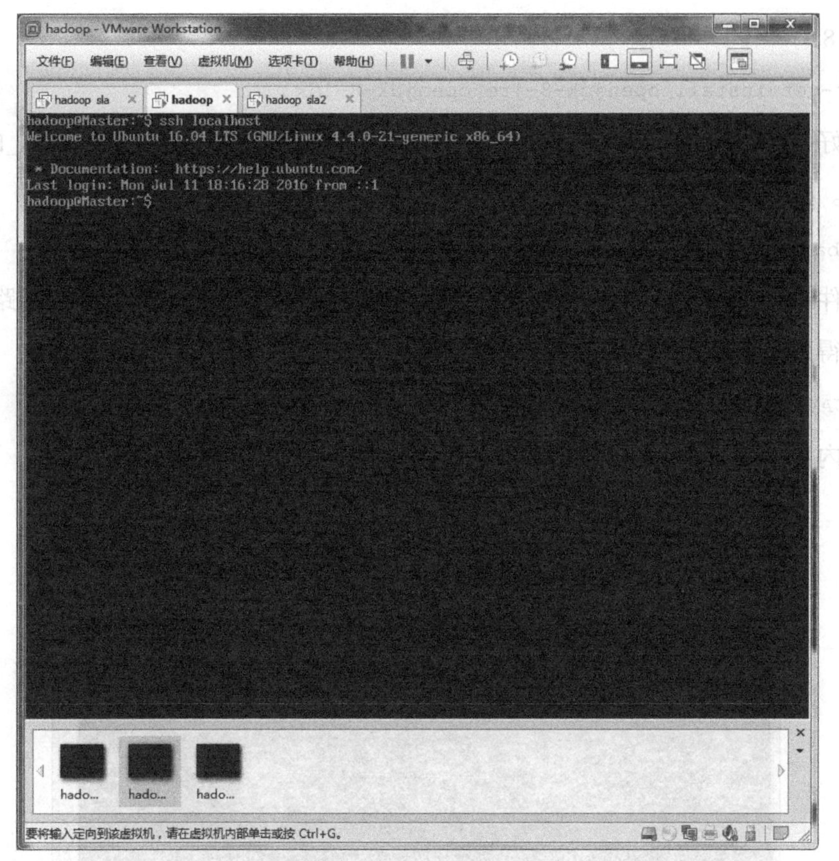

图 3-4　hadoop 用户登录

4．安装 SSH、配置 SSH 无密码登录

首先安装 SSH 服务，命令如下：

```
sudo apt-get install openssh-server
```

安装后，可以使用如下命令登录本机：

```
ssh localhost
```

但这样登录是需要每次输入密码的，我们需要配置成 SSH 无密码登录比较方便。配置方法是先退出刚才的 SSH，回到原来的终端窗口；然后利用 ssh-keygen 生成密钥，并将密钥加入到授权中。具体操作命令如下：

```
exit                                      # 退出刚才的 ssh localhost
cd ~/.ssh/                                # 若没有该目录，则先执行一次 ssh localhost
ssh-keygen -t rsa                         # 会有提示，都按回车即可
cat ./id_rsa.pub >> ./authorized_keys     # 加入授权
```

此时再用 ssh localhost 命令，则无需输入密码即可直接登录（如图 3-5 所示）。

5．安装 Java 环境

Java 环境选择 OpenJDK，新版本在 OpenJDK 1.8 下是没问题的。直接通过命令安装

OpenJDK 8：

```
sudo apt-get install openjdk-8-jre openjdk-8-jdk
```

安装好 OpenJDK 后，需要找到相应的安装路径，这个路径是用于配置JAVA_HOME 环境变量的。执行如下命令：

```
vim ~/.bashrc
```

在文件最前面添加如下单独一行（注意=号前后不能有空格），将“JDK 安装路径”改为上述命令得到的路径并保存：

```
export JAVA_HOME=JDK 安装路径
```

文件内容如图 3-6 所示（该文件原本可能不存在，内容为空，但这不影响）：

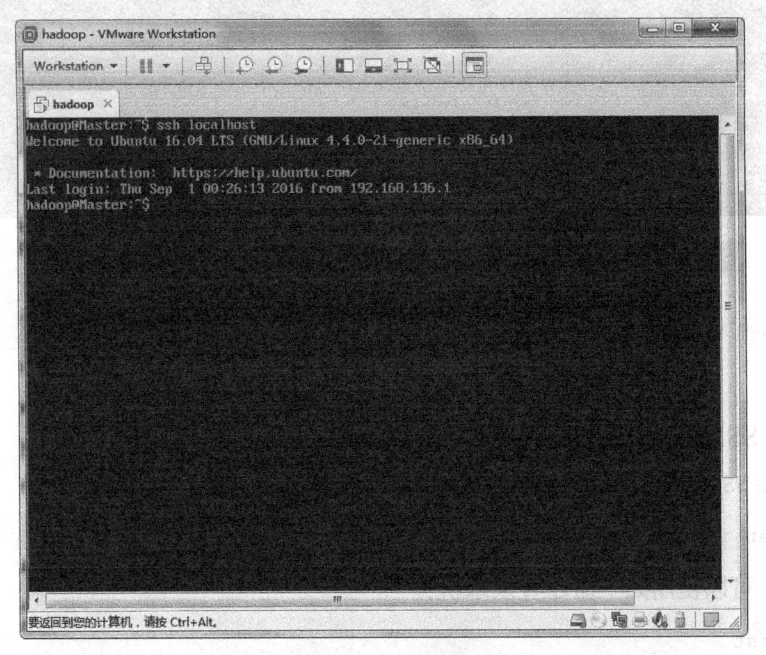

图 3-5 SSH 验证

编辑完成后按下【Esc】键，输入 wq，回车保存（如权限不够，则用 root 用户修改）。接着还需要让该环境变量生效，执行如下命令：

```
source ~/.bashrc                # 使变量设置生效
```

设置好后我们来检验一下是否设置正确：

```
echo  $JAVA_HOME                # 检验变量值
java -version
$JAVA_HOME/bin/java -version    # 与直接执行 java -version 一样
```

如果设置正确，则$JAVA_HOME/bin/java -version 会输出 java 的版本信息，且与执行 java -version 命令的输出结果一样，如图 3-7 所示。如果测试结果和图中显示效果一样，则说明

Hadoop 所需的 Java 运行环境安装好了。

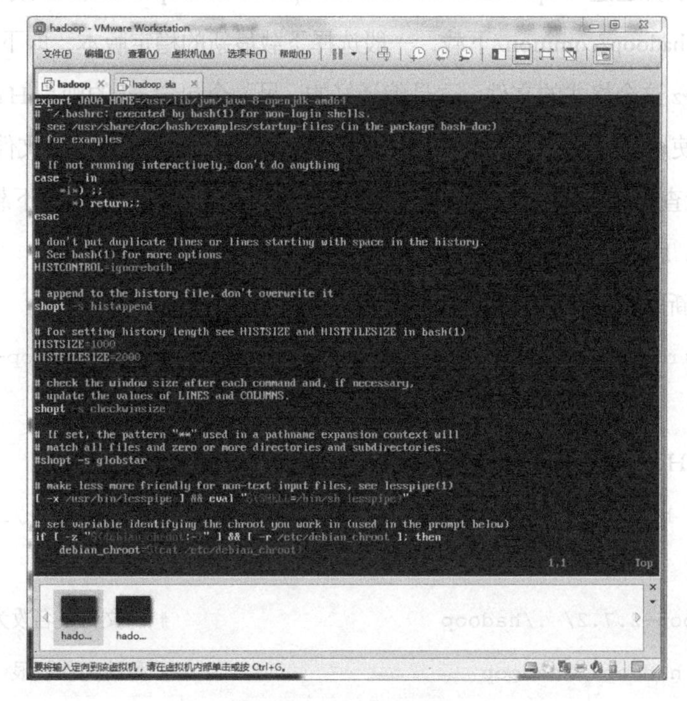

图 3-6 环境变量配置

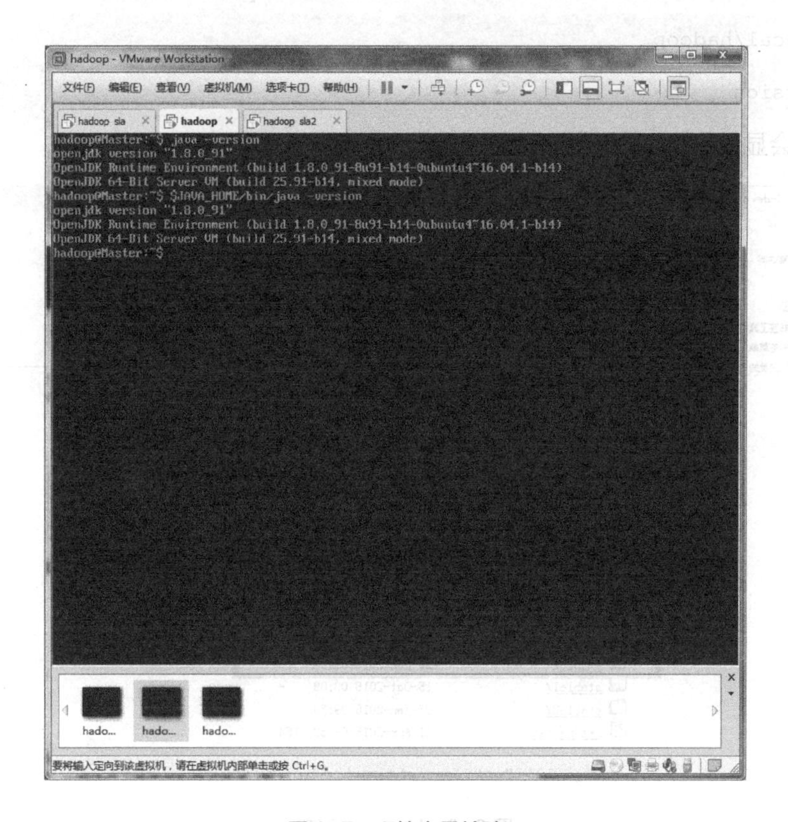

图 3-7 环境变量检验

6. 安装 Hadoop 2

Hadoop 2 可以通过 http://mirror.bit.edu.cn/apache/hadoop/common/ 或者 http://mirrors.cnnic.cn/ apache/hadoop/common/下载，一般选择下载最新的稳定版本，即下载“stable”下的 hadoop-2.x.y.tar.gz 这个格式的文件，这是编译好的，另一个包含 src 的则是 Hadoop 源代码，需要进行编译才可使用。下载时强烈建议也下载 hadoop-2.x.y.tar.gz.mds 这个文件，该文件包含了检验值，可用于检查 hadoop-2.x.y.tar.gz 的完整性，否则如果文件发生损坏或下载不完整，Hadoop 将无法正常运行。Hadoop 的下载如图 3-8、图 3-9 所示。

官网下载最新版本命令如下：

```
wget http://mirror.bit.edu.cn/apache/hadoop/common/stable/hadoop-2.7.2.tar. gz
（版本以官网为主）
```

我们选择将 Hadoop 安装至/usr/local/中：

```
sudo tar -zxf  hadoop-2.7.2.tar.gz -C /usr/local     # 解压到/usr/local 中
cd /usr/local/
sudo mv ./hadoop-2.7.2/ ./hadoop                     # 将文件夹名改为 hadoop
sudo chown -R hadoop ./hadoop                        # 修改文件权限
```

Hadoop 解压后即可使用。输入如下命令来检查 Hadoop 是否可用：

```
cd /usr/local/hadoop
hadoop version
```

成功则会显示 Hadoop 版本信息。

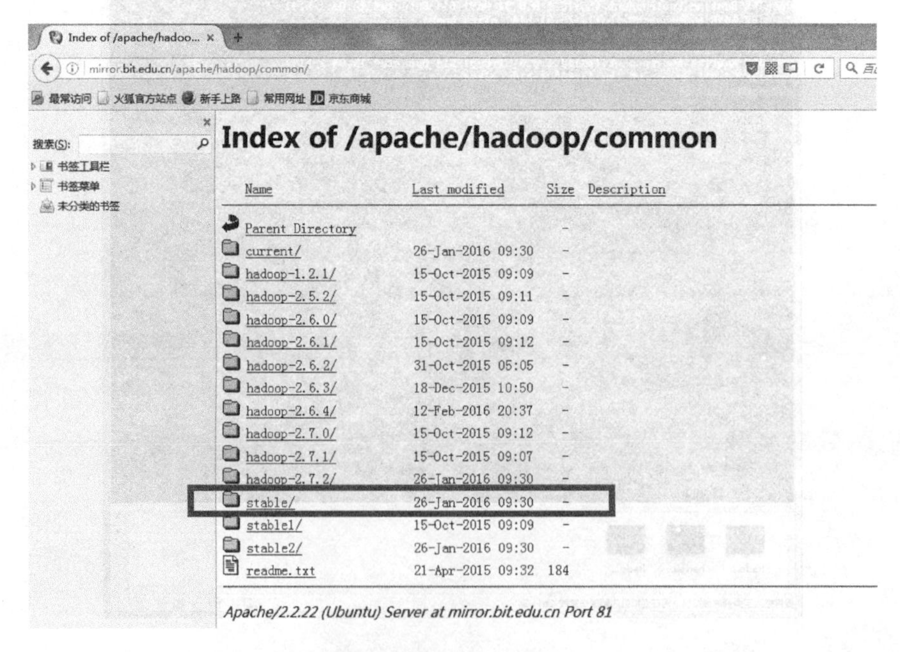

图 3-8 Hadoop 下载 1

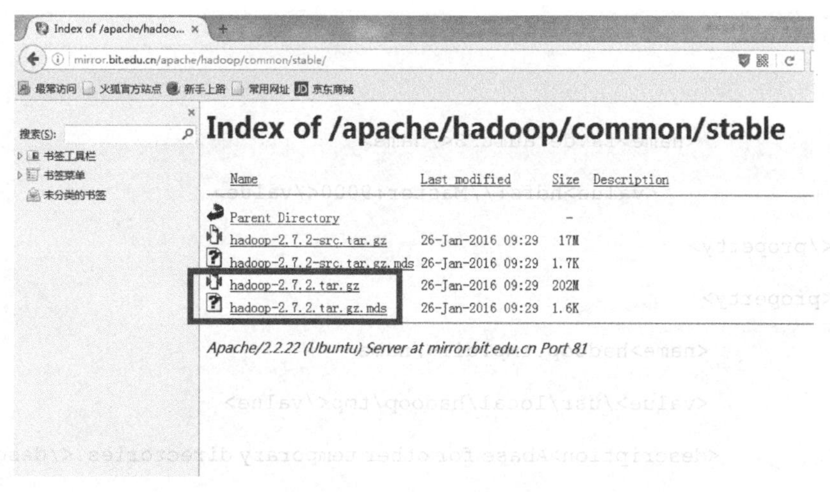

图 3-9　Hadoop 下载 2

7. Hadoop 伪分布式配置

Hadoop 可以在单节点上以伪分布式的方式运行，Hadoop 进程以分离的 Java 进程来运行，节点既作为 NameNode 也作为 DataNode。同时，读取的是 HDFS 中的文件。Hadoop 的配置文件位于/usr/local/hadoop/etc/hadoop/中，伪分布式需要修改 core-site.xml 和 hdfs-site.xml 两个文件。Hadoop 的配置文件是 xml 格式，每个配置以声明 property 的 name 和 value 的方式来实现。修改配置文件 core-site.xml 如图 3-10 所示。

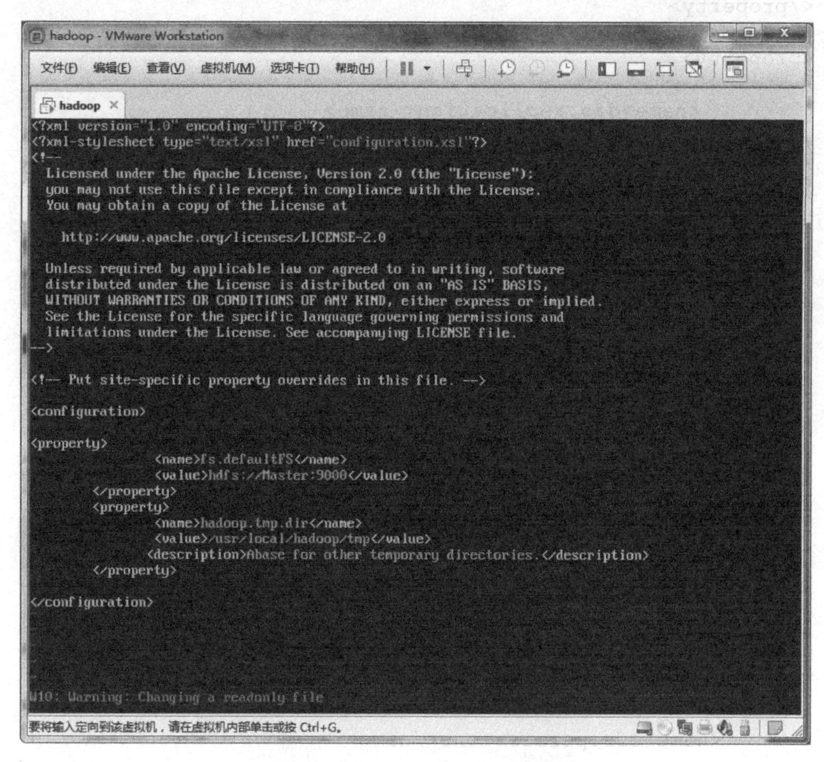

图 3-10　core-site.xml 配置

```
<configuration>
<property>
                  <name>fs.defaultFS</name>
                     <value>hdfs://Master:9000</value>
        </property>
        <property>
                 <name>hadoop.tmp.dir</name>
                 <value>/usr/local/hadoop/tmp</value>
                <description>Abase for other temporary directories.</descriptio n>
         </property>
</configuration>
```

修改配置文件 hdfs-site.xml 如图 3-11 所示。

```
<configuration>
<property>
                  <name>dfs.namenode.secondary.http-address</name>
                  <value>Master:50090</value>
         </property>
         <property>
                  <name>dfs.replication</name>
                  <value>3</value>
         </property>
         <property>
                 <name>dfs.namenode.name.dir</name>
                 <value>/usr/local/hadoop/tmp/dfs/name</value>
         </property>
         <property>
                <name>dfs.datanode.data.dir</name>
                <value>/usr/local/hadoop/tmp/dfs/data</value>
         </property>
         <property>
                <name>dfs.permissions</name>
                <value>false</value>
```

```
        </property>
</configuration>
```

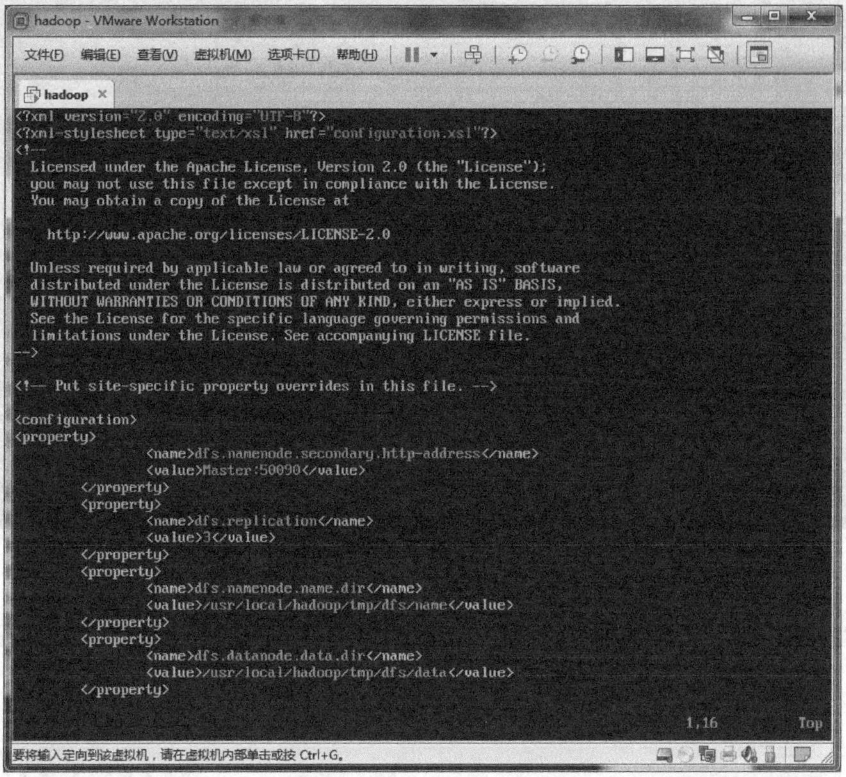
hadoop - VMware Workstation
文件(F) 编辑(E) 查看(V) 虚拟机(M) 选项卡(T) 帮助(H)
hadoop
<?xml version="2.0" encoding="UTF-8"?>
<?xml-stylesheet type="text/xsl" href="configuration.xsl"?>
<!--
Licensed under the Apache License, Version 2.0 (the "License");
you may not use this file except in compliance with the License.
You may obtain a copy of the License at
http://www.apache.org/licenses/LICENSE-2.0
Unless required by applicable law or agreed to in writing, software
distributed under the License is distributed on an "AS IS" BASIS,
WITHOUT WARRANTIES OR CONDITIONS OF ANY KIND, either express or implied.
See the License for the specific language governing permissions and
limitations under the License. See accompanying LICENSE file.
-->
<!-- Put site-specific property overrides in this file. -->
<configuration>
<property>
<name>dfs.namenode.secondary.http-address</name>
<value>Master:50090</value>
</property>
<property>
<name>dfs.replication</name>
<value>3</value>
</property>
<property>
<name>dfs.namenode.name.dir</name>
<value>/usr/local/hadoop/tmp/dfs/name</value>
</property>
<property>
<name>dfs.datanode.data.dir</name>
<value>/usr/local/hadoop/tmp/dfs/data</value>
</property>
1,16
Top
要将输入定向到该虚拟机，请在虚拟机内部单击或按 Ctrl+G。

图 3-11 hdfs-site.xml 配置

配置完成后，执行 NameNode 的格式化，命令如下：

```
cd  /etc/hadoop
hdfs namenode  -format
```

若执行成功，则会看到“successfully formatted”和“Exitting with status 0”的提示；若为“Exitting with status 1”，则是出错。NameNode 的格式化如图 3-12 所示。

接着开启 NameNode 和 DataNode 守护进程，命令如下：

```
start-dfs.sh
```

启动完成后，可以通过命令 jps 来判断是否成功启动。若成功启动，则会列出如下进程：“NameNode”“DataNode”和“SecondaryNameNode”（如果 SecondaryNameNode 没有启动，请运行 sbin/stop-dfs.sh 关闭进程，然后再次尝试启动）。如果没有 NameNode 或 DataNode，那就是配置问题。若不成功，则请仔细检查之前步骤，或通过查看启动日志排查原因。

成功启动后，可以访问到 Web 界面，访问方式为 http://IP 地址:50070（如图 3-13 所示），查看 NameNode 和 Datanode 信息，还可以在线查看 HDFS 中的文件。

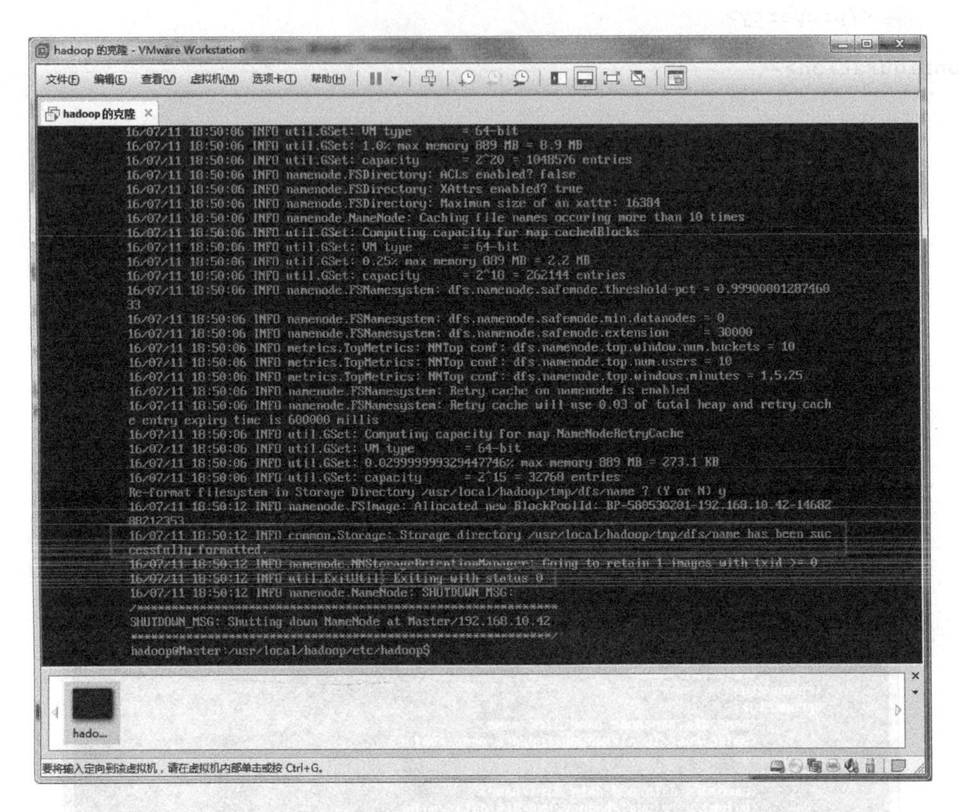

图 3-12 NameNode 的格式化

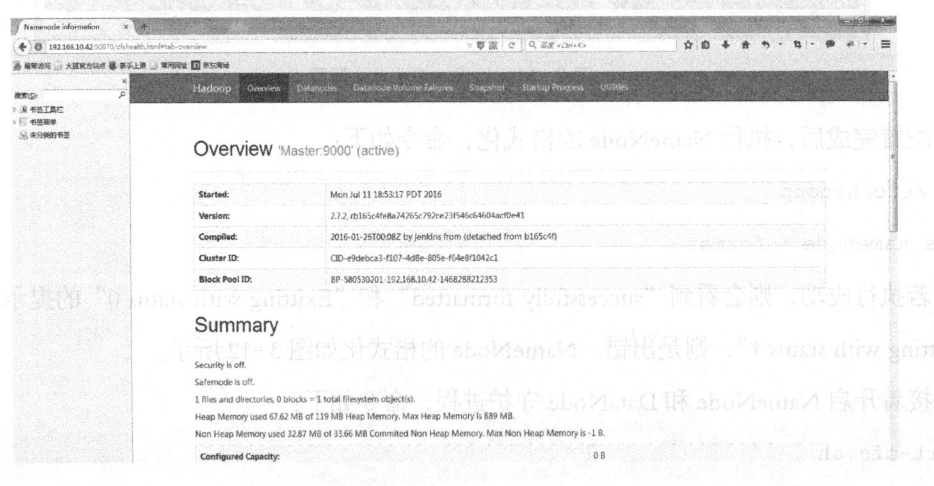

图 3-13 Web 界面

8. 启动 YARN

上述通过/sbin/start-dfs.sh 启动 Hadoop，仅仅是启动了 MapReduce 环境。我们可以启动 YARN，让 YARN 来负责资源管理与任务调度。首先修改配置文件 mapred-site.xml，需要先进行重命名（如图 3-14 所示）：

```
mv ./etc/hadoop/mapred-site.xml.template ./etc/hadoop/mapred-site.xml
```

然后再对 mapred-site.xml 进行编辑：

```
vim /usr/local/hadoop/etc/hadoop/mapred-site.xml
```

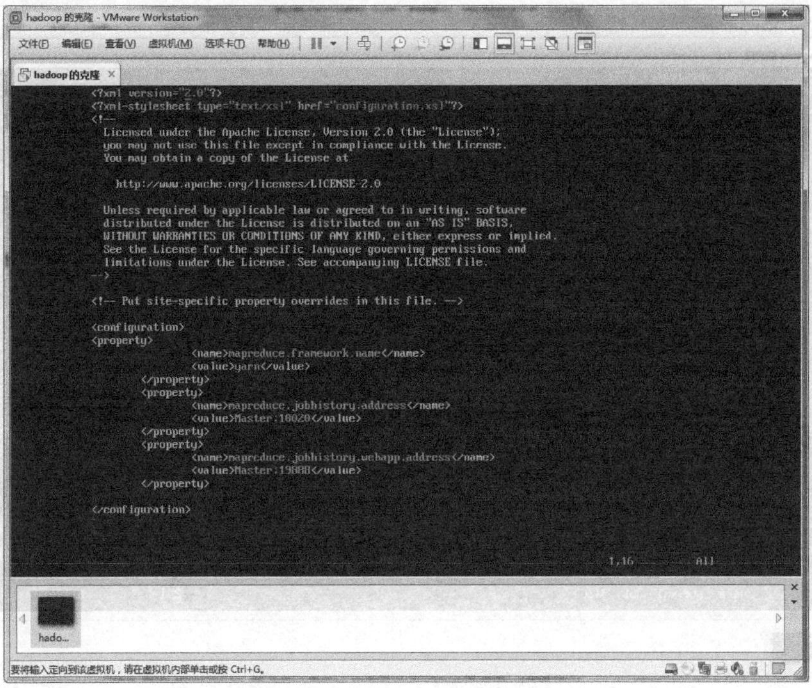

图 3-14　mapred-site.xml 配置

```
<configuration>

<property>

                    <name>mapreduce.framework.name</name>

                    <value>yarn</value>

          </property>

          <property>

                    <name>mapreduce.jobhistory.address</name>

                    <value>Master:10020</value>

          </property>

          <property>

                    <name>mapreduce.jobhistory.webapp.address</name>

                    <value>Master:19888</value>

         </property>

</configuration>
```

接着修改配置文件 yarn-site.xml，（如图 3-15 所示）。

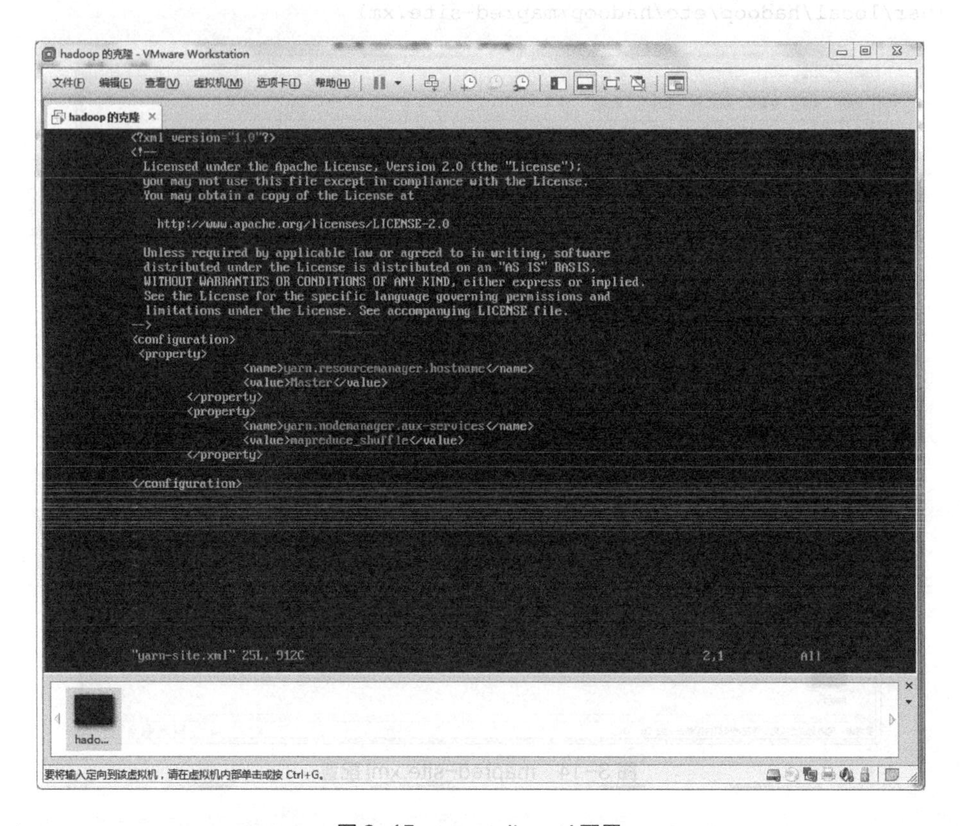

图 3-15　yarn-site.xml 配置

```
<configuration>
<property>
                    <name>mapreduce.framework.name</name>
                    <value>yarn</value>
          </property>
          <property>
                    <name>mapreduce.jobhistory.address</name>
                    <value>Master:10020</value>
          </property>
          <property>
                   <name>mapreduce.jobhistory.webapp.address</name>
                   <value>Master:19888</value>
          </property>
```

```
</configuration>
```

然后就可以启动 YARN 了（需要先执行过./sbin/start-dfs.sh）。启动命令如下：

```
start-yarn.sh    # 启动 YARN
mr-jobhistory-daemon.sh start historyserver  # 开启历史服务器，才能在 Web 中查看任务运行情况
```

开启后通过 jps 可以查看到多了 NodeManager 和 ResourceManager 两个后台进程。启动 YARN 之后，运行实例的方法还是一样的，仅仅是资源管理方式、任务调度不同。观察日志信息可以发现，不启用 YARN 时，是“mapred.LocalJobRunner”在执行任务，启用 YARN 之后，是“mapred.YARNRunner”在执行任务。启动 YARN 有个好处，是可以通过 Web 界面 http://IP 地址:8088/cluster 查看任务的运行情况，如图 3-16 所示。

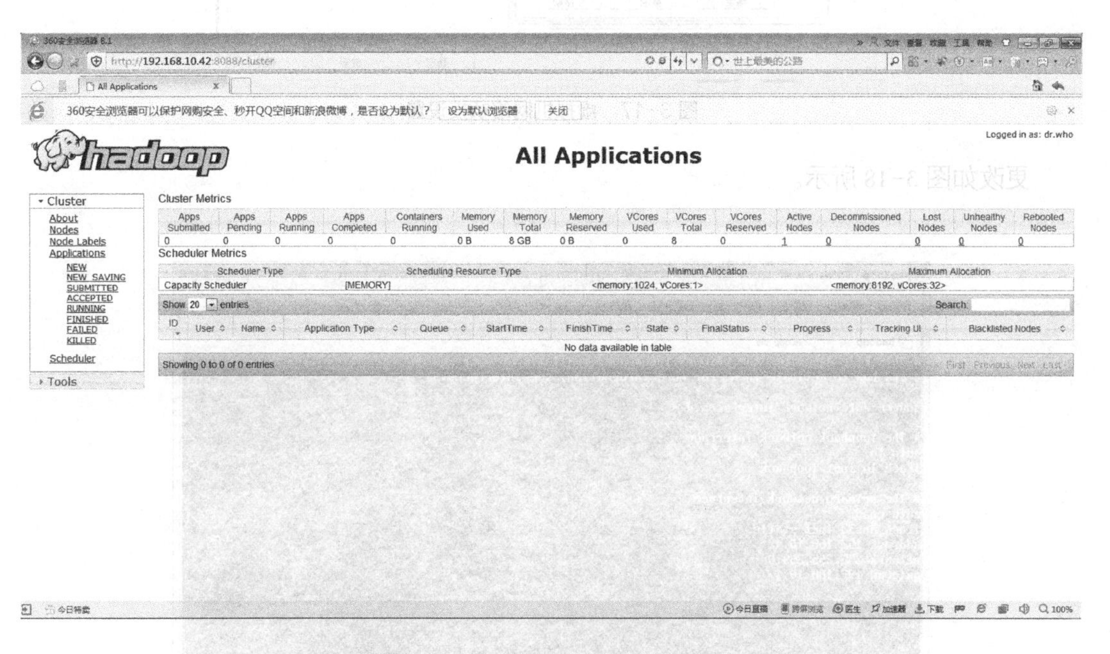

图 3-16 启动 YARN 后的 Web 界面

这样就完成 Hadoop 的安装。

9．网络配置

假设集群所用的节点都位于同一个局域网，如果使用的是虚拟机安装的系统，那么需要更改网络连接方式为桥接（Bridge）模式，才能实现多个节点互连，例如在 VirturalBox 中的设置如图 3-17 所示。此外，如果节点的系统是在虚拟机中直接复制的，要确保各个节点的 MAC 地址不同（可以点右边的按钮随机生成 MAC 地址，否则 IP 会冲突）。

开机更改静态地址，执行如下命令：

```
vim etc/network/interfaces
```

图 3-17 虚拟机网络桥接设置

更改如图 3-18 所示。

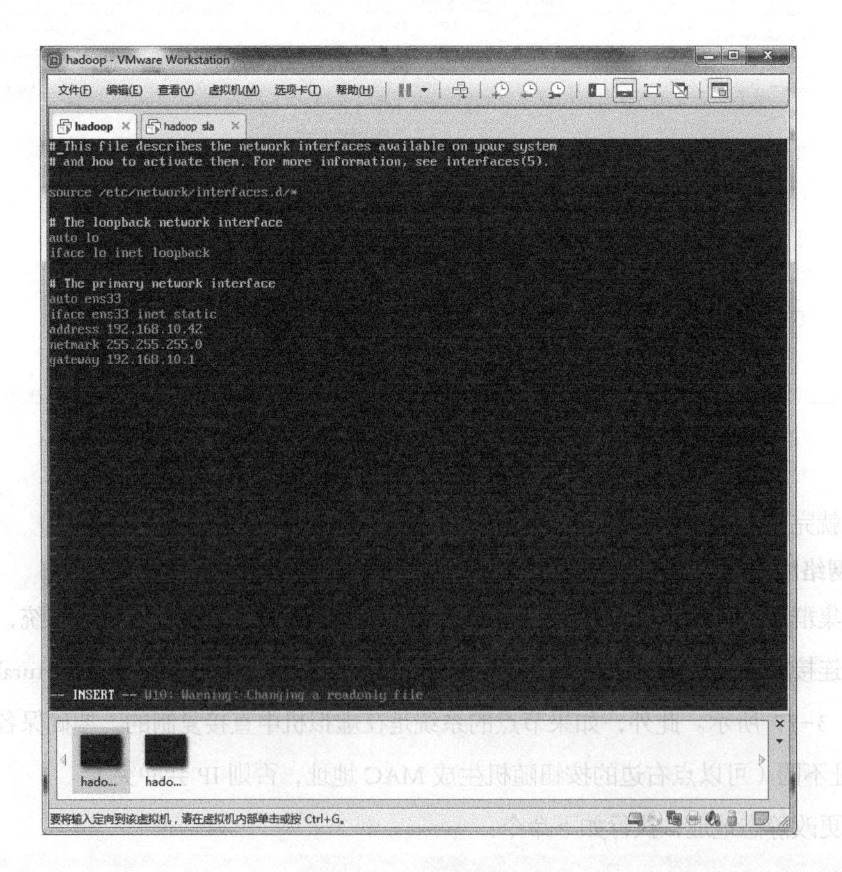

图 3-18 静态地址配置

```
# The loopback network interface
auto lo
iface lo inet loopback
# The primary network interface
auto ens33
iface ens33 inet static
address 192.168.10.42
netmark 255.255.255.0
gateway 192.168.10.1
```

首先在 Master 节点上完成准备工作，并关闭 Hadoop（/usr/local/hadoop/sbin/stop-dfs.sh），再进行后续集群配置。为了便于区分，可以修改各个节点的主机名（在终端标题、命令行中可以看到主机名，以便区分）：

```
sudo vim /etc/hostname
```

然后执行如下命令修改自己所用节点的 IP 映射：

```
sudo vim /etc/hosts
```

例如，此处使用两个节点的名称与对应 IP 关系如下：

```
192.168.10.42   Master
192.168.10.43   Slave1
```

同时，对应关系如图 3-19 所示。

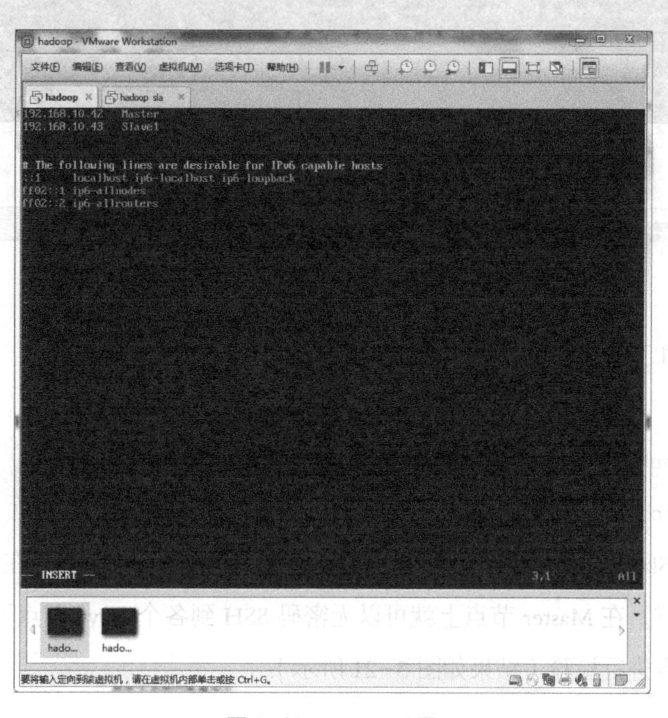

图 3-19 hosts 配置

修改完成后需要重启，重启后在终端中才会看到机器名的变化。接下来的教程中请注意区分 Master 节点与 Slave 节点的操作。配置好后需要在各个节点上执行如下命令，测试是否相互 ping 得通，如果 ping 不通，后面就无法顺利配置成功：

```
ping Master -c 3   # 只ping 3次，否则要按 Ctrl+C 中断
ping Slave1 -c 3
```

Master 节点上将公匙传输到 Slave1 节点，命令如下（截图如图 3-20 所示）：

```
scp ~/.ssh/id_rsa.pub hadoop@Slave1:/home/hadoop/
```

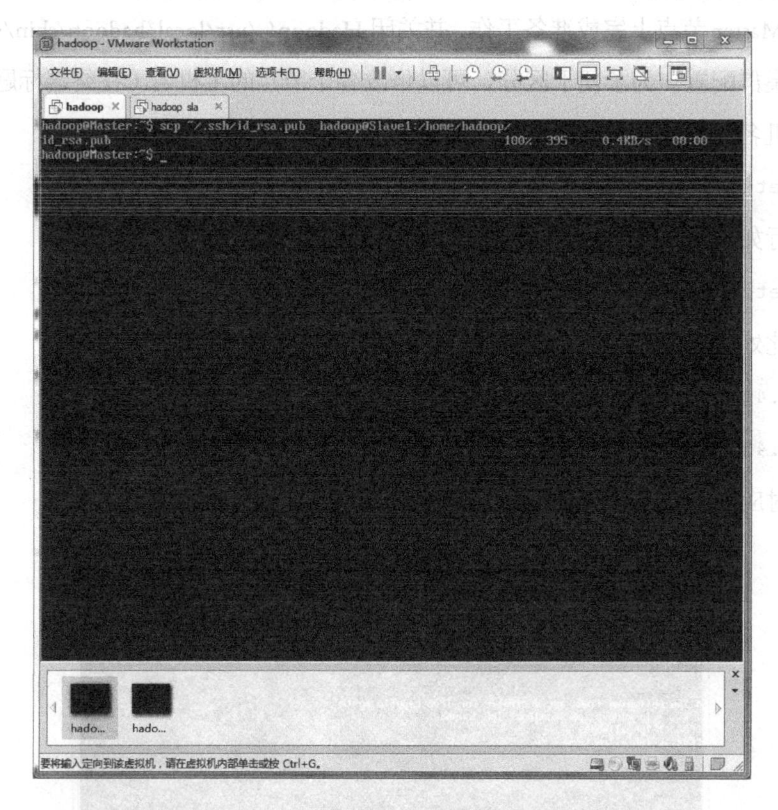

图 3-20　Master 节点上将公匙传输到 Slave1 节点

接着在 Slave1 节点上，将 SSH 公匙加入授权：

```
mkdir ~/.ssh       # 如果不存在该文件夹需先创建，若已存在则忽略
cat ~/id_rsa.pub >> ~/.ssh/authorized_keys
rm ~/id_rsa.pub    # 用完即可删除
```

如果有其他 Slave 节点，也要执行将 Master 公匙传输到 Slave 节点、在 Slave 节点上加入授权这两步。这样，在 Master 节点上就可以无密码 SSH 到各个 Slave 节点了，可在 Master 节点上执行如下命令进行检验（结果如图 3-21 所示）：

```
ssh Slave1
```

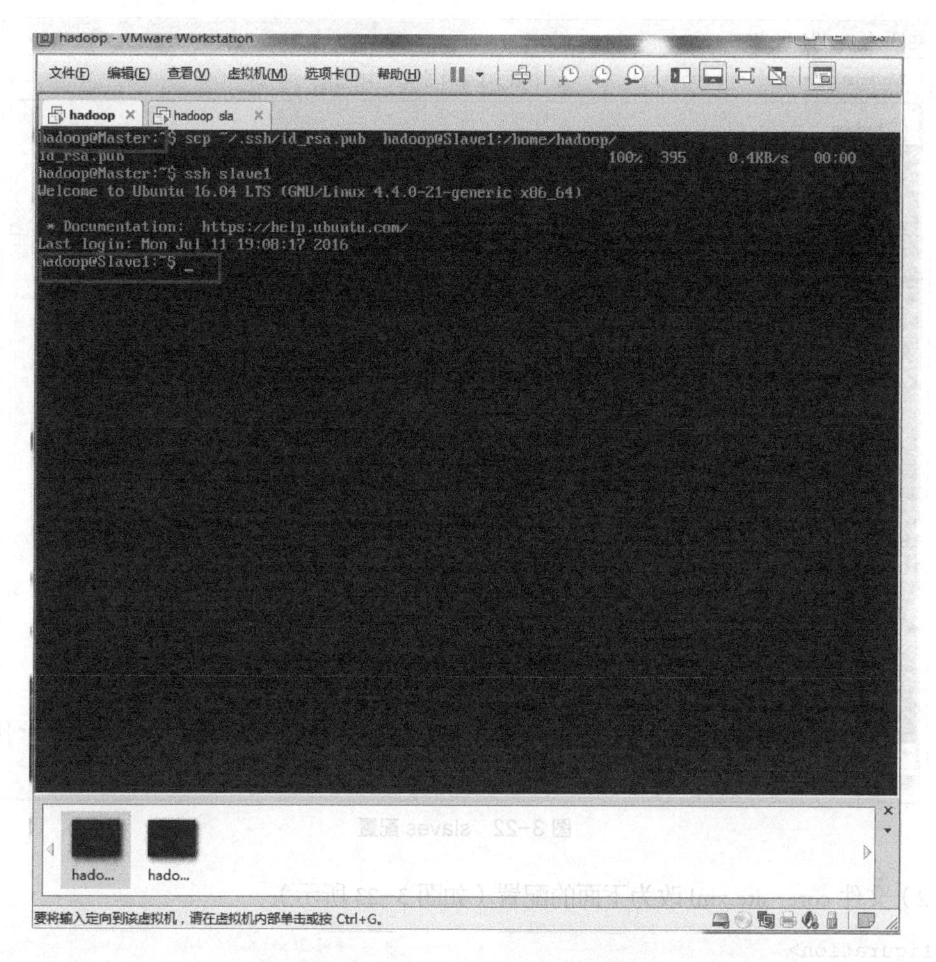

图 3-21 Master SSH 登入 Slave1

10．配置 PATH 变量

首先执行 vim ～/.bashrc，加入一行：

```
export PATH=$PATH:/usr/local/hadoop/bin:/usr/local/hadoop/sbin
```

保存后执行 source ～/.bashrc 使配置生效。

11．配置集群/分布式环境

集群/分布式模式需要修改/usr/local/hadoop/etc/hadoop 中的 5 个配置文件，更多设置项可查看官方说明。这里仅设置了正常启动所必需的 slaves、core-site.xml、hdfs-site.xml、mapred-site.xml、yarn-site.xml 设置项。

（1）文件 slaves，将作为 DataNode 的主机名写入该文件，每行一个，默认为 localhost，所以在伪分布式配置时，节点既作为 NameNode 也作为 DataNode。分布式配置可以保留 localhost，也可以删除，让 Master 节点仅作为 NameNode 使用。这里把 Master 节点仅作为 NameNode 使用，因此将文件中原来的 localhost 删除，只添加一行内容 Slave1，如图 3-22 所示。

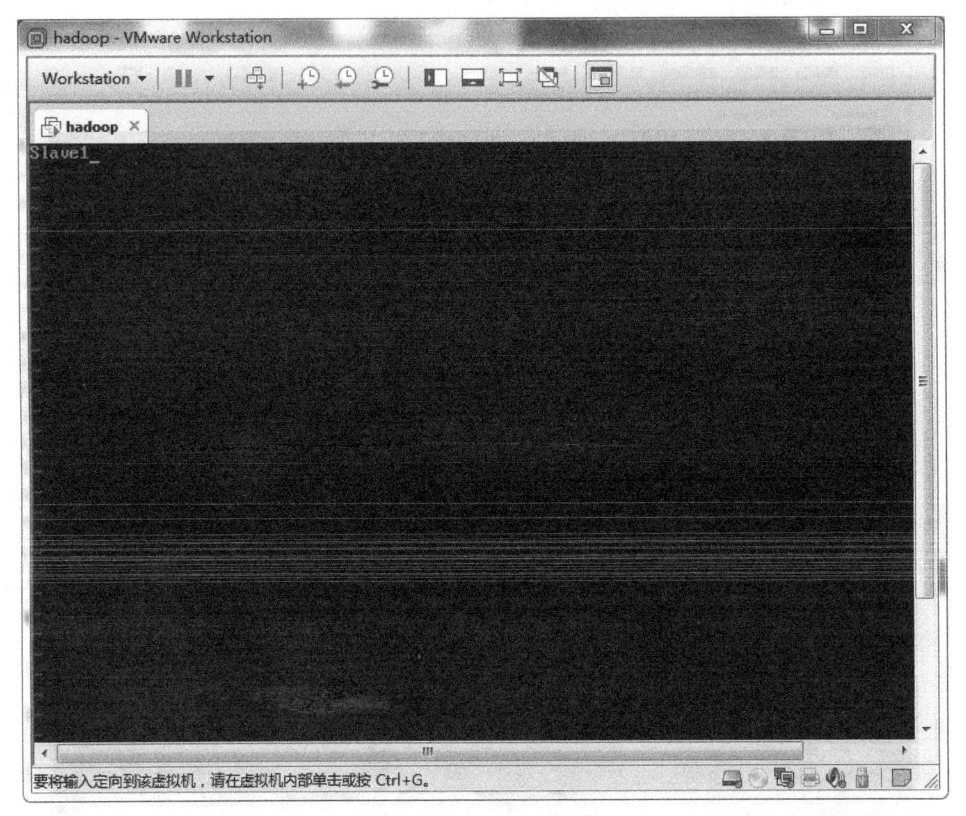

图 3-22　slaves 配置

（2）文件 core-site.xml 改为下面的配置（如图 3-23 所示）：

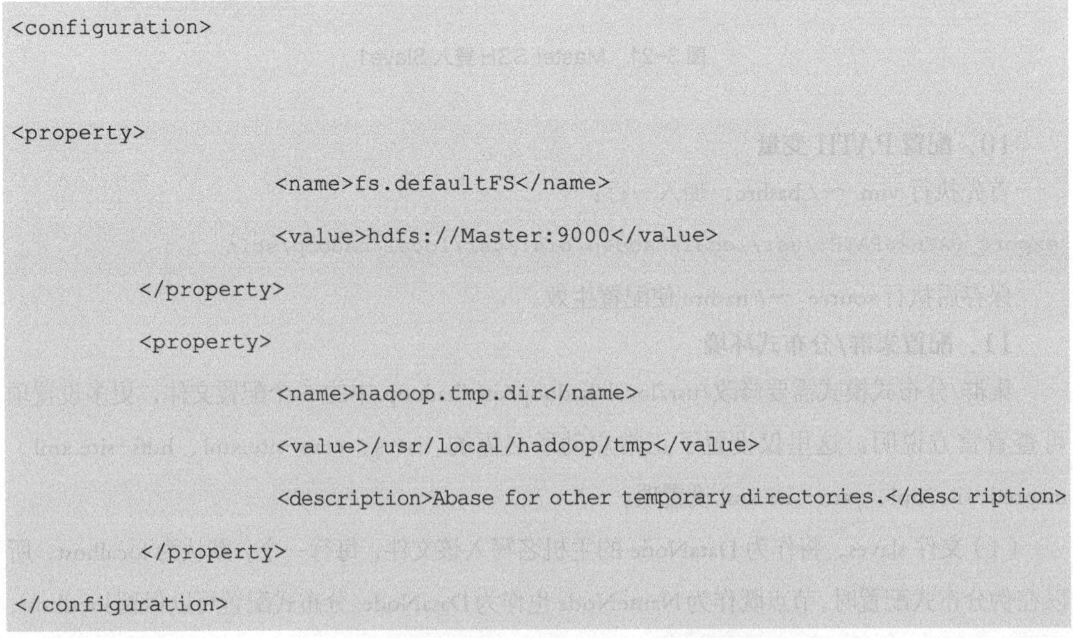

```
<configuration>


<property>
                <name>fs.defaultFS</name>
                <value>hdfs://Master:9000</value>
        </property>
        <property>
                <name>hadoop.tmp.dir</name>
                <value>/usr/local/hadoop/tmp</value>
                <description>Abase for other temporary directories.</desc ription>
        </property>
</configuration>
```

（3）文件 hdfs-site.xml，dfs.replication 一般设为 3，但我们只有一个 Slave 节点，所以 dfs.replication 的值还是设为 1，如图 3-24 所示。

hadoop - VMware Workstation

文件(F) 编辑(E) 查看(V) 虚拟机(M) 选项卡(T) 帮助(H)

hadoop

```
<?xml version="1.0" encoding="UTF-8"?>
<?xml-stylesheet type="text/xsl" href="configuration.xsl"?>
<!--
  Licensed under the Apache License, Version 2.0 (the "License");
  you may not use this file except in compliance with the License.
  You may obtain a copy of the License at

    http://www.apache.org/licenses/LICENSE-2.0

  Unless required by applicable law or agreed to in writing, software
  distributed under the License is distributed on an "AS IS" BASIS,
  WITHOUT WARRANTIES OR CONDITIONS OF ANY KIND, either express or implied.
  See the License for the specific language governing permissions and
  limitations under the License. See accompanying LICENSE file.
-->

<!-- Put site-specific property overrides in this file. -->

<configuration>

<property>
                <name>fs.defaultFS</name>
                <value>hdfs://Master:9000</value>
        </property>
        <property>
                <name>hadoop.tmp.dir</name>
                <value>/usr/local/hadoop/tmp</value>
               <description>Abase for other temporary directories.</description>
        </property>

</configuration>

W10: Warning: Changing a readonly file
```

要将输入定向到该虚拟机，请在虚拟机内部单击或按 Ctrl+G。

图 3-23 core-site.xml 配置

```
<configuration>

<property>

                <name>dfs.namenode.secondary.http-address</name>

                <value>Master:50090</value>

        </property>

        <property>

                <name>dfs.replication</name>
                <value>3</value>

        </property>

        <property>

                <name>dfs.namenode.name.dir</name>

                <value>/usr/local/hadoop/tmp/dfs/name</value>

        </property>

        <property>

                <name>dfs.datanode.data.dir</name>

                <value>/usr/local/hadoop/tmp/dfs/data</value>

         </property>
```

```
        <property>
                <name>dfs.permissions</name>
            <value>false</value>
             </property>
</configuration>
```

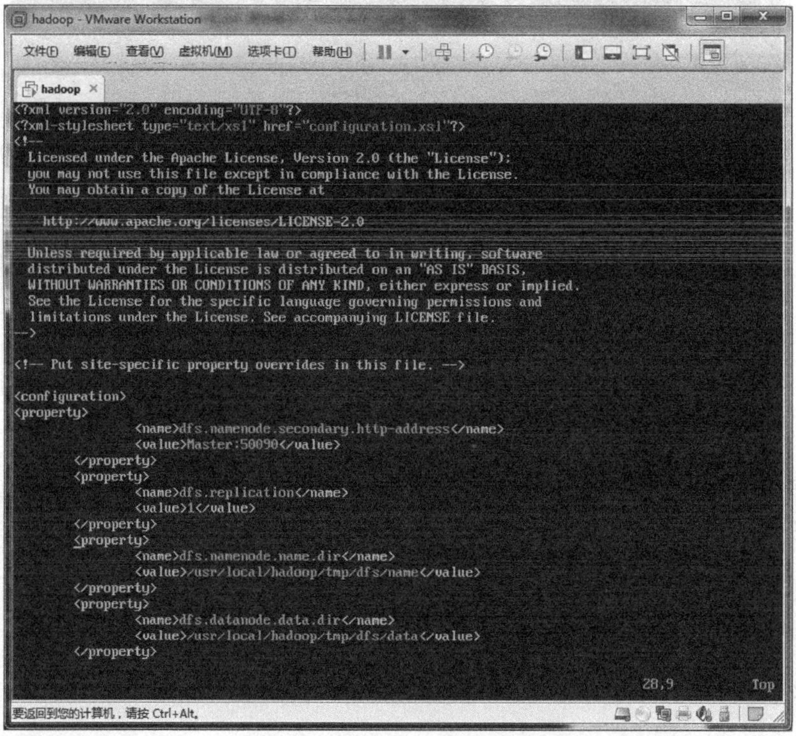

hadoop - VMware Workstation

文件(F)　编辑(E)　查看(V)　虚拟机(M)　选项卡(T)　帮助(H)

hadoop

```
<?xml version="2.0" encoding="UTF-8"?>
<?xml-stylesheet type="text/xsl" href="configuration.xsl"?>
<!--
  Licensed under the Apache License, Version 2.0 (the "License");
  you may not use this file except in compliance with the License.
  You may obtain a copy of the License at

    http://www.apache.org/licenses/LICENSE-2.0

  Unless required by applicable law or agreed to in writing, software
  distributed under the License is distributed on an "AS IS" BASIS,
  WITHOUT WARRANTIES OR CONDITIONS OF ANY KIND, either express or implied.
  See the License for the specific language governing permissions and
  limitations under the License. See accompanying LICENSE file.
-->

<!-- Put site-specific property overrides in this file. -->

<configuration>
<property>
                <name>dfs.namenode.secondary.http-address</name>
                <value>Master:50090</value>
        </property>
        <property>
                <name>dfs.replication</name>
                <value>1</value>
        </property>
        <property>
                <name>dfs.namenode.name.dir</name>
                <value>/usr/local/hadoop/tmp/dfs/name</value>
        </property>
        <property>
                <name>dfs.datanode.data.dir</name>
                <value>/usr/local/hadoop/tmp/dfs/data</value>
        </property>
                                                        28,9          Top
```

要返回到您的计算机，请按 Ctrl+Alt。

图 3-24　hdfs-site.xml 配置

（4）文件 hdfs-site.xml（可能需要先重命名，默认文件名为 mapred-site.xml.template）配置修改如图 3-25 所示：

```
<configuration>
<property>
                <name>mapreduce.framework.name</name>
                <value>yarn</value>
        </property>
        <property>
                <name>mapreduce.jobhistory.address</name>
                <value>Master:10020</value>
```

```
        </property>
        <property>
                <name>mapreduce.jobhistory.webapp.address</name>
                <value>Master:19888</value>
        </property>

</configuration>
```

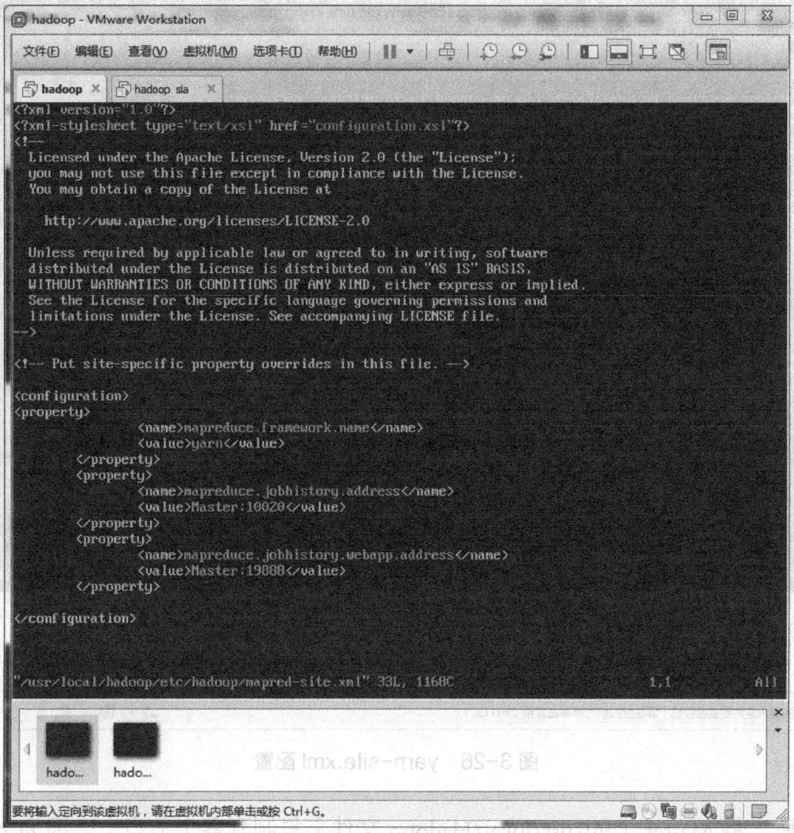

图 3-25 mapred-site.xml 配置

（5）文件 yarn-site.xml 修改，如图 3-26 所示。

```
<configuration>
 <property>
                <name>yarn.resourcemanager.hostname</name>
                <value>Master</value>
        </property>
        <property>
```

```
            <name>yarn.nodemanager.aux-services</name>
            <value>mapreduce_shuffle</value>
        </property>
</configuration>
```

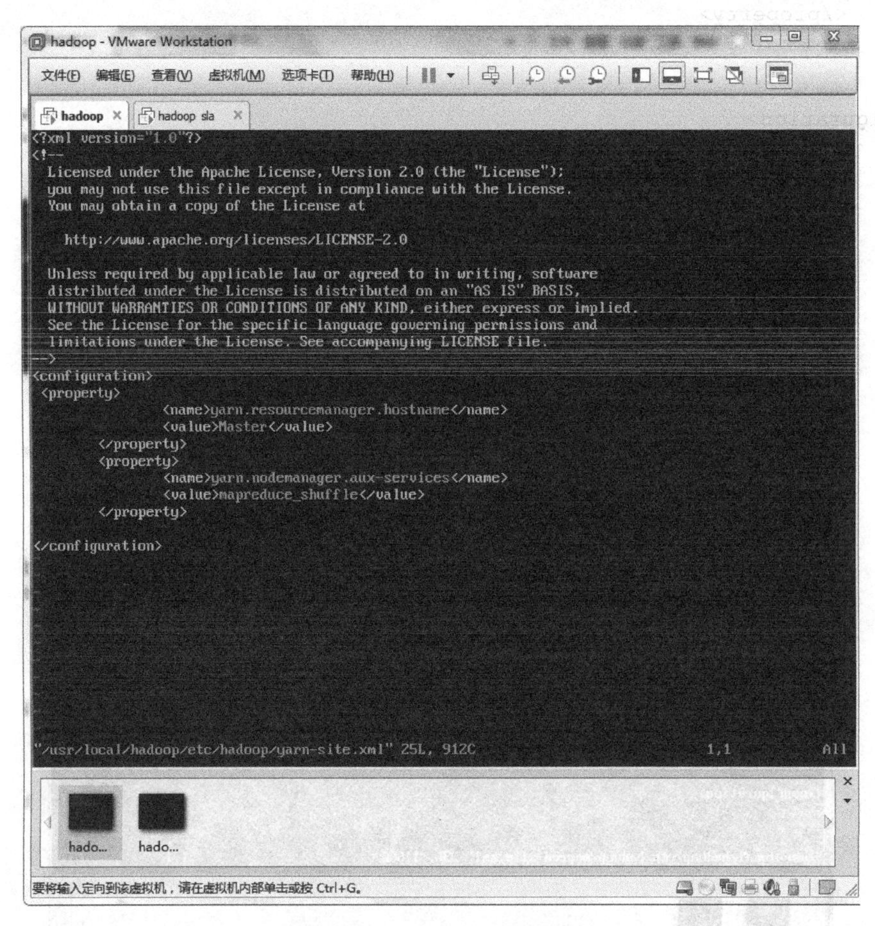

图 3-26 yarn-site.xml 配置

配置好后，将 Master 上的/usr/local/Hadoop 文件夹复制到各个节点上。因为之前运行过伪分布式模式，建议在切换到集群模式前先删除之前的临时文件。在 Master 节点上执行如下命令：

```
cd /usr/local
sudo rm -r ./hadoop/tmp                          # 删除 Hadoop 临时文件
sudo rm -r ./hadoop/logs/*                       # 删除日志文件
tar -zcf ~/hadoop.master.tar.gz ./hadoop         # 先压缩再复制
cd ~
scp ./hadoop.master.tar.gz Slave1:/home/hadoop
```

在 Slave1 节点上执行如下命令：

```
sudo rm -r /usr/local/hadoop    # 删除旧的（如果存在）
sudo tar -zxf ~/hadoop.master.tar.gz -C /usr/local
sudo chown -R hadoop /usr/local/hadoop
```

同样，如果有其他 Slave 节点，也要执行将 hadoop.master.tar.gz 传输到 Slave 节点、在 Slave 节点解压文件的操作。首次启动需要先在 Master 节点执行 NameNode 的格式化，命令如下：

```
hdfs namenode -format    #注意只能执行一次，执行多次会导致master的ID号和slave1的ID号不同
```

接着可以启动 Hadoop 了。启动需要在 Master 节点上进行，如下所示：

```
start-dfs.sh
start-yarn.sh
mr-jobhistory-daemon.sh start historyserver
```

通过命令 jps 可以查看各个节点所启动的进程。正确的话，在 Master 节点上可以看到 NameNode、ResourceManager、SecondrryNameNode、JobHistoryServer 进程（如图 3-27 所示）。

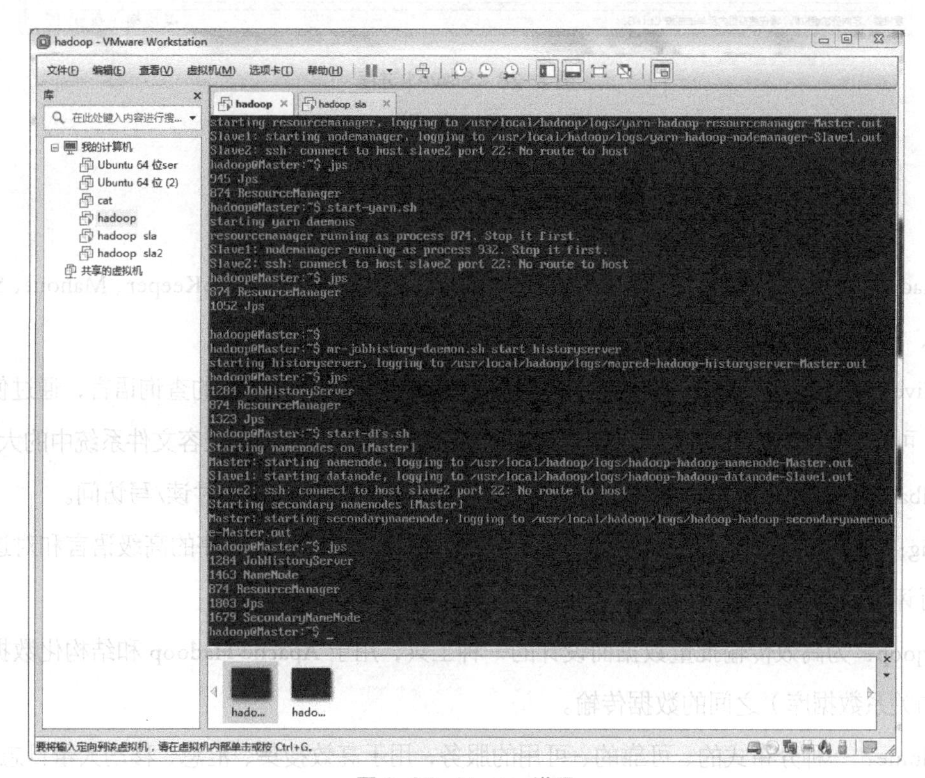

图 3-27　Master 进程

在 Slave 节点可以看到 DataNode 和 NodeManager 进程（如图 3-28 所示），缺少任一进程都表示出错。

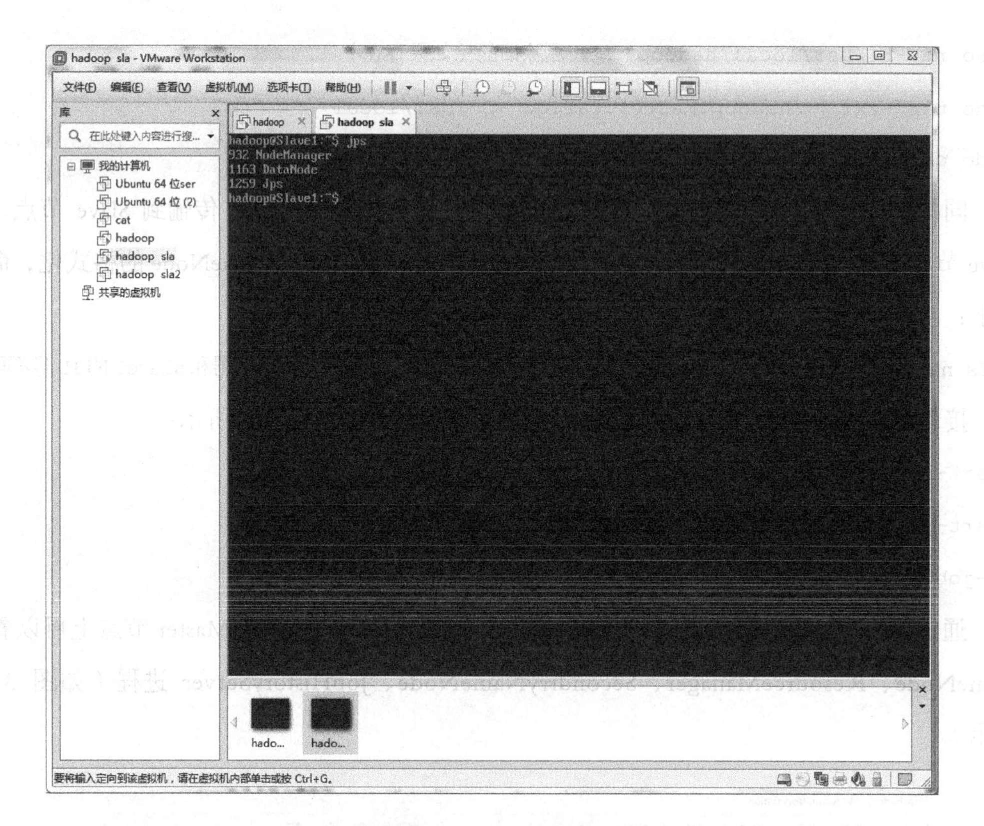

图 3-28　Slave1 进程

3.4　Hadoop 生态系统简介

Hadoop 生态系统主要包括 Hive、HBase、Pig、Sqoop、Flume、ZooKeeper、Mahout、Spark、Storm、Shark、Phoenix、Tez、Ambari 各项目的基本情况如下。

Hive：用于 Hadoop 的一个数据仓库系统，它提供了类似于 SQL 的查询语言，通过使用该语言，可以方便地进行数据汇总、特定查询以及分析存放在 Hadoop 兼容文件系统中的大数据。

Hbase：一种分布的、可伸缩的、大数据存储库，支持随机、实时读/写访问。

Pig：分析大数据集的一个平台，该平台由一种表达数据分析程序的高级语言和对这些程序进行评估的基础设施一起组成。

Sqoop：为高效传输批量数据而设计的一种工具，用于 Apache Hadoop 和结构化数据存储库（如关系数据库）之间的数据传输。

Flume：一种分布式的、可靠的、可用的服务，用于高效搜集、汇总、移动大量日志数据。

ZooKeeper：一种集中服务，用于维护配置信息、命名、提供分布式同步以及提供分组服务。

Mahout：一种基于 Hadoop 的机器学习和数据挖掘的分布式计算框架算法集，实现了多种 MapReduce 模式的数据挖掘算法。

Spark：一个开源的数据分析集群计算框架，最初由加州大学伯克利分校 AMPLab 开发，建立于 HDFS 之上。Spark 与 Hadoop 一样，用于构建大规模、低延时的数据分析应用。Spark 采用 Scala 语言实现，使用 Scala 作为应用框架。

Storm：一个分布式的、容错的实时计算系统，由 BackType 开发，后被 Twitter 收购。Storm 属于流处理平台，多用于实时计算并更新数据库。Storm 也可被用于"连续计算"（continuous computation），对数据流进行连续查询，在计算时就将结果以流的形式输出给用户。它还可用于"分布式 RPC"，以并行的方式运行大型的运算。

Shark：即 Hive on Spark，一个专为 Spark 打造的大规模数据仓库系统，兼容 Apache Hive。无需修改现有的数据或者查询，就可以用 100 倍的速度执行 Hive QL。Shark 支持 Hive 查询语言、元存储、序列化格式及自定义函数，与现有 Hive 部署无缝集成，是一个更快、更强大的替代方案。

Phoenix：构建在 Apache HBase 之上的一个 SQL 中间层，完全使用 Java 编写，提供了一个客户端可嵌入的 JDBC 驱动。Phoenix 查询引擎会将 SQL 查询转换为一个或多个 HBase scan，并编排执行以生成标准的 JDBC 结果集。直接使用 HBase API、协同处理器与自定义过滤器，对于简单查询来说，性能量级是毫秒，对于百万级别的行数来说，性能量级是秒。

Tez：一个基于 Hadoop YARN 之上的 DAG（有向无环图，Directed Acyclic Graph）计算框架。它把 Map/Reduce 过程拆分成若干个子过程，同时可以把多个 Map/Reduce 任务组合成一个较大的 DAG 任务，减少了 Map/Reduce 之间的文件存储。同时合理组合其子过程，减少任务的运行时间。

Avr：是一个数据序列化系统，提供了丰富的数据结构类型、快读可压缩的二进制数据格式、存储持久数据的文件容器、可远程过程调用等。

3.5 本章小结

本章简单介绍了 Hadoop 的概述、原理以及生态系统，详细演示了 Hadoop 集群在虚拟机下的搭建，可为后面的实验奠定良好的基础。

PART 4

第4章 HDFS基本应用

HDFS是被设计成适合运行在通用硬件(commodity hardware)上的分布式文件系统。HDFS是Hadoop一个不可或缺的部分，是Hadoop的核心组件，本章主要介绍HDFS的使用、HDFS的JAVA API、JAVA API接口实战以及数据流及其原理。

4.1 实战命令行接口

HDFS提供多种方式由应用程序访问，自然地，HDFS为程序提供JAVA API，为C语言包装的JAVA API也是可用的，HTTP浏览器也可以浏览HDFS中的文件，通过WebDAV协议访问HDFS库的方式也正在构建中。

用户通过命令行与HDFS交互。HDFS还有很多其他接口，但命令行是最简单同时也是许多开发者最熟悉的。现在我们就先看看之前安装的第一个配置文件，使用如下命令（结果如图4-1所示）：

```
sudo vim /usr/local/hadoop/etc/hadoop/core-site.xml
```

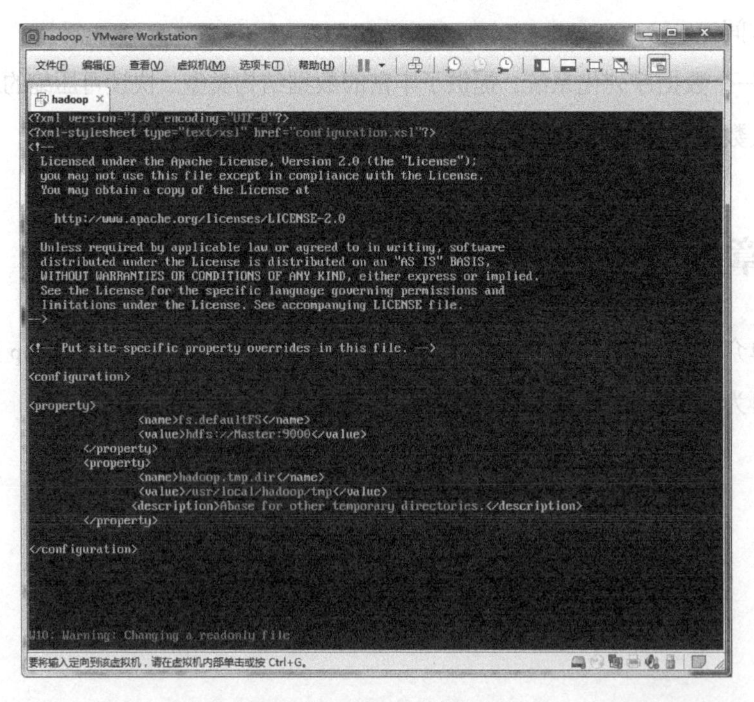

图4-1 core-site的配置

登录网页尝试访问 http://master ip 地址:50070，如图 4-2 所示。

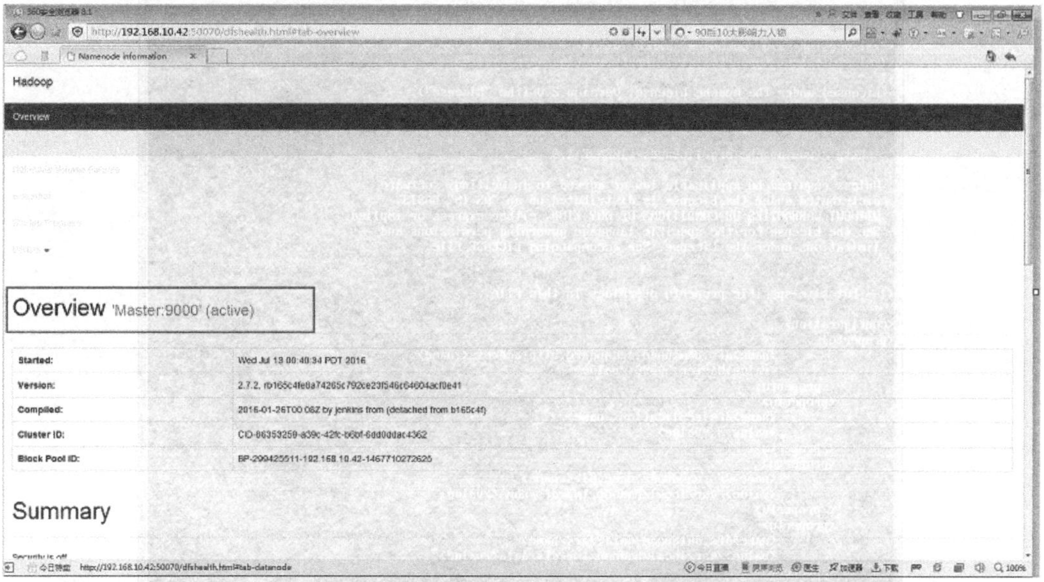

http://192.168.10.42:50070/dfshealth.html#tab-overview

Namenode information

Hadoop

Overview

Overview 'Master:9000' (active)

Started:	Wed Jul 13 00:40:34 PDT 2016
Version:	2.7.2, rb165c4fe8a74265c792ce23f546c64604acf0e41
Compiled:	2016-01-26T00:08Z by jenkins from (detached from b165c4f)
Cluster ID:	CID-86353259-a39c-42fc-b6bf-6dd0ddac4362
Block Pool ID:	BP-299425511-192.168.10.42-1467710272625

Summary

Security is off

http://192.168.10.42:50070/dfshealth.html#tab-datanode

图 4-2 网页登录

hdfs://master:9000 用来为 Hadoop 设置默认文件系统。文件系统是由 URI 指定的，这里我们已使用了一个 HDFS URI 来配置 HDFS 为 Hadoop 的默认文件系统。HDFS 的守护程序将通过这个属性来决定 HDFS 名称节点的宿主机和端口。我们将在 Master 上运行，把端口设置为 9000。这样一来，HDFS 用户将通过这个属性得知名称节点在哪里运行以便于连接到它。

我们再看看第二个配置文件 hdfs-site.xml，如图 4-3 所示。

```
sudo vim /usr/local/hadoop/etc/hadoop/hdfs-site.xml
```

第一个属性是配置 Web 端的 IP 地址和端口号，第二个属性 dfs.replication，我们设为 1，这样一来，HDFS 就不会按默认设置将文件系统块复制 3 份。在单独一个数据节点上运行时，HDFS 无法将块复制到 3 个数据节点上，所以会持续警告块的副本不够。此设置可以解决这个问题。

既然之前已经配置好了，我们就直接通过命令基本文件系统操作进行演习。文件系统已经就绪，我们可以执行所有其他文件系统都有的操作，例如读取文件、创建目录、移动文件、删除数据、列出索引目录等。输入 hadoop fs -help 命令即可看到所有命令详细的帮助文件。

首先将本地文件系统的一个文件复制到 HDFS。用 dir 命令查看一下本地有什么文件。选择一个小的文件进行上传，如图 4-4 所示，查看本地文件。

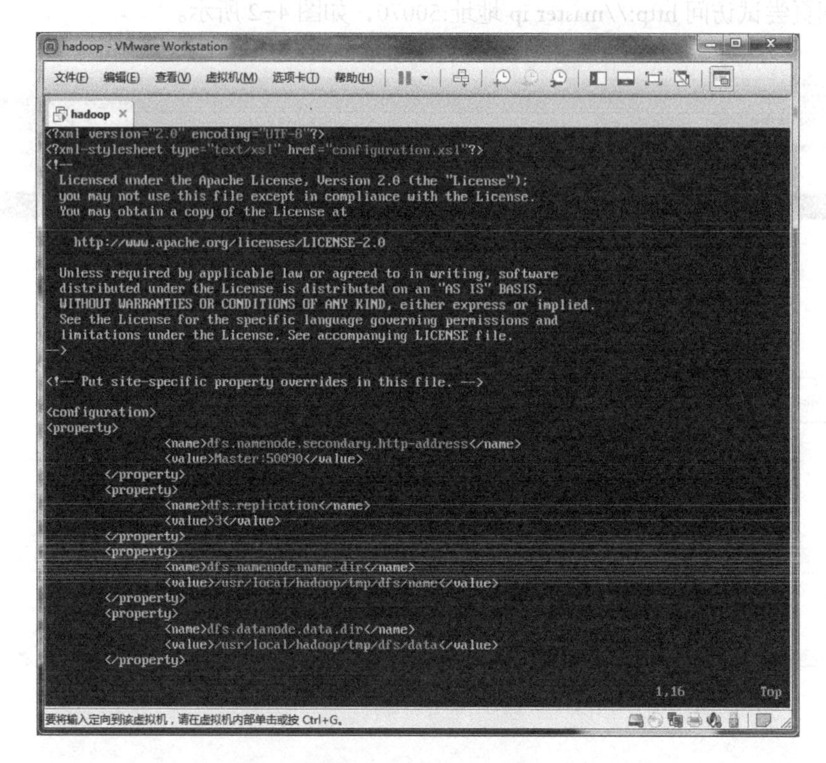

图 4-3 hdfs-site 配置

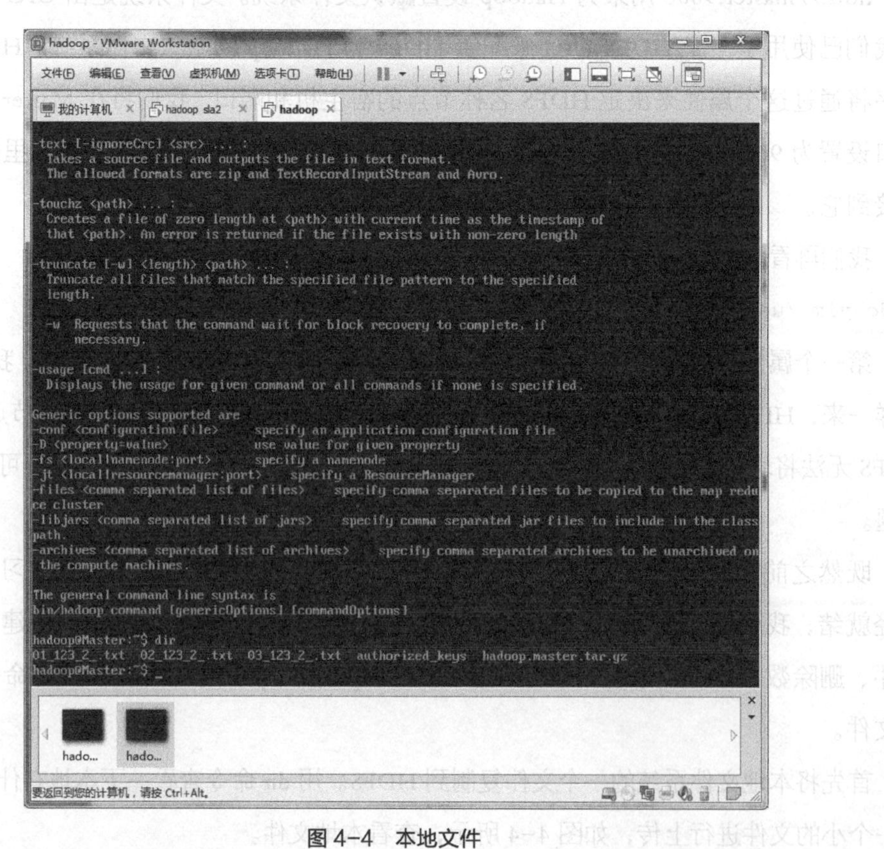

图 4-4 本地文件

此处以 01_123_2_.txt 为例，进行上传，命令如下：

```
hadoop fs -put 01_123_2_.txt 01_123_2_.txt
```

上传完毕后，可登录网页进行查看，如图 4-5 所示。

图 4-5　网页显示文件变化

上传成功，则能够成功看到上传的 01_123_2_.txt。接下来，我们介绍复制(cp)、移动(mv)、删除(rm)等几个操作。

（1）复制，命令如下：

```
hadoop fs -cp /user/hadoop/01_123_2_.txt /user/root/01_123_2_.txt
```

（2）删除，命令如下：

```
hadoop fs -rm /user/hadoop/01_123_2_.txt
```

（3）移动，命令如下：

```
hadoop fs -mv /user/root/01_123_2_.txt  /user/hadoop/01_123_2_.txt
```

每执行一条命令，可以通过 Web 页面查看文件的相应位置。同样，HDFS 作为一个文件系统，也存在文件权限：读取许可(r)、写入许可(w)和执行许可(x)。现在我们进行查看，并同时查看当前文件的相应权限，依旧以 01_123_2.txt 为例：

```
hadoop fs -ls
```

从图 4-6 中可以看出 01_123_2.txt 的当前权限有读和写。

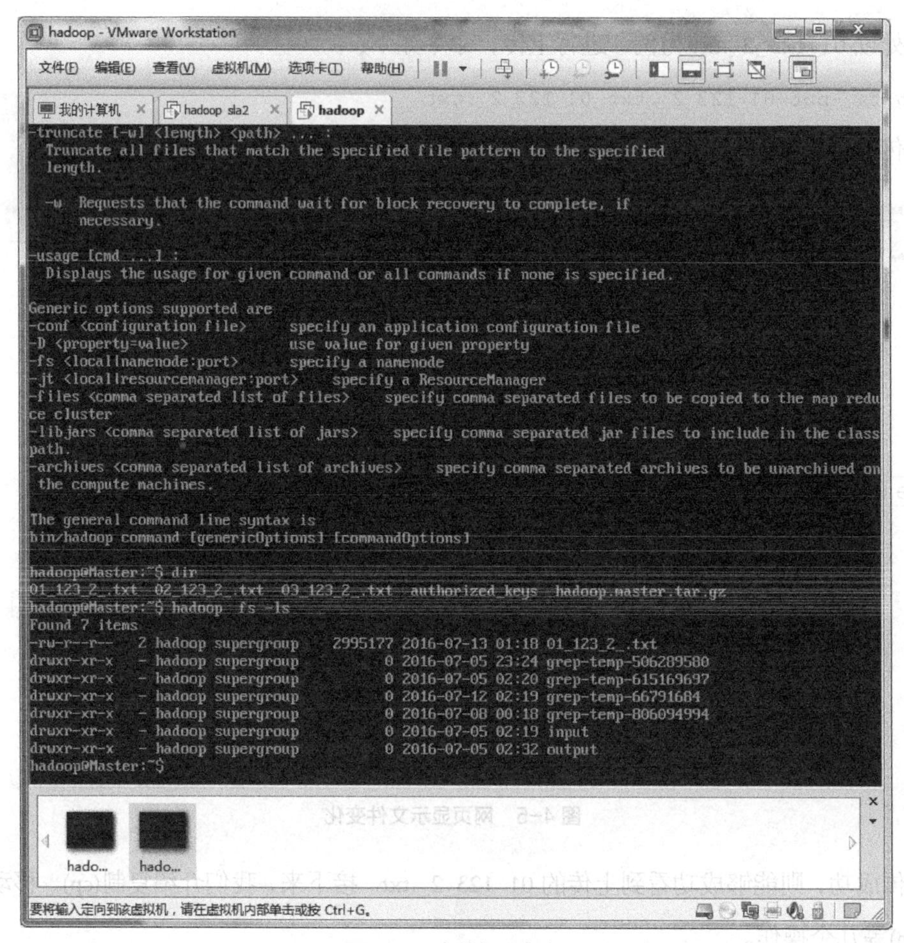

图 4-6 文件权限查询

4.2 实战 Java 接口

（1）环境和工具要求如下。

环境	ubuntu-16.04-server-amd64
工具	Eclipse

由于需要进行导入包之类的操作，所以这里用用户图形界面的 ubuntu。接下来要进行 Java、Hadoop 配置。因在第二章中已经配置过，此处不再赘述。

（2）下载安装 Eclipse（如图 4-7 所示）命令如下。

```
sudo apt-get install eclipse
```

安装完成后打开 Eclipse，如图 4-8 所示。

接下来，如图 4-9 所示，我们单击“File”，选择“New”，然后选择“Java Project”，新建一个 Java Project。

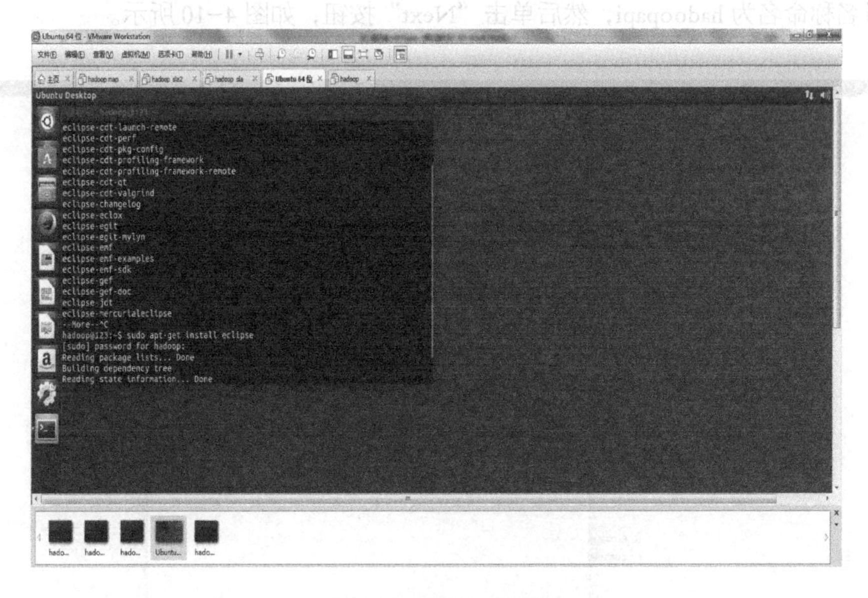

图 4-7　Eclipse 下载

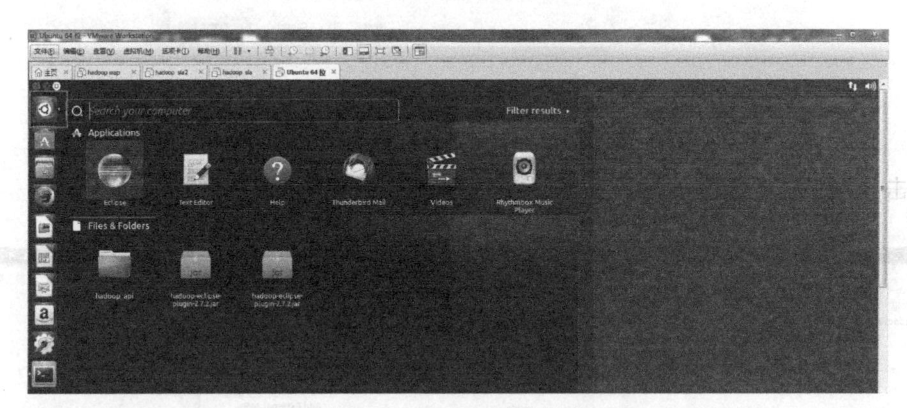

图 4-8　Eclipse 所在位置

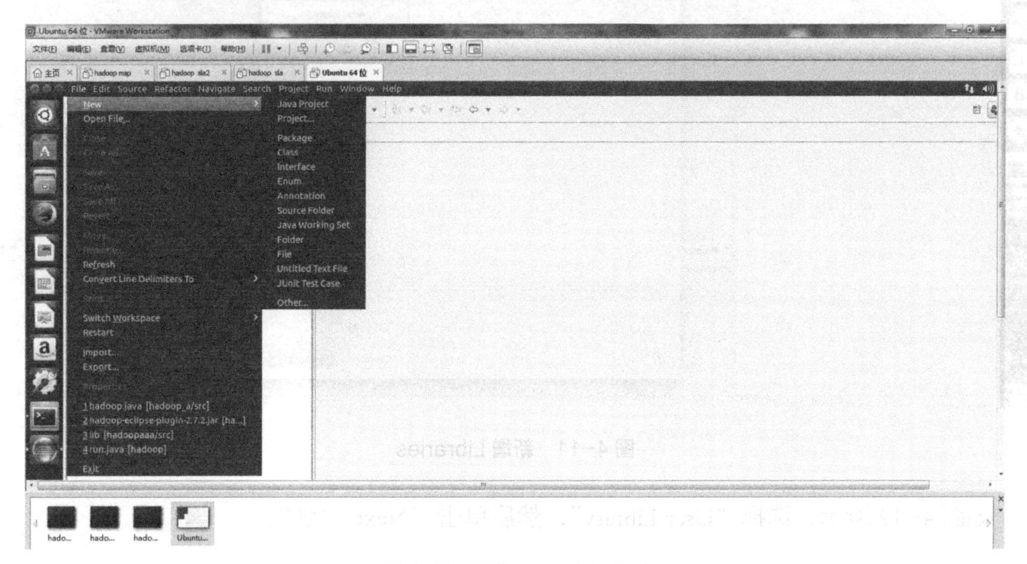

图 4-9　新建 Java Project

项目名称命名为 hadoopapi，然后单击“Next”按钮，如图 4-10 所示。

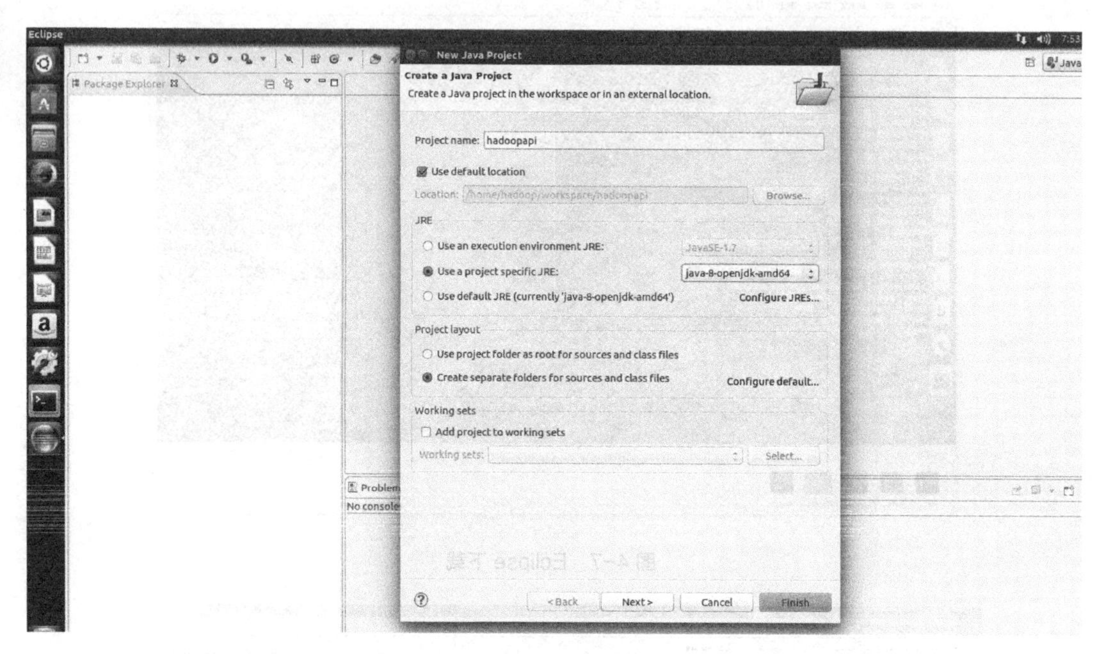

图 4-10　命名项目

单击“Libraries”标签，然后单击“Add Library”按钮，如图 4-11 所示。

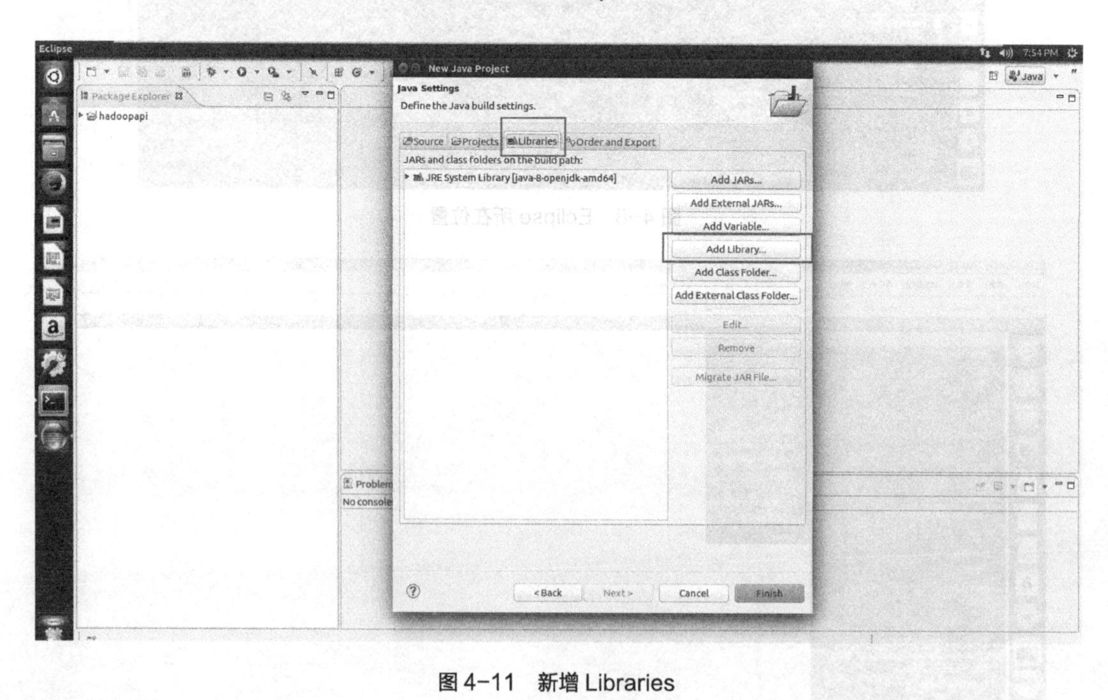

图 4-11　新增 Libraries

如图 4-12 所示，选择“User Library”，然后单击“Next”按钮。

如图 4-13 所示，创建一个新的 Libraries 命名为 hadoop_hdfs。

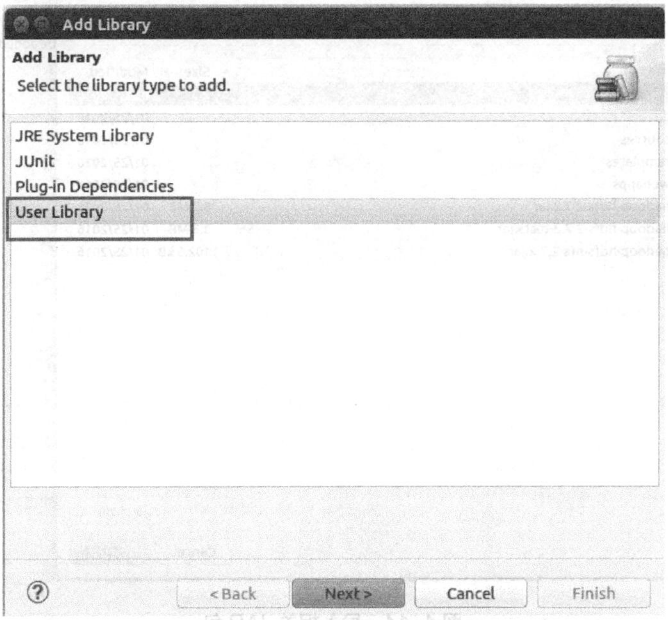

Add Library

Add Library

Select the library type to add.

JRE System Library
JUnit
Plug-in Dependencies
User Library

< Back　Next >　Cancel　Finish

图 4-12　选择 User Library

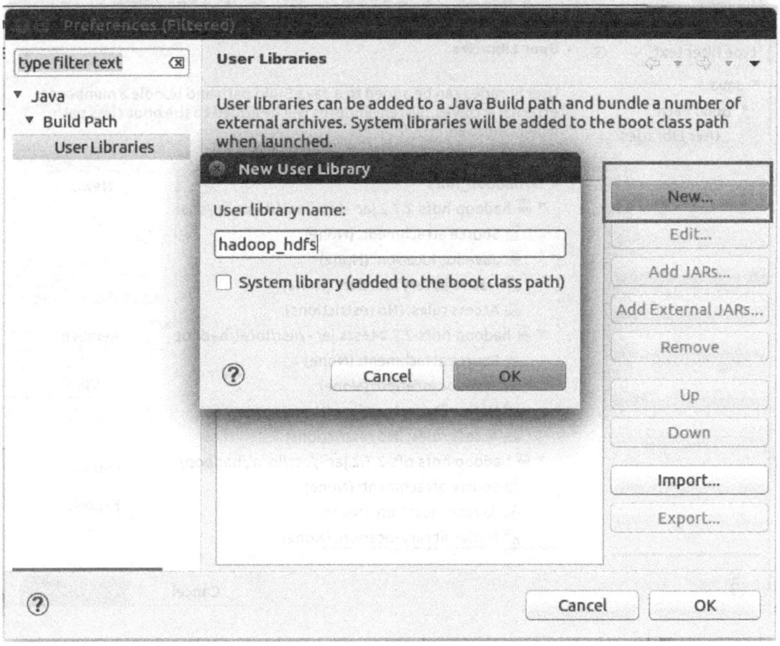

Preferences (Filtered)

type filter text

Java
Build Path
User Libraries

User Libraries

User libraries can be added to a Java Build path and bundle a number of external archives. System libraries will be added to the boot class path when launched.

New User Library

User library name:

hadoop_hdfs

System library (added to the boot class path)

Cancel　OK

New...
Edit...
Add JARs...
Add External JARs...
Remove
Up
Down
Import...
Export...

Cancel　OK

图 4-13　命名新 Libraries

如图 4-14、图 4-15 所示，单击“Add ExternalJARs”把 hadoop 关于 hdfs 的包选中全部导入。

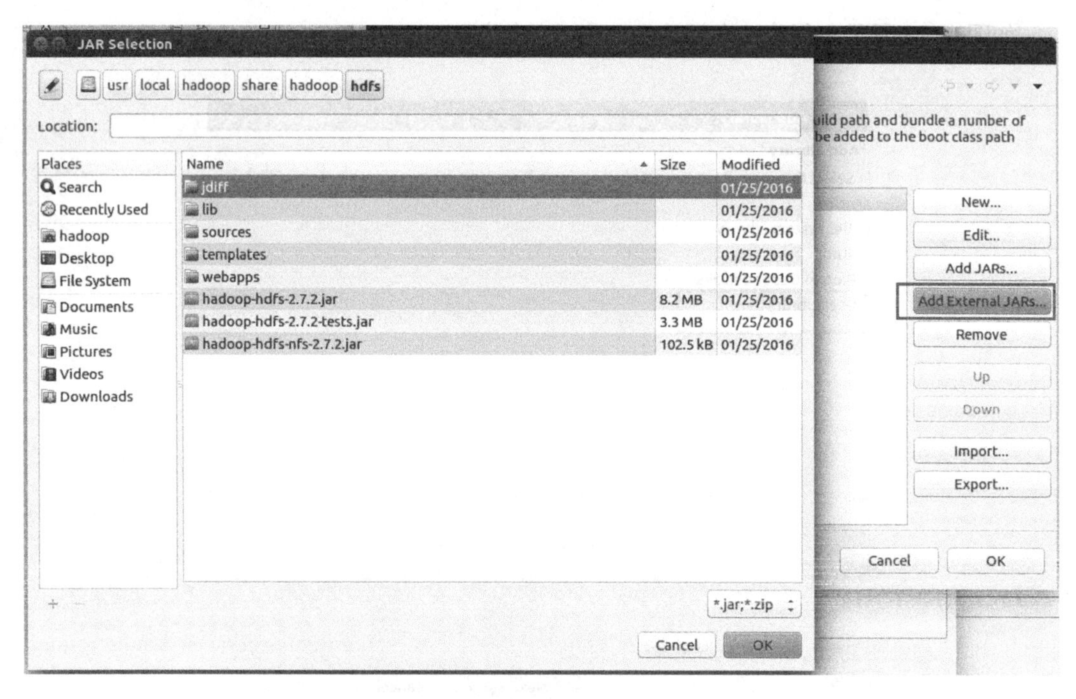

图 4-14　导入相关 JAR 包

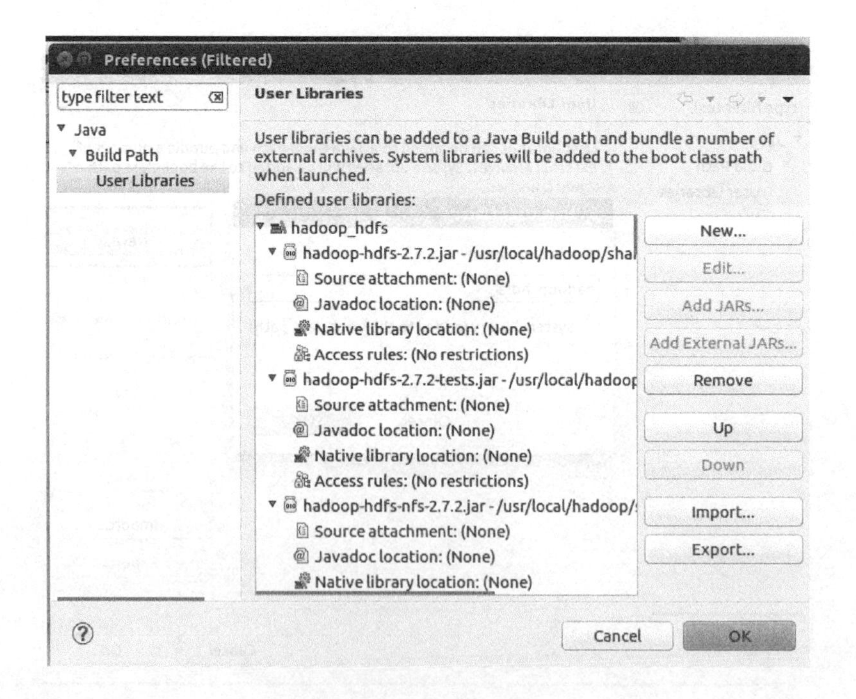

图 4-15　确认完成包导入

单击“OK”按钮，完成新建 Libraries，如图 4-16 所示。

如图 4-17 所示，完成新建后，单击我们新建的 Java Project，右键“New”→“Class”，新建一个 Class。

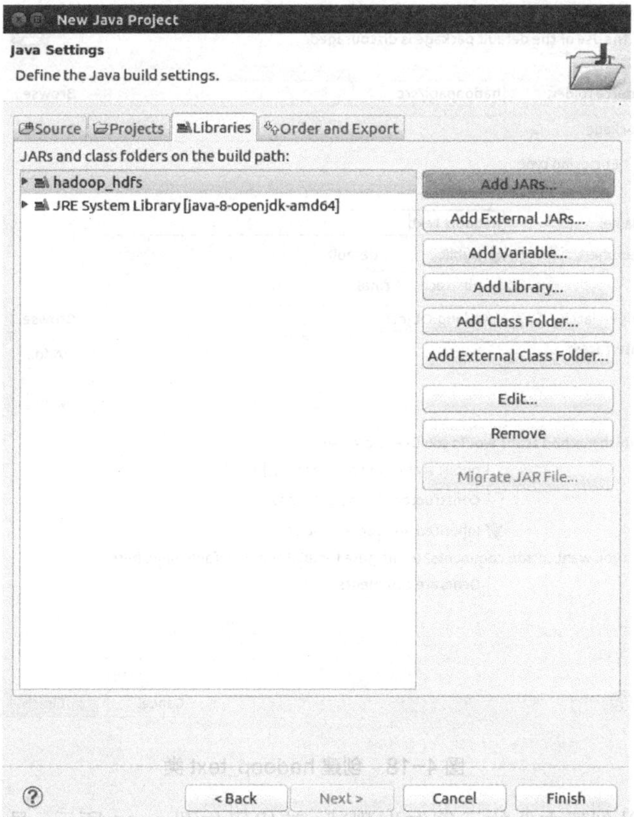

图 4-16 新建完成

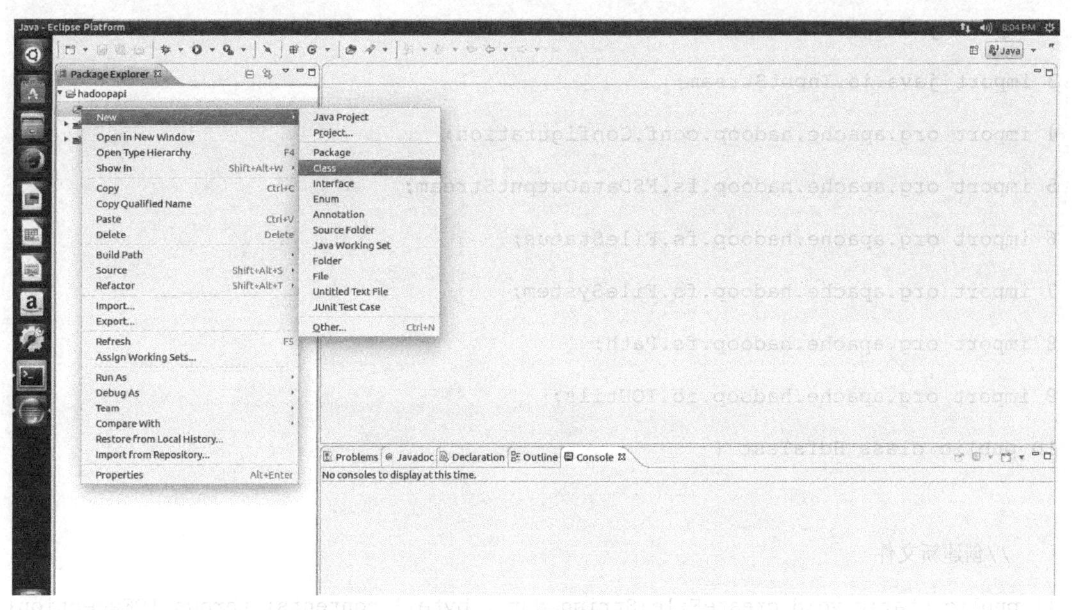

图 4-17 新建 Class

如图 4-18 所示，将新建的 Class 命名为 hadoop_text。

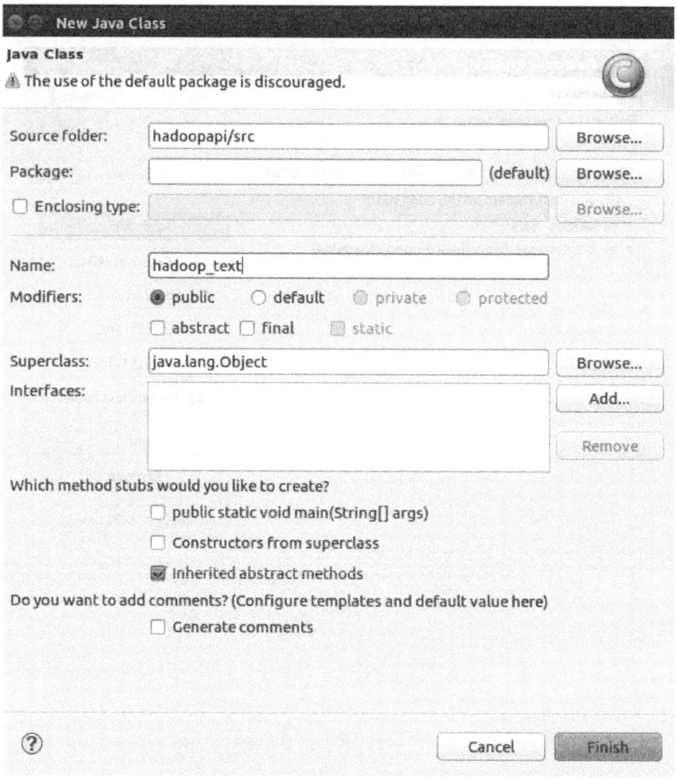

图 4-18 创建 hadoop_text 类

接下来，我们以创建文件的示例作为测试，其代码如图 4-19 所示，具体代码也相应给出。

```
1 import java.io.FileInputStream;
2 import java.io.IOException;
3 import java.io.InputStream;
4 import org.apache.hadoop.conf.Configuration;
5 import org.apache.hadoop.fs.FSDataOutputStream;
6 import org.apache.hadoop.fs.FileStatus;
7 import org.apache.hadoop.fs.FileSystem;
8 import org.apache.hadoop.fs.Path;
9 import org.apache.hadoop.io.IOUtils;
10 public class HdfsTest {

   //创建新文件
11 public static void createFile(String dst , byte[] contents) throws IOException{
12             Configuration conf = new Configuration();
13             FileSystem fs = FileSystem.get(conf);
```

```
14          Path dstPath = new Path(hdfs://192.168.10.42/user/hadoop/); //目标路径
        //打开一个输出流
15          FSDataOutputStream outputStream = fs.create(dstPath);
16          outputStream.write(contents);
17          outputStream.close();
18          fs.close();
            }
```

运行查看测试结果。运行前，hadoop 文件夹下没有 123 这个文件夹，如图 4-20 所示。

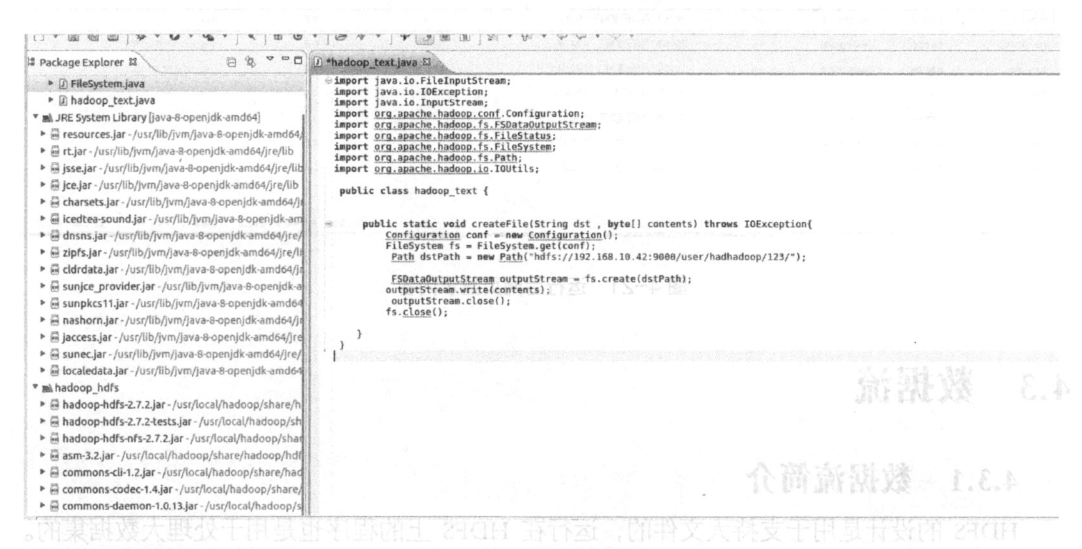

图 4-19　运行测试文件

Browse Directory

Zero blocklocations for /user/hadoop/正面评价数据.csv. Name node is in safe mode. The reported blocks 0 needs additional 60 blocks to reach the threshold 0.9990 of total blocks 60. The number of live datanodes 0 has reached the minimum number 0. Safe mode will be turned off automatically once the thresholds have been reached.

/user/hadoop

Permission	Owner	Group	Size	Last Modified	Replication	Block Size	Name
-rw-r--r--	hadoop	supergroup	2.5 MB	2016年7月26日 星期二 16:25:11	3	128 MB	正面评价数据.csv
-rw-r--r--	hadoop	supergroup	2.86 MB	2016年7月13日 星期三 16:18:27	2	128 MB	01_123_2_.txt
drwxr-xr-x	hadoop	supergroup	0 B	2016年7月6日 星期三 14:24:29	0	0 B	grep-temp-506289580
drwxr-xr-x	hadoop	supergroup	0 B	2016年7月5日 星期二 17:20:14	0	0 B	grep-temp-615169697
drwxr-xr-x	hadoop	supergroup	0 B	2016年7月12日 星期二 17:19:18	0	0 B	grep-temp-66791684
drwxr-xr-x	hadoop	supergroup	0 B	2016年7月8日 星期五 15:18:42	0	0 B	grep-temp-806094994
drwxr-xr-x	hadoop	supergroup	0 B	2016年7月5日 星期二 17:19:48	0	0 B	input
drwxr-xr-x	hadoop	supergroup	0 B	2016年7月5日 星期二 17:32:46	0	0 B	output

图 4-20　运行前网页显示内容

程序运行后，hadoop 目录下出现了 123 这个文件夹，如图 4-21 所示。

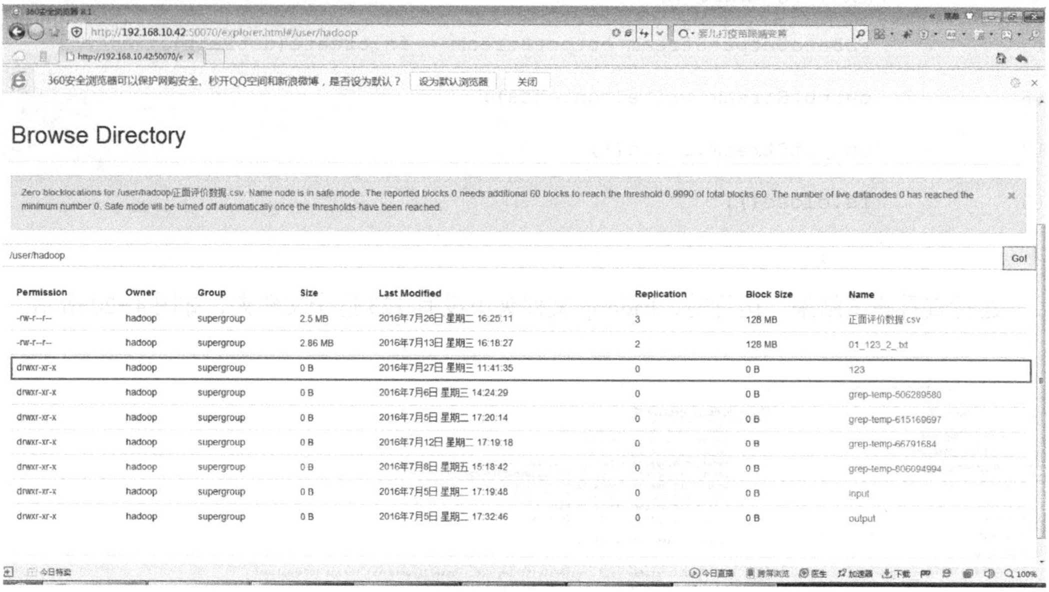

图 4-21　运行后网页显示内容

4.3　数据流

4.3.1　数据流简介

HDFS 的设计是用于支持大文件的，运行在 HDFS 上的程序也是用于处理大数据集的。这些程序仅写一次数据，一次或多次读数据请求，并且这些读操作要求满足流式传输速度。HDFS 支持文件的一次写多次读操作。HDFS 中典型的块大小是 64MB，一个 HDFS 文件可以被切分成多个 64MB 大小的块。如果需要，每一个块可以分布在不同的数据节点上。

一个客户端创建一个文件的请求并不会立即转发到名字节点。实际上，一开始 HDFS 客户端将文件数据缓存在本地的临时文件中。应用程序的写操作被透明地重定向到这个临时本地文件。当本地文件堆积到一个 HDFS 块大小的时候，客户端才会通知名字节点。名字节点将文件名插入到文件系统层次中，然后为它分配一个数据块。名字节点构造包括数据节点 ID（可能是多个，副本数据块存放的节点也有）和目标数据块标识的报文，用它回复客户端的请求。客户端收到后将本地的临时文件刷新到指定的数据节点数据块中。

当客户端写数据到 HDFS 文件中时，如上所述，数据首先被写入本地文件中。假设 HDFS 文件的复制因子是 3，当本地文件堆积到一个块大小的数据，客户端从名字节点获得一个数据节点的列表，这个列表也包含存放数据块副本的数据节点。当客户端刷新数据块到第一个数据节点时，第一个数据节点开始以 4KB 为单元接收数据，将每一小块都写到本地库中，同时将每一小块都传送到列表中的第二个数据节点。同理，第二个数据节点将小块数据写入本地库中同时传给第三个数据节点，第三个数据节点直接写到本地库中。一个数据节点在接前一个节点数据的同时，还可以将数据流水式地传递给下一个节点。所以，数据是流水式地从一个数据节点传递到下一个数据节点的。

4.3.2 数据流读取

在客户端执行读取操作时，客户端和 HDFS 交互过程以及 NameNode 和各 DataNode 之间的数据流如图 4-22 所示。

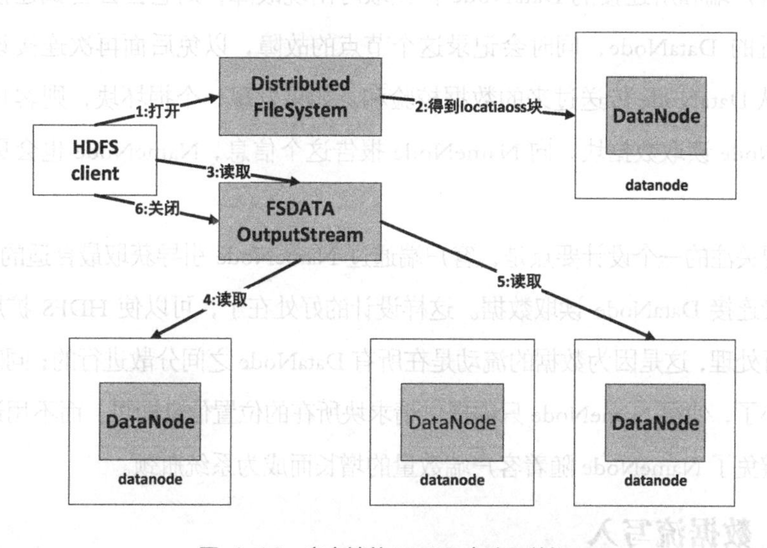

图 4-22 客户端从 HDFS 中读取数据

下面围绕图 4-22 进行具体讲解。

（1）客户端通过调用 FileSystem 对象中的 open()函数来读取它所需要的数据。FileSystem 是 HDFS 中 DistributedFileSystem 的一个实例。

（2）DistributedFileSystem 会通过 RPC 协议调用 NameNode 来确定请求文件块所在的位置。这里需要注意的是，NameNode 只会返回所调用文件中开始的几个块而不是全部返回。对于每个返回的块，都包含块所在的 DataNode 地址。随后，这些返回的 DataNode 会按照 Hadoop 定义的集群拓扑结构得出客户端的距离，然后再进行排序。如果客户端本身就是一个 DataNode，那么它就从本地读取文件。其次，DistributedFileSystem 会向客户端返回一个支持文件定位的输入流对象 FSDataInputStream，用于给客户端读取数据。FSDataInputStream 包含一个 DFSInputStream 对象，这个对象用来管理 DataNode 和 NameNode 之间的 IO。

（3）当以上步骤完成后，客户端便会在这个输入流上调用 read()函数。

（4）DFSinputStream 对象中包含文件开始部分数据块所在的 DataNode 地址，首先它会连接文件第一个块最近的DataNode。随后，在数据流中重复调用read()函数，直到这个块完全读完为止。

（5）当第一个块读取完毕时，DFSInputStream 会关闭连接，并查找存储下一个数据库距离客户端最近的DataNode。以上这些步骤对于客户端来说都是透明的。

（6）客户端按照DFSInputStream打开和DataNode连接返回的数据流的顺序读取该块，它也会调用NameNode来检索下一组块所在的DataNode的位置信息。当完成所有文件的读取后，客户端则会在DFSInputStream中调用close()函数。

那么如果客户端正在读取数据时节点出现故障HDFS怎么办呢？目前HDFS是这样处理的：如果客户端和所连接的DataNode在读取时出现故障，则它会去尝试连接存储这个块的下一个最近的DataNode，同时会记录这个节点的故障，以免后面再次连接该节点。客户端还会验证从DataNode传送过来的数据校验和。如果发现一个损坏块，则客户端将再尝试从别的DataNode读取数据块，向NameNode报告这个信息，NameNode也会更新保存的文件信息。

这里需要关注的一个设计要点是，客户端通过NameNode引导获取最合适的DataNode地址，然后直接连接DataNode读取数据。这样设计的好处在于，可以使HDFS扩展到更大规模的客户端并行处理，这是因为数据的流动是在所有DataNode之间分散进行的；同时NameNode的压力也变小了，使得NameNode只需提供请求块所在的位置信息即可，而不用通过它提供数据，这样就避免了NameNode随着客户端数量的增长而成为系统瓶颈。

4.3.3 数据流写入

接下来，围绕图4-23来介绍HDFS中文件的写入过程。

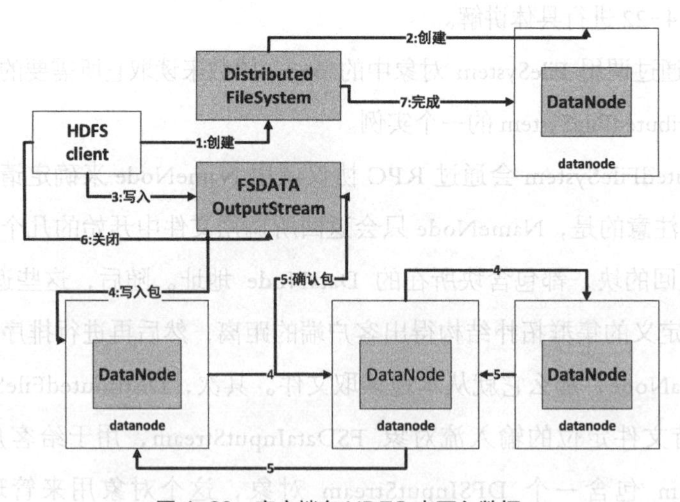

图4-23　客户端在HDFS中写入数据

（1）客户端通过调用 DistributedFileSystem 对象中的 create()创建一个文件。DistributedFileSystem 通过RPC调用在NameNode的文件系统命名空间中创建一个新文件，此时还没有相关的 DataNode 与之相关。

（2）NameNode 会通过多种验证保证新的文件不存在文件系统中，并且确保请求客户端拥有创建文件的权限。当所有验证通过时，NameNode 会创建一个新文件的记录。如果创建失败，则抛出一个 IOException 异常；如果成功，则 DistributedFileSystem 返回一个 FSDataOutputStream 给客户端用来写入数据。这里 FSDataOutputStream 和读取数据时的 FSDataOutputStream 一样，都包含一个数据流对象 DFSOutputStream，客户端将使用它来处理与 DataNode 及 NameNode 之间的通信。

（3）当以上步骤完成后，客户端便会在这个输入流上调用 read()函数。

（4）当客户端写入数据时，DFSOutputStream 会将文件分割成包，然后放入一个内部队列，我们称其为“数据队列”。DataStreamer 会将这些小的文件包放入数据流中，DataStreamer 的作用是请求 NameNode 为新的文件包分配合适的 DataNode 存放副本。返回的 DataNode 列表形成一个“管道”，假设这里的副本数是 3，那么这个管道中就会有 3 个 DataNode。DataStreamer 将文件包以流的方式传送给队列中的第一个 DataNode。第一个 DataNode 会存储这个包，然后将它推送到第二个 DataNode 中，随后照这样进行，直到管道中的最后一个 DataNode。

（5）DFSOutputStream 同时也会保存一个包的内部队列，用来等待管道中的 DataNode 返回确认信息，这个队列被称为确认队列（ack queue）。只有当所有管道中的 DataNode 都返回了写入成功的信息文件包后，才会从确认队列中删除。

当然，HDFS 会考虑写入失败的情况。当数据写入节点失败时，HDFS 会作出以下反应。首先管道会被关闭，任何在确认通知队列中的文件包都会被添加到数据队列的前端，这样管道中失败的 DataNode 都不会丢失数据。当前存放于正常工作 DataNode 之上的文件块会被赋予一个新的身份，并且与 NameNode 进行关联，这样，如果失败的 DataNode 过段时间从故障中恢复过来，其中的部分数据块就会被删除。然后管道会把失败的 DataNode 删除，文件会继续被写到管道的另外两个 DataNode 中。最后 NameNode 会注意到现在的文件块副本数没有到达配置属性要求，会在另外的 DataNode 上重新安排创建一个副本。随后的文件会正常执行写入操作。

当然，在文件块写入期间，多个 DataNode 同时出现故障的可能性也存在，但是概率很小。只要 dfs.replication.min 的属性值（默认为 1）成功写入，这个文件块就会被异步复制到其他 DataNode 中，直到满足 dfs.replictaion 属性值（默认值为 3）。

（6）客户端成功完成数据写入的操作后，就会调用 close()函数关闭数据流。这步操作会在连接 NameNode 确认文件写入完全之前将所有剩下的文件包放入 DataNode 管道，等待通知确认信息。NameNode 会知道哪些块组成一个文件（通过 DataStreamer 获得块的位置信息），这样 NameNode 只要在返回成功标志前等待块被最小量（dfs.replication.min）复制即可。

4.4 本章小结

HDFS 作为 Hadoop 的核心组件，在分布式系统里起着关键性作用，熟悉并掌握 HDFS 对数据的操作是十分重要的。

PART 5 第 5 章 MapReduce 应用开发

Hadoop 的运算主要是通过 MapReduce 完成的，从名称上 MapReduce 是一个过程，但是实际上是两个独立的部分，即 Map 过程与 Reduce 过程。本章通过分析这两个过程的工作模式与任务调度，以及研究 MapReduce 整体的工作过程，能够帮助读者更进一步地掌握使用 Hadoop 进行分布式运算的方法与技能，并为以后独立编写满足自己需求的 MapReduce 程序打下基础。

5.1 配置 Hadoop MapReduce 开发环境

5.1.1 系统环境及所需文件

- Windows 7 64 位操作系统
- hadoop2.6.0
- Eclipse
- hadoop-eclipse-plugin-2.6.0.jar

5.1.2 安装 Eclipse

安装配置时所用的 Eclipse 版本是 Eclipse IDE for Java EE Developers，其下载地址为 http://www.eclipse.org/downloads/download.php?file=/technology/epp/downloads/release/neon/R/eclipse-jee-neon-R-win32-x86_64.zip&mirror_id=448。图 5-1 所示为下载页面。

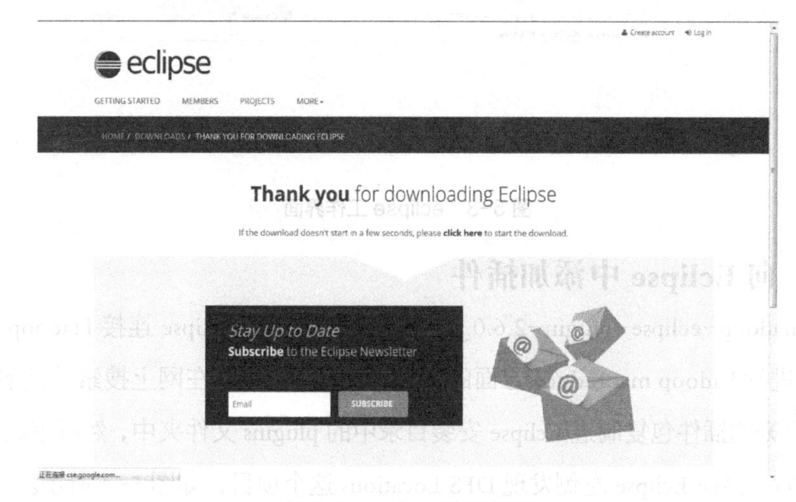

图 5-1 eclipse 下载页面

单击“click here”按钮，就可以开始下载 Eclipse。将下载好的 Eclipse 压缩包解压到指定路径，即完成安装配置。在指定路径中双击 eclipse.exe，选择本地目录为 workspace，如图 5-2 所示。

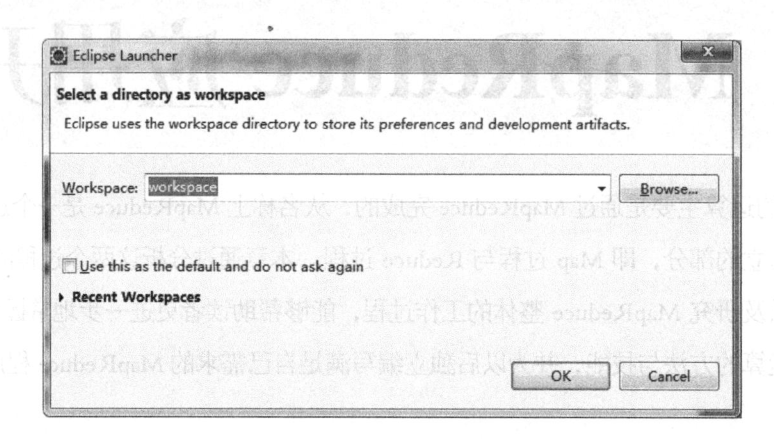

图 5-2　eclipse 选择工作目录

然后单击“OK”按钮，即可进入到 Eclipse 界面，如图 5-3 所示。

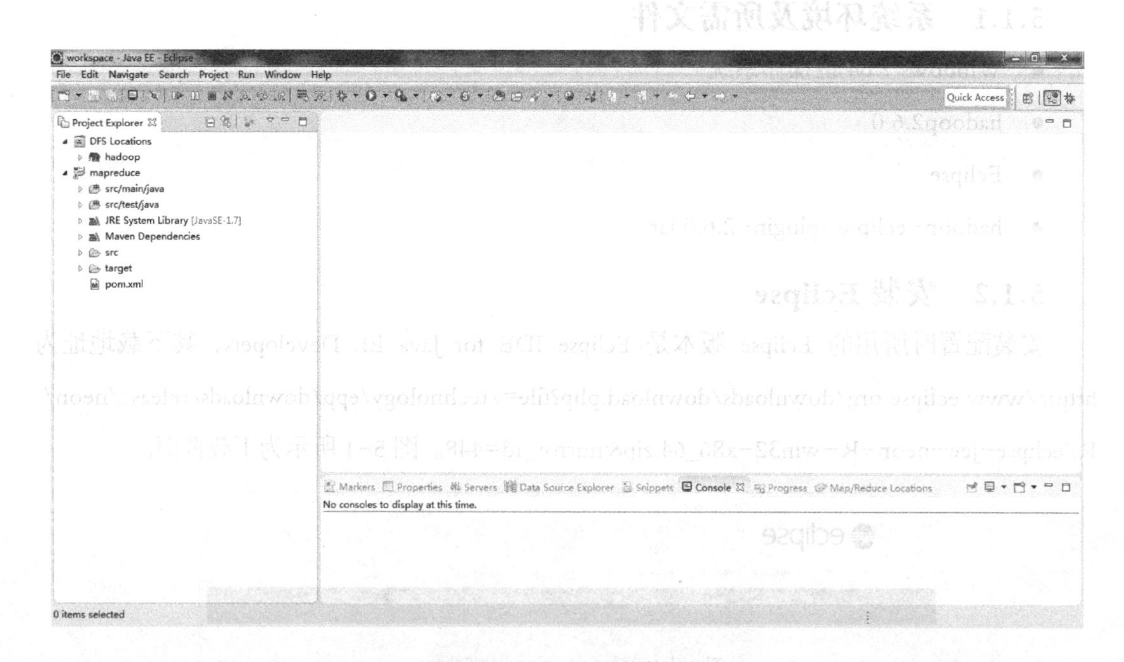

图 5-3　eclipse 工作界面

5.1.3　向 Eclipse 中添加插件

插件包 hadoop-eclipse-plugin-2.6.0.jar 充当的作用是使 Eclipse 连接 Hadoop 集群，方便在 Eclipse 上进行 hadoop mapreduce 方面的开发。该插件包可以在网上搜索关键字进行下载。

将下载下来的插件包复制进 Eclipse 安装目录中的 plugins 文件夹中，然后重启 Eclipse。重启完 Eclipse 后，会在 Eclipse 左侧发现 DFS Locations 这个项目，如图 5-4 所示。

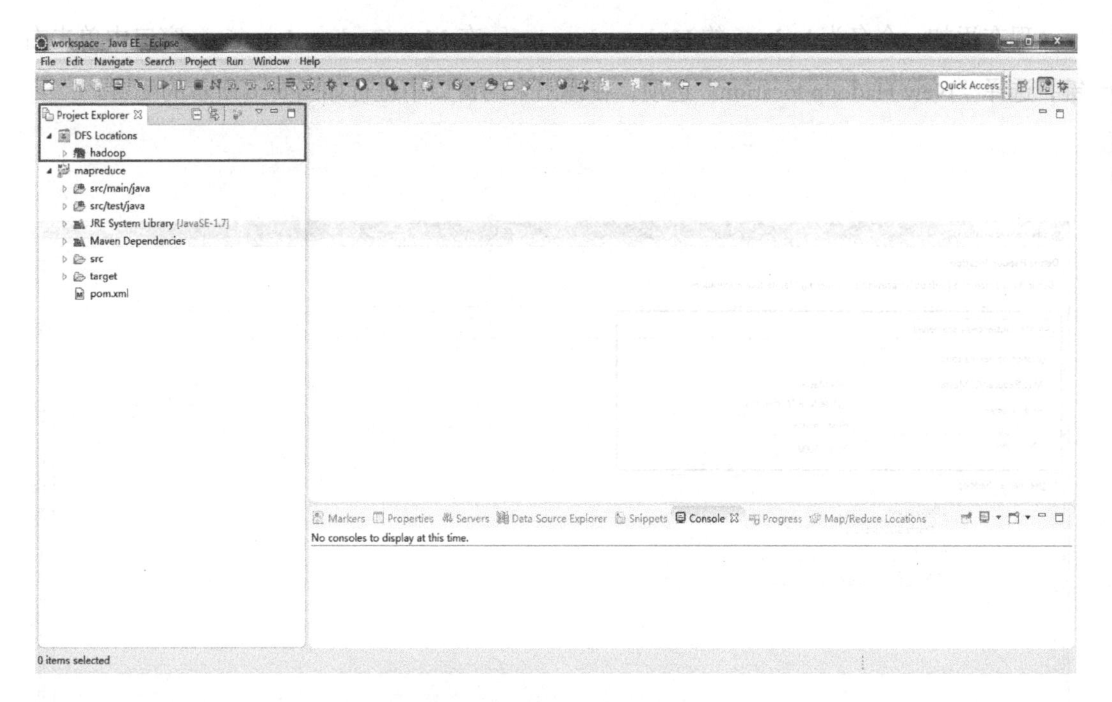

图 5-4　添加 Hadoop 插件

在 Eclipse 中添加 map/reduce Locations 窗口的方式为：依次选择“Window”→“Show View”→“Other”，打开 MapReduce Tools，选择 Map/Reduce Locations，然后单击“OK”按钮。这样就能在 Eclipse 上通过 Map/Reduce Locations 窗口进行 Hadoop location 的添加、删除和配置等操作。操作结果如图 5-5 所示。

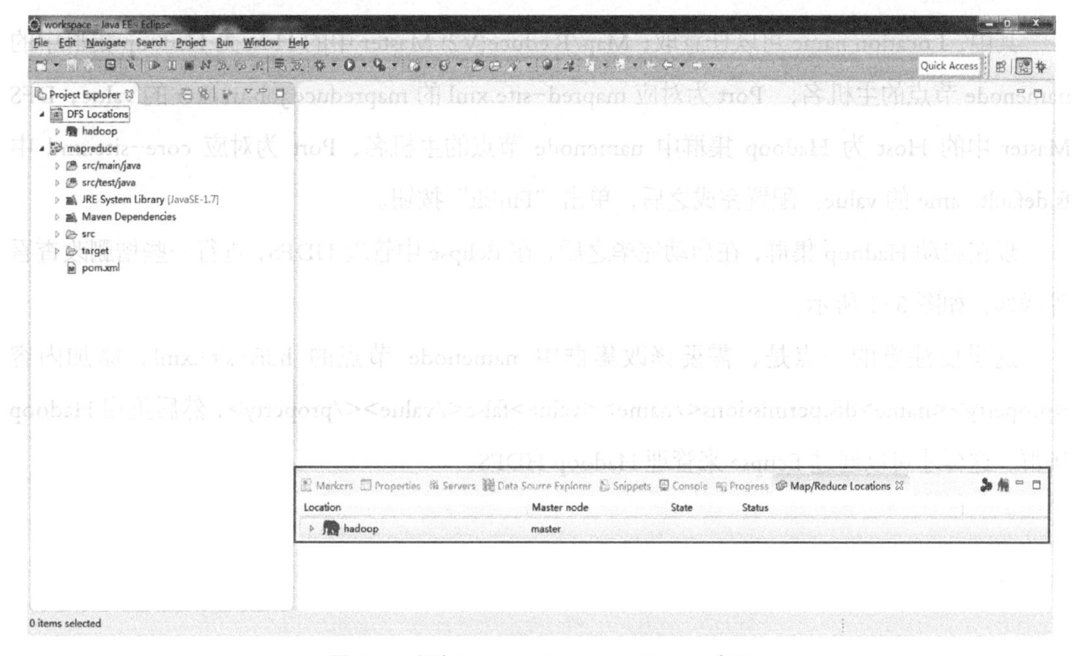

图 5-5　添加 map/reduce Locationsc 窗口

现在添加一个名为 hadoop 的 Hadoop location。在 Map/Reduce Locations 窗口中单击右键，选择“New Hadoop location”选项，在弹出来的窗口中进行如图 5-6 所示的配置。

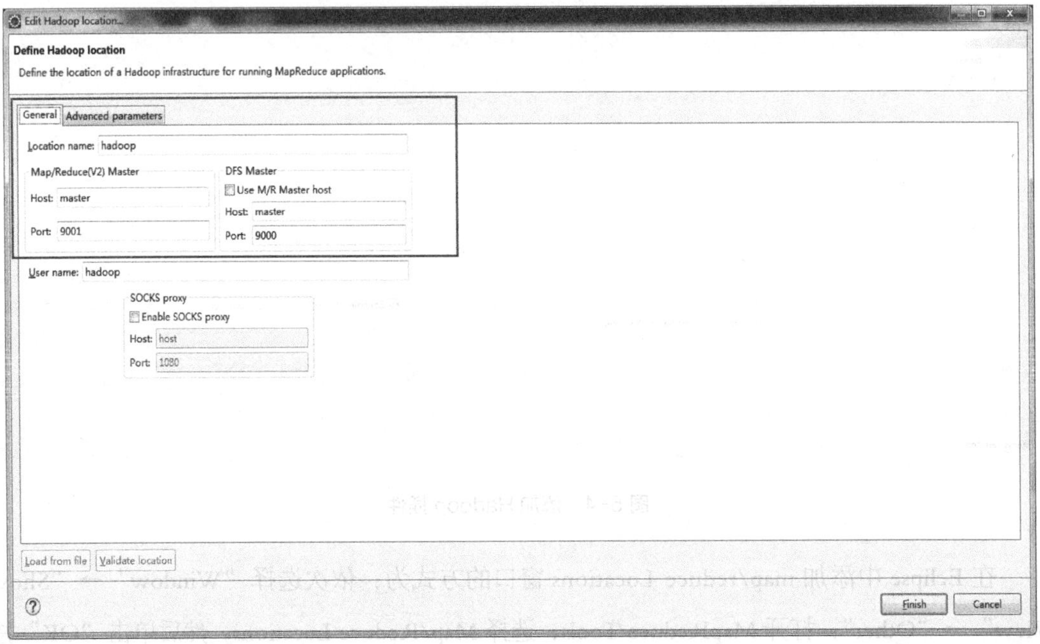

图 5-6　添加 Hadoop location

其中，Location name 可以任意取；Map/Reduce(V2) Master 中的 Host 为 Hadoop 集群中的 namenode 节点的主机名， Port 为对应 mapred-site.xml 的 mapreduce.job.tracker 的 value；DFS Master 中的 Host 为 Hadoop 集群中 namenode 节点的主机名，Port 为对应 core-site.xml 中 fs.default.name 的 value。配置完成之后，单击“Finish”按钮。

现在启动 Hadoop 集群，在启动完毕之后，在 Eclipse 中管理 HDFS，进行一些增删改查看等操作，如图 5-7 所示。

这里要注意的一点是，需要修改集群中 namenode 节点的 hdfs-site.xml，添加内容 <property><name>dfs.permissions</name><value>false</value></property>，然后重启 Hadoop 集群，这样才可以通过 Eclipse 来管理 Hadoop HDFS。

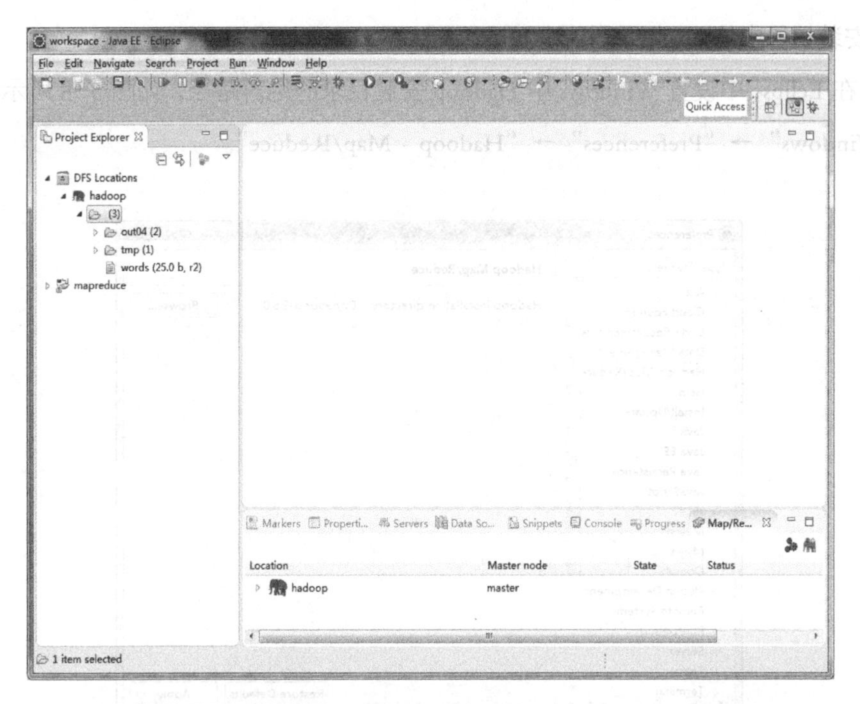

图 5-7　在 Eclipse 上操作 HDFS

5.2　编写和运行第一个 MapReduce 程序前的准备

5.2.1　系统环境及所需要的文件

系统环境及所需要的文件如下。

- Windows 7 64 位操作系统
- hadoop 2.6.0
- eclipse
- hadoop.dll & winutils.exe
- java jdk1.8.0

5.2.2　建立运行 MapReduce 程序的依赖环境

建立运行 MapReduce 程序的依赖环境的步骤如下：

（1）在 Windows 上下载 hadoop-2.6.0.tar.gz，然后解压缩到指定的路径。对应的下载地址为 http://mirrors.cnnic.cn/apache/hadoop/common/hadoop-2.6.0/。

（2）将 Windows 上的 Hadoop 安装目录里的 bin 目录所在的绝对路径添加到 Windows 系统环境变量 Path 里。

（3）在网上搜索关键字 hadoop.dll 和 winutils.exe，选择对应 Hadoop 版本号并下载。下载下来的一般是压缩文件，解压缩之后将其中的 hadoop.dll 和 winutils.exe 添加到 Windows 下的

Hadoop 安装目录中的 bin 目录里。

（4）在 Eclipse 中设置 Windows 中 Hadoop 安装目录的绝对路径，如图 5-8 所示，具体步骤为“Windows”→“Preferences”→“Hadoop Map/Reduce”。

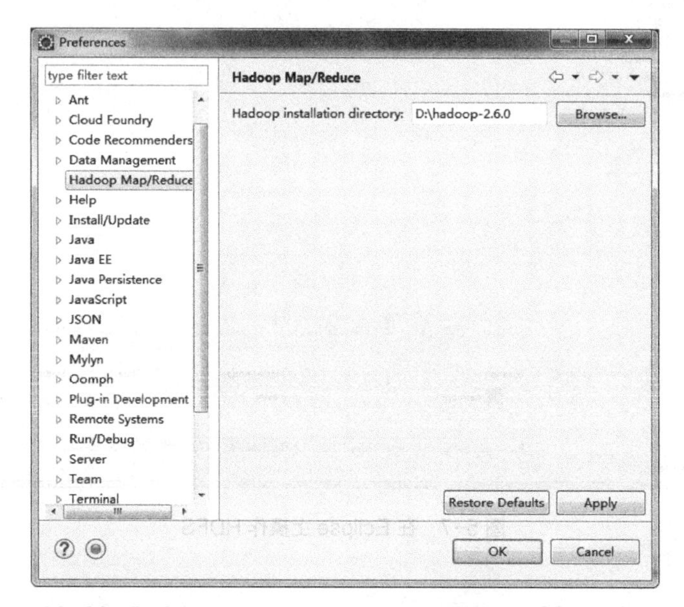

图 5-8 设置本地 Hadoop 安装路径

这样在 Windows 上就建立了运行 MapReduce 程序的依赖环境。

5.2.3 建立编写 MapReduce 程序的依赖包

在 Eclipse 中新建一个 maven 工程，具体步骤为在 Eclipse Project Explorer 窗口右键单击，选择“New”→“Other”，得到如图 5-9 所示界面。

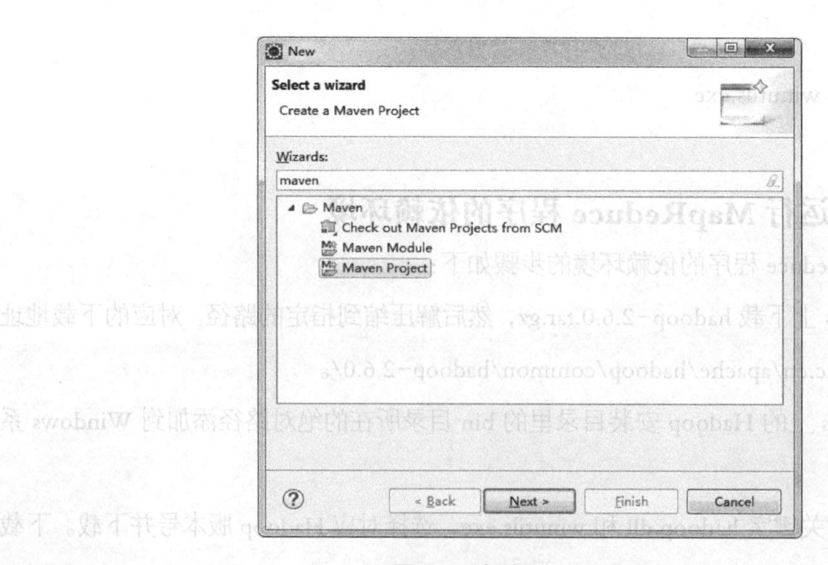

图 5-9 新建 Maven 工程 1

选择“Maven Project”，单击“Next”按钮，得到如图 5-10 所示界面。

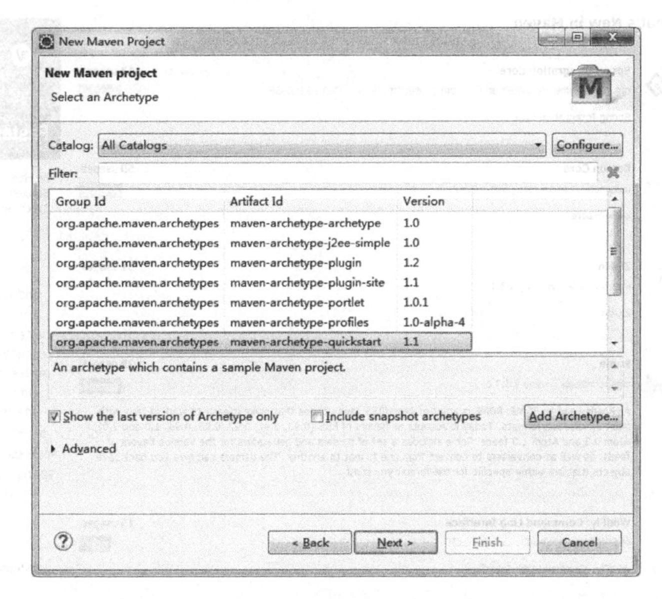

图 5-10 新建 Maven 工程 2

选择相应的 Maven 架包，单击“Next”按钮，得到如图 5-11 所示界面。

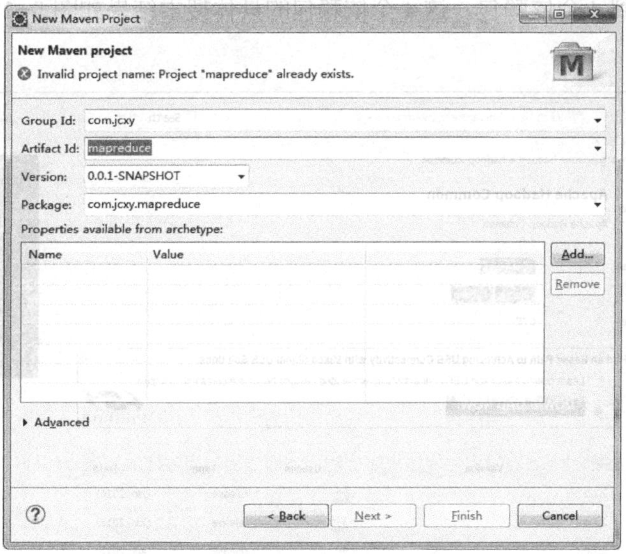

图 5-11 新建 Maven 工程 3

在图 5-11 所示的界面中根据实际情况进行配置，配置完后单击“Finish”按钮，这样一个 Maven 工程就建立完毕了。在新建的 Maven 工程里，找到 pom.xml，在这里可以添加编写 MapReduce 程序所需要的依赖包。添加依赖包的过程很简单，进入 http://mvnrepository.com/，在搜索栏上查找所需要添加的依赖包即可，如图 5-12 所示。

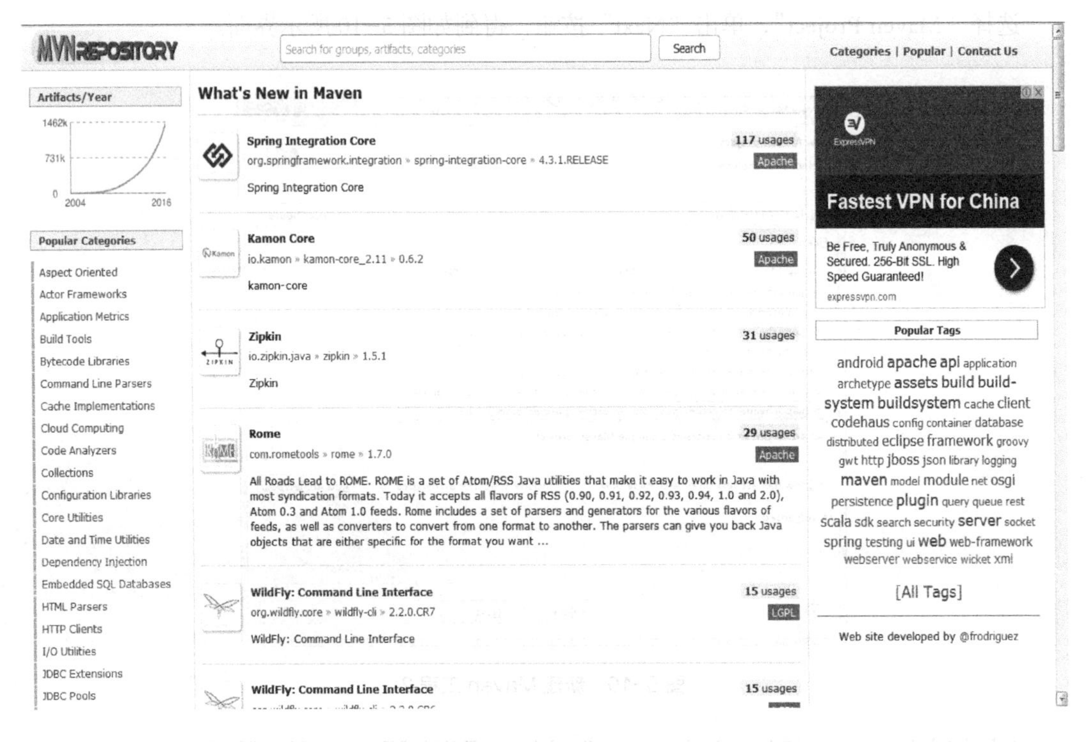

图 5-12　添加依赖包

目前，需要用到 4 个依赖包。这 4 个依赖包的具体搜索结果如图 5-13 至图 5-16 所示。

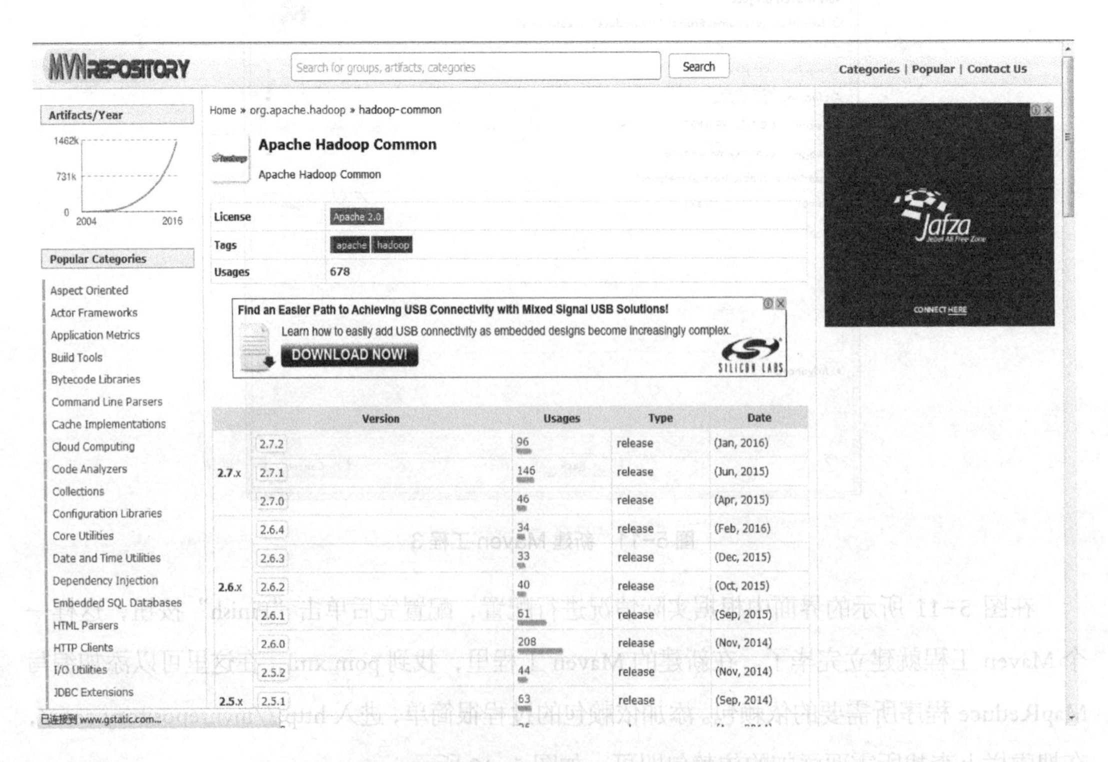

	Version	Usages	Type	Date
2.7.x	2.7.2	96	release	(Jan, 2016)
	2.7.1	146	release	(Jun, 2015)
	2.7.0	46	release	(Apr, 2015)
2.6.x	2.6.4	34	release	(Feb, 2016)
	2.6.3	33	release	(Dec, 2015)
	2.6.2	40	release	(Oct, 2015)
	2.6.1	61	release	(Sep, 2015)
	2.6.0	208	release	(Nov, 2014)
2.5.x	2.5.2	44	release	(Nov, 2014)
	2.5.1	63	release	(Sep, 2014)

图 5-13　Apache Hadoop Common 搜索

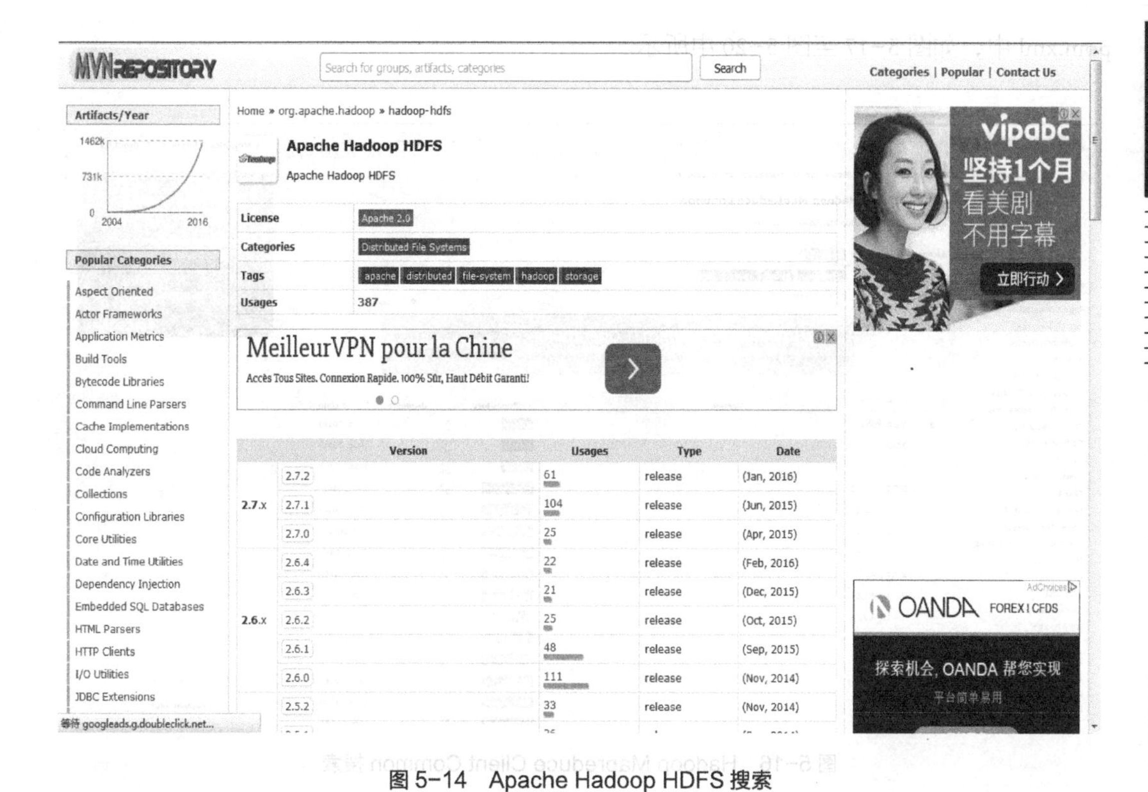

图 5-14　Apache Hadoop HDFS 搜索

图 5-15　Hadoop Mapreduce Client Core 搜索

选择对应的 Hadoop 版本号，然后单击进入。将其中 Maven 选项栏里的内容复制粘贴到

pom.xml 中，如图 5-17 至图 5-20 中所示。

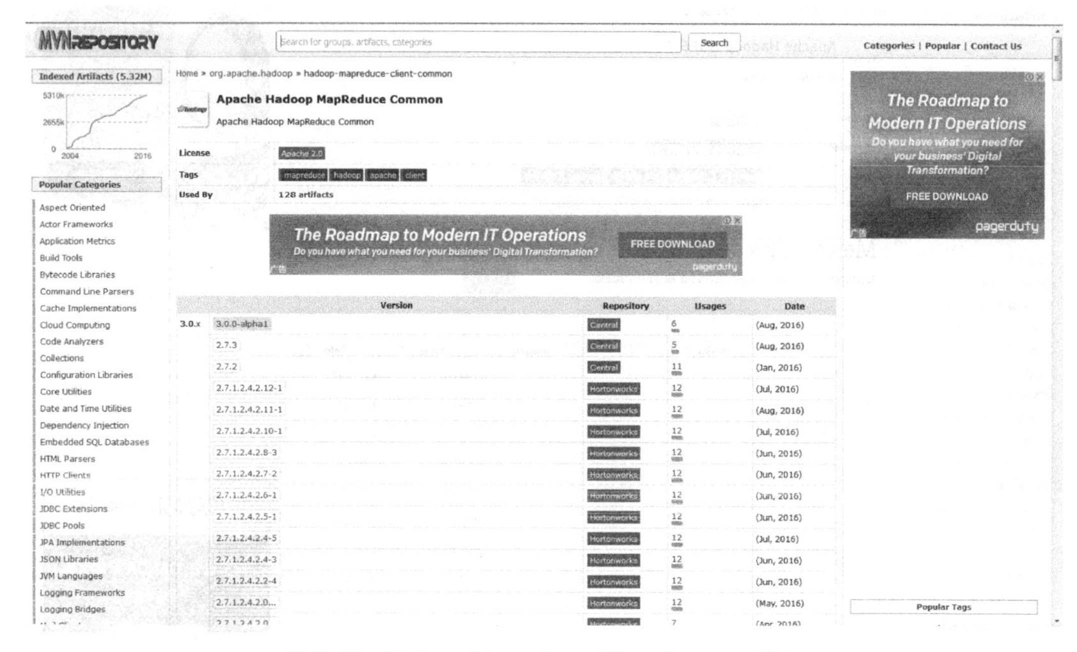

图 5-16　Hadoop Mapreduce Client Common 搜索

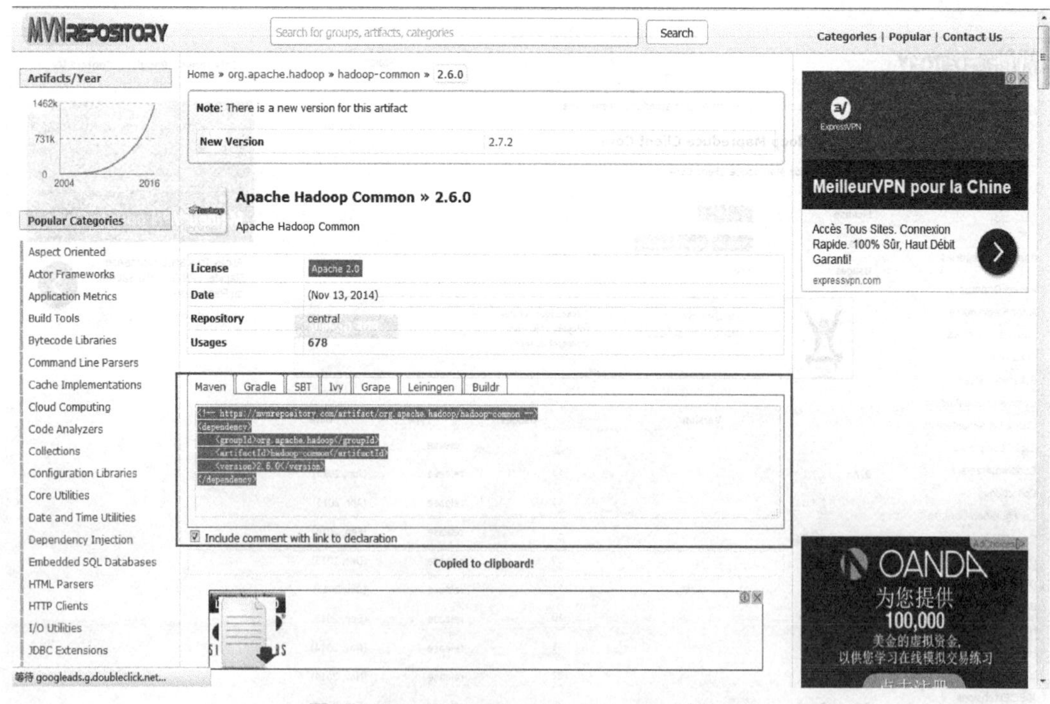

图 5-17　Apache Hadoop Common>>2.6.0

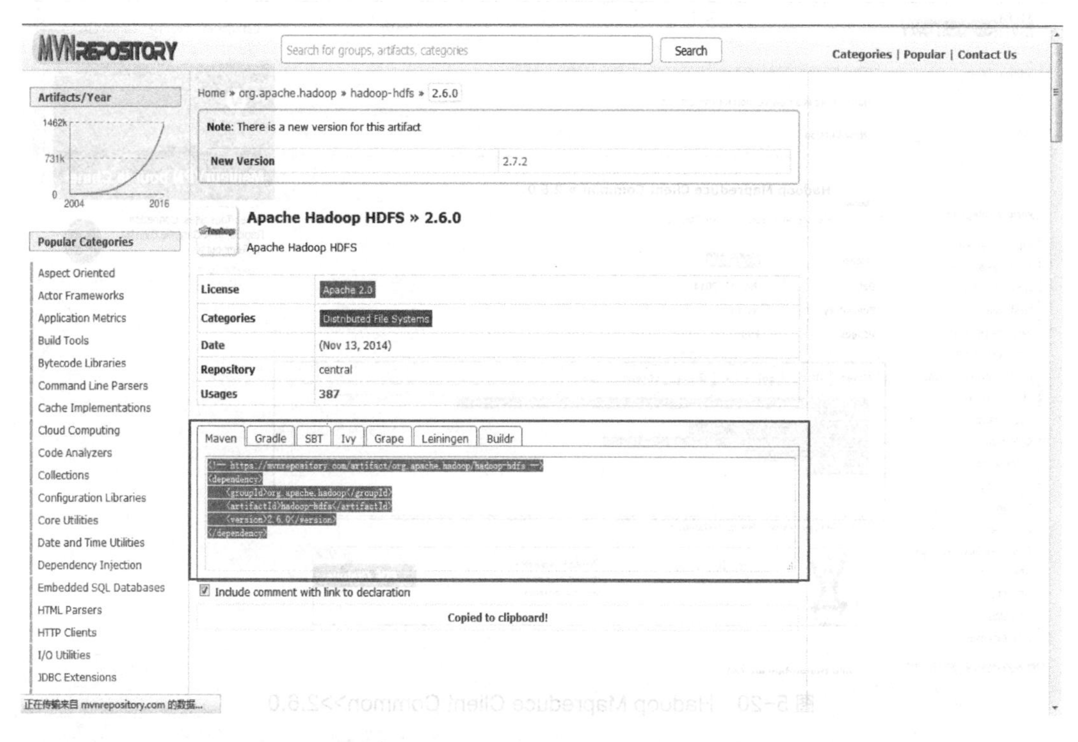

图 5-18　Apache Hadoop HDFS>>2.6.0

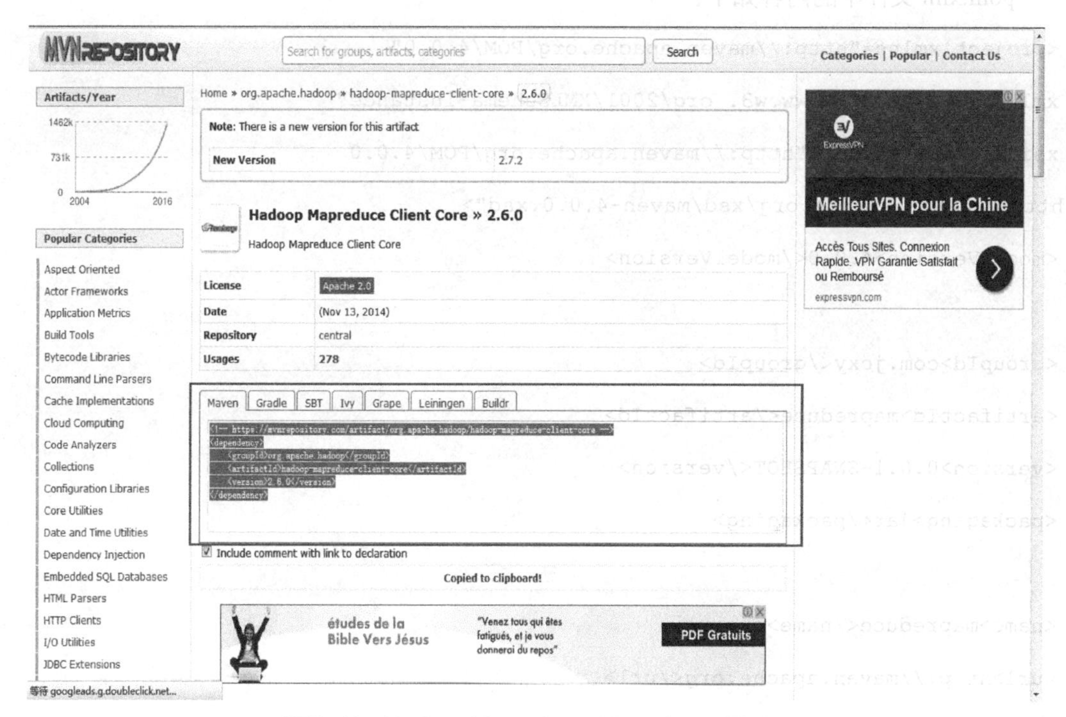

图 5-19　Hadoop Mapreduce Client Core>>2.6.0

图 5-20　Hadoop Mapreduce Client Common>>2.6.0

pom.xml 文件中的内容如下：

```
<project xmlns="http://maven.apache.org/POM/4.0.0"
xmlns:xsi="http://www.w3. org/2001/XMLSchema-instance"
xsi:schemaLocation="http://maven.apache.org/POM/4.0.0
http://maven.apache.org/xsd/maven-4.0.0.xsd">
<modelVersion>4.0.0</modelVersion>

<groupId>com.jcxy</groupId>
<artifactId>mapreduce</artifactId>
<version>0.0.1-SNAPSHOT</version>
<packaging>jar</packaging>

<name>mapreduce</name>
<url>http://maven.apache.org</url>

<properties>
    <project.build.sourceEncoding>UTF-8</project.build.sourceEncoding>
```

```
</properties>

<dependencies>
   <dependency>
   <groupId>junit</groupId>
   <artifactId>junit</artifactId>
   <version>3.8.1</version>
   <scope>test</scope>
 </dependency>
<dependency>
    <groupId>org.apache.hadoop</groupId>
    <artifactId>hadoop-common</artifactId>
    <version>2.6.0</version>
</dependency>
<dependency>
    <groupId>org.apache.hadoop</groupId>
    <artifactId>hadoop-hdfs</artifactId>
    <version>2.6.0</version>
</dependency>
<dependency>
    <groupId>org.apache.hadoop</groupId>
    <artifactId>hadoop-mapreduce-client-core</artifactId>
    <version>2.6.0</version>
</dependency>
<dependency>
    <groupId>org.apache.hadoop</groupId>
    <artifactId>hadoop-mapreduce-client-common</artifactId>
    <version>2.6.0</version>
</dependency>
    </dependencies>
</project>
```

添加完毕后，保存 pom.xml 文件，会自动下载所需要的依赖包。如果需要其他依赖包，添加进 pom.xml 文件中即可。下载需要的时间可能会较长，图 5-21 所示是下载完成后的结果。

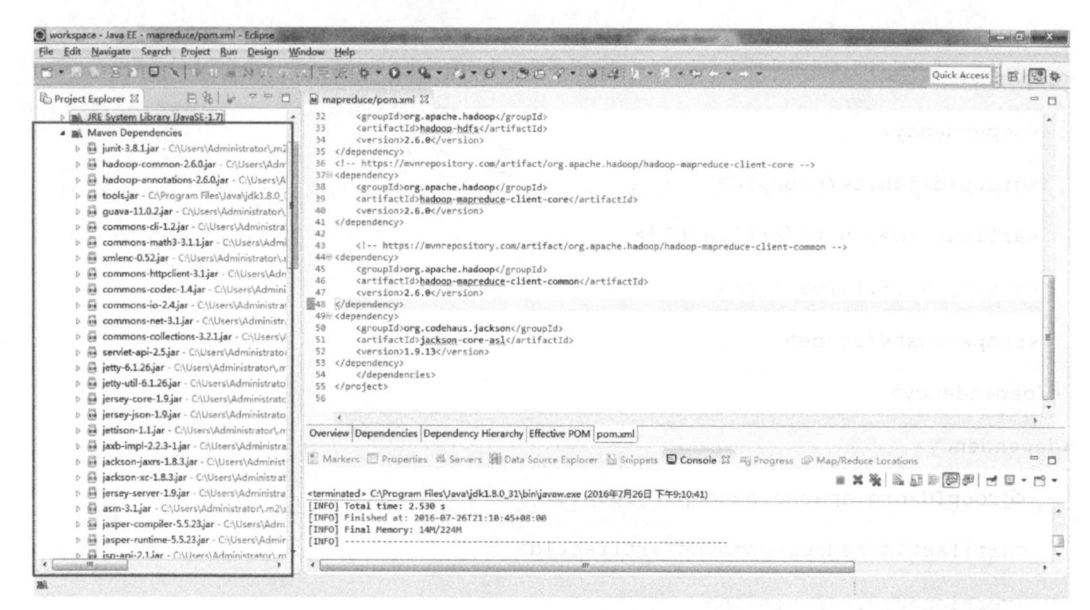

图 5-21　部署需要的包

可以发现，Eclipse 左侧 Maven Dependencies 中包含了编写 MapReduce 程序所需要的依赖包。

5.3　MapReduce 应用案例

5.3.1　单词计数

在 HDFS 根目录下有一文件 words，其内容为：

hello a

hell0 b

hello c

现通过使用 MapReduce 计算出其中每个单词出现的次数。程序代码如下：

```
import java.io.IOException;
import org.apache.hadoop.conf.Configuration;
import org.apache.hadoop.fs.Path;
import org.apache.hadoop.io.IntWritable;
import org.apache.hadoop.io.LongWritable;
import org.apache.hadoop.io.Text;
import org.apache.hadoop.mapreduce.Job;
import org.apache.hadoop.mapreduce.Mapper;
```

```
import org.apache.hadoop.mapreduce.Reducer;
import org.apache.hadoop.mapreduce.lib.input.FileInputFormat;
import org.apache.hadoop.mapreduce.lib.output.FileOutputFormat;

public class WordCountApp {
public static class MyMapper extends Mapper<LongWritable, Text, Text, IntWritable>
{

            private Text word = new Text();
            private IntWritable one = new IntWritable(1);
            @Override
            protected void map(LongWritable key, Text value, Mapper<LongWritable,
Text, Text, IntWritable>.Context context)
                        throws IOException, InterruptedException {
                    // 得到输入的每一行数据 hello a
                    String line = value.toString();

                    // 分割数据，通过空格来分割 hello,a
                    String[] words = line.split(" ");

                    // 循环遍历并输出
                    // hello,1
                    // a,1
                    for (String w : words) {
                        word.set(w);
                        context.write(word, one);
                    }


            }
}

public static class MyReducer extends Reducer<Text, IntWritable, Text,
```

```
IntWritable> {

        private IntWritable sum = new IntWritable();

        protected void reduce(Text key, Iterable<IntWritable> values,
                Reducer<Text, IntWritable, Text, IntWritable>.Context content)
                throws IOException, InterruptedException {
            Integer count = 0;
            for (IntWritable value : values) {
                count += value.get();
            }
            sum.set(count);
            content.write(key, sum);
        }
}

public static void main(String[] args) throws Exception {

        if(args.length < 2) {
            args = new String[]{
                    "hdfs://master:9000/words",
                    "hdfs://master:9000/out"
            };
        }

        // 创建配置对象
        Configuration conf = new Configuration();
        // 创建job对象
        Job job = Job.getInstance(conf, "wordcount");

        // 设置运行job的主类
        job.setJarByClass(WordCountApp.class);

        // 设置mapper类
        job.setMapperClass(MyMapper.class);
        // 设置reducer类
        job.setReducerClass(MyReducer.class);
```

```
        // 设置 map 输出的 key value
        job.setMapOutputKeyClass(Text.class);
        job.setOutputValueClass(IntWritable.class);

        // 设置 reducer 输出的 key value 类型
        job.setOutputKeyClass(Text.class);
        job.setOutputValueClass(IntWritable.class);

        // 设置输入输入的路径
        FileInputFormat.setInputPaths(job, new Path(args[0]));
        FileOutputFormat.setOutputPath(job, new Path(args[1]));


        // 提交 job
        boolean b = job.waitForCompletion(true);


        if (!b) {

            System.err.println("This task has failed!!!");

        }

    }

}
```

对代码执行 Run on Hadoop 操作，执行结果如图 5-22 所示。

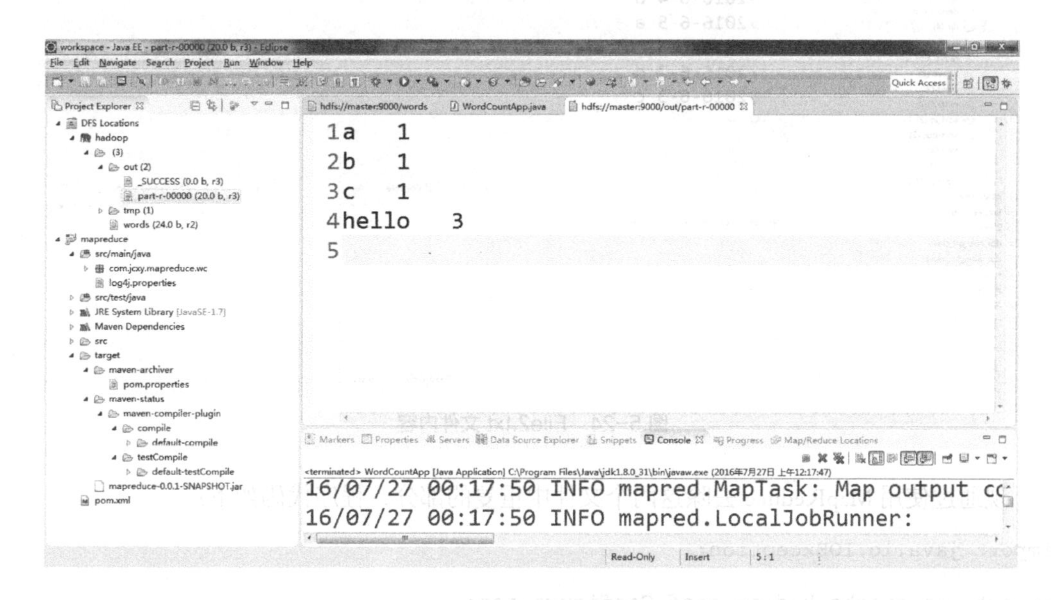

图 5-22 计数执行结果

5.3.2 数据去重

在 HDFS 根目录下 debug_in 文件目录中，有 File1.txt 和 File2.txt 两个文本文件，其内容分别如图 5-23 和图 5-24 所示。

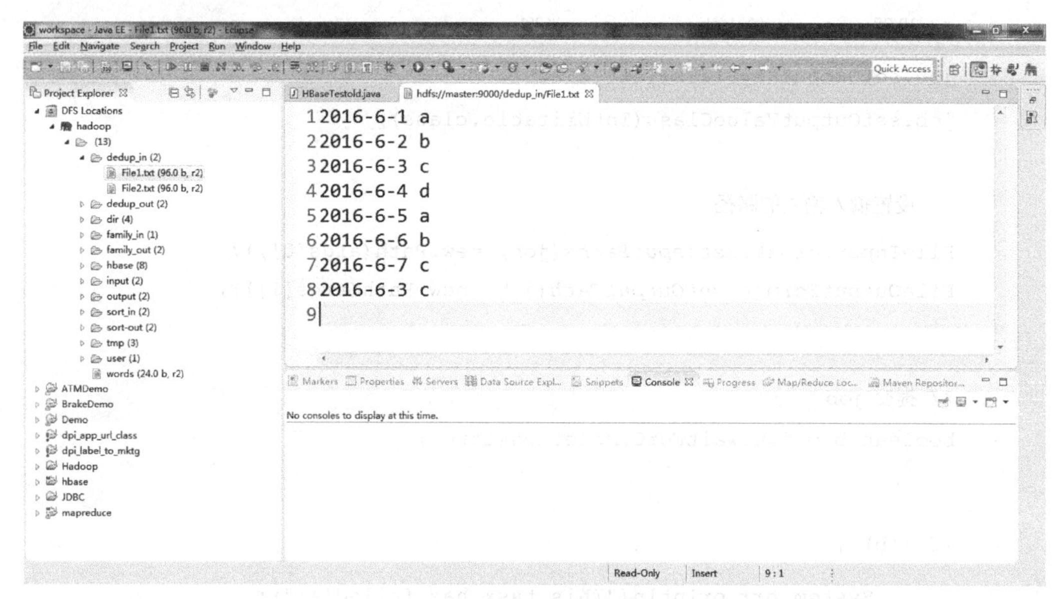

图 5-23　File1.txt 文件内容

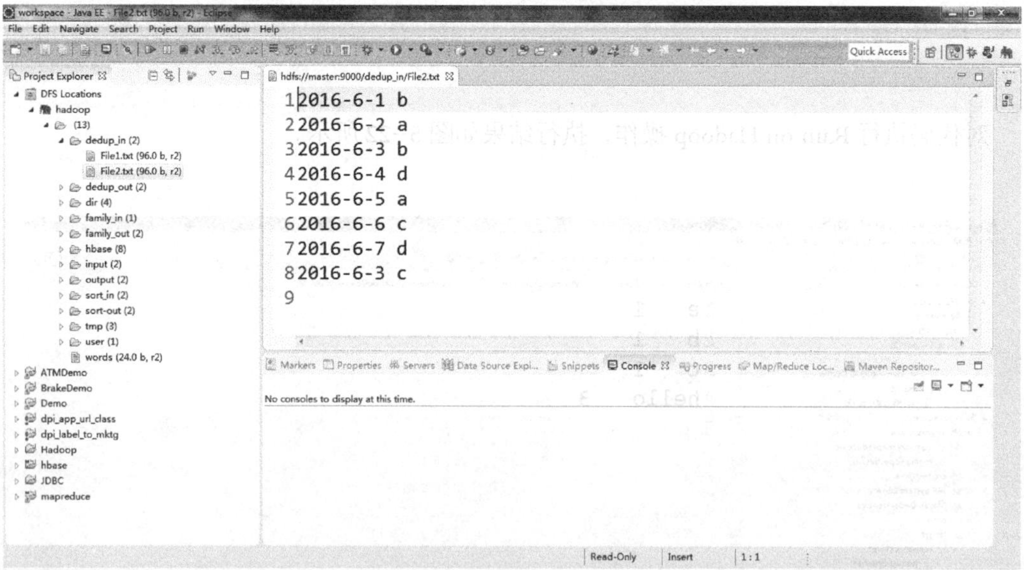

图 5-24　File2.txt 文件内容

现通过使用 MapReduce 去除这两个文件中重复的部分，程序代码如下：

```
import java.io.IOException;

import org.apache.hadoop.conf.Configuration;
```

```
import org.apache.hadoop.fs.Path;
import org.apache.hadoop.io.Text;
import org.apache.hadoop.mapreduce.Job;
import org.apache.hadoop.mapreduce.Mapper;
import org.apache.hadoop.mapreduce.Reducer;
import org.apache.hadoop.mapreduce.lib.input.FileInputFormat;
import org.apache.hadoop.mapreduce.lib.output.FileOutputFormat;

public class DataDeduplication {
    //map将输入中的value复制到输出数据的key上，并直接输出

    public static class Map extends Mapper<Object,Text,Text,Text>{

        private static Text line=new Text();//每行数据

        //实现map函数
        public void map(Object key,Text value,Context context)

                throws IOException,InterruptedException{

            line=value;

            context.write(line, new Text(""));
        }
    }

        //reduce将输入中的key复制到输出数据的key上，并直接输出

    public static class Reduce extends Reducer<Text,Text,Text,Text>{

        //实现reduce函数

        public void reduce(Text key,Iterable<Text> values,Context context)
```

```
            throws IOException,InterruptedException{

        context.write(key, new Text(""));

    }

}

public static void main(String[] args) throws Exception{

  Configuration conf = new Configuration();

Job job = Job.getInstance(conf, "DataDeduplication");

 job.setJarByClass(DataDeduplication.class);
 //设置Map、Combine和Reduce处理类
 job.setMapperClass(Map.class);

 job.setCombinerClass(Reduce.class);


 job.setReducerClass(Reduce.class);
 //设置输出类型

 job.setOutputKeyClass(Text.class);


 job.setOutputValueClass(Text.class);
  //设置输入和输出目录

 FileInputFormat.setInputPaths(job, new Path("hdfs://master:9000/dedup_in /"));


 FileOutputFormat.setOutputPath(job, new Path("hdfs://master:9000/dedup_o ut"));

 System.exit(job.waitForCompletion(true) ? 0 : 1);

 }
}
```

对代码执行 Run on Hadoop 操作，执行结果打印输出如图 5-25 所示。

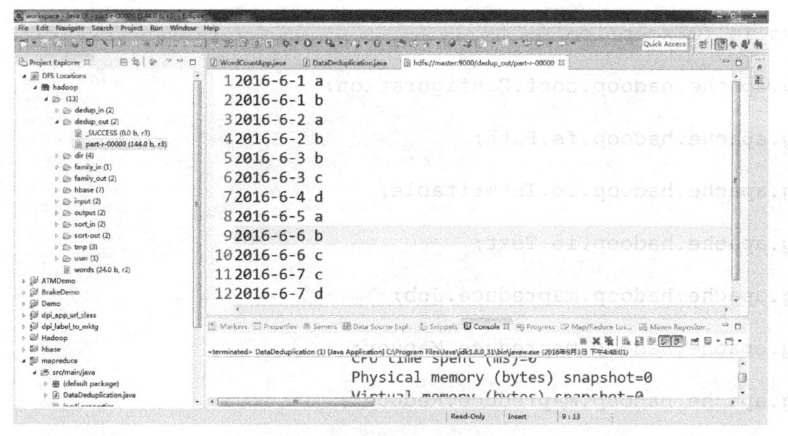

图 5-25 程序执行结果

5.3.3 排序

在 HDFS 根目录下 sort_in 文件目录中创建 sort1.txt 和 sort2.txt 两个文本文件，其内容构造分别如图 5-26 和图 5-27 所示。

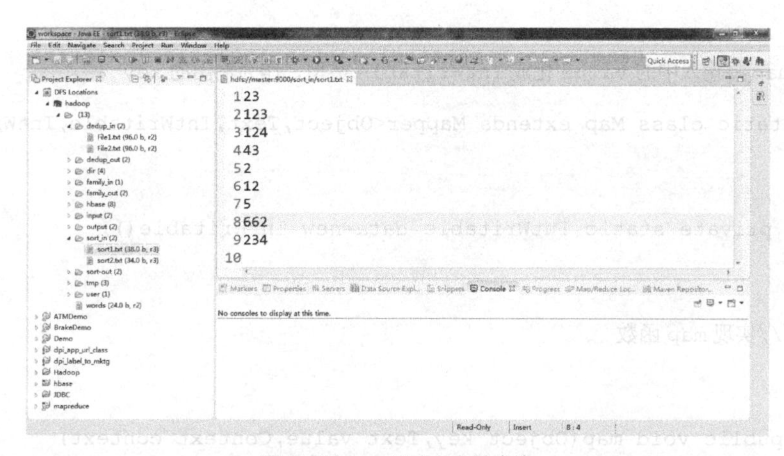

图 5-26 sort1.txt 文件内容

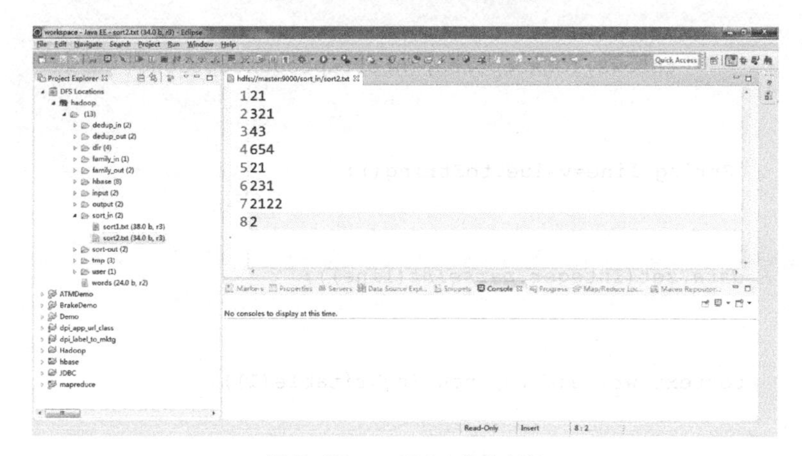

图 5-27 sort2.txt 文件内容

现在通过使用 MapReduce 将这两个文本文件所涉及的数字进行排序，程序代码如下：

```
import java.io.IOException;

import org.apache.hadoop.conf.Configuration;

import org.apache.hadoop.fs.Path;

import org.apache.hadoop.io.IntWritable;

import org.apache.hadoop.io.Text;

import org.apache.hadoop.mapreduce.Job;

import org.apache.hadoop.mapreduce.Mapper;

import org.apache.hadoop.mapreduce.Reducer;

import org.apache.hadoop.mapreduce.lib.input.FileInputFormat;

import org.apache.hadoop.mapreduce.lib.output.FileOutputFormat;


   public class DataSort {


        //map将输入中的value化成IntWritable类型，作为输出的key
  public static class Map extends Mapper<Object,Text,IntWritable,IntWrita ble>{


          private static IntWritable data=new IntWritable();


         //实现map函数


         public void map(Object key,Text value,Context context)


                throws IOException,InterruptedException{


              String line=value.toString();


             data.set(Integer.parseInt(line));


             context.write(data, new IntWritable(1));
         }

     }
```

```
//reduce 将输入中的 key 复制到输出数据的 key 上，

//然后根据输入的 value-list 中元素的个数决定 key 的输出次数

//用全局 linenum 来代表 key 的位次

public static class Reduce extends

          Reducer<IntWritable,IntWritable,IntWritable,IntWritable>{

     private static IntWritable linenum = new IntWritable(1);

    //实现 reduce 函数

    public void reduce(IntWritable key,Iterable<IntWritable> values, Contextcontext)

            throws IOException,InterruptedException{

         for(IntWritable val:values){

            context.write(linenum, key);

            linenum = new IntWritable(linenum.get()+1);

         }

     }

}
public static void main(String[] args) throws Exception{

      Configuration conf = new Configuration();

      //这句话很关键

 Job job = Job.getInstance(conf, "DataSort");

 job.setJarByClass(DataSort.class);
```

```
        //设置 Map 和 Reduce 处理类
        job.setMapperClass(Map.class);
        job.setReducerClass(Reduce.class);

        //设置输出类型
        job.setOutputKeyClass(IntWritable.class);
        job.setOutputValueClass(IntWritable.class);

        //设置输入和输出目录
        FileInputFormat.addInputPath(job,new Path("hdfs://master:9000/sort _in/"));
FileOutputFormat.setOutputPath(job, new Path("hdfs://master:9000/sort- out/"));
        System.exit(job.waitForCompletion(true) ? 0 : 1);
        }
    }
```

对代码执行 Run on Hadoop 操作，程序运行结果如图 5-28 所示。

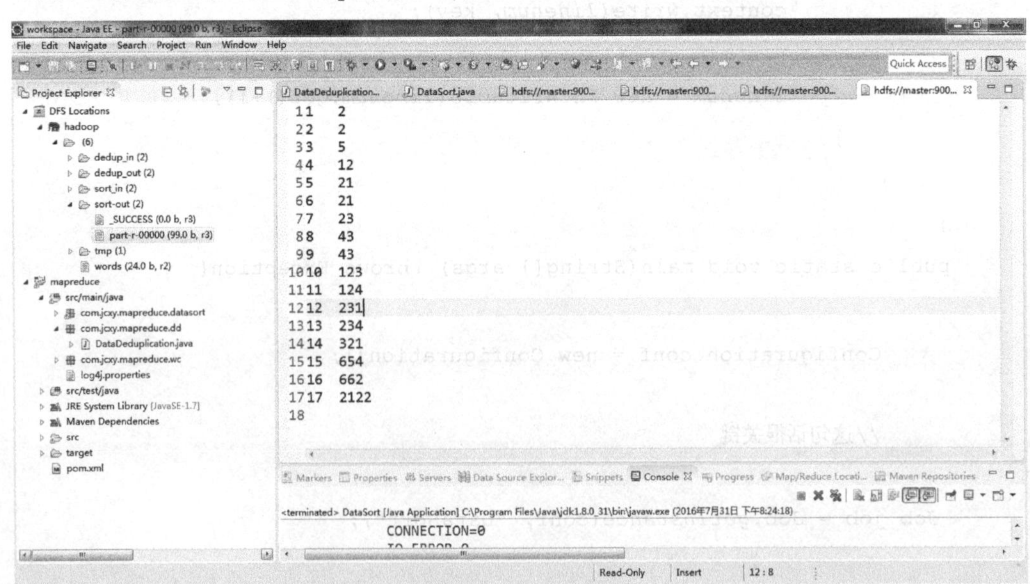

图 5-28　排序执行结果

5.3.4 单表关联

在HDFS根目录下family_in文件目录中创建包含表5-1所列的child_parent(孩子父母)内容的文件，要求通过MapReduce输出表5-2所列的grandchild_grandparent(孙子爷奶)的内容。

表5-1 孩子父母表

child	parent
Tom	Lucy
Tom	Jack
Jone	Lucy
Jone	Jack
Lucy	Mary
Lucy	Ben
Jack	Alice
Jack	Jesse
Terry	Alice
Terry	Jesse
Philip	Terry
Philip	Alma
Mark	Terry
Mark	Alma

样例输出如表5-2所列。

表5-2 孙子爷奶表

grandchild	grandparent
Tom	Alice
Tom	Jesse
Jone	Alice
Jone	Jesse
Tom	Ben
Tom	Mary
Jone	Ben
Jone	Mary
Philip	Alice
Philip	Jesse
Mark	Alice
Mark	Jesse

程序代码如下：

```
import java.io.IOException;
import java.util.*;
import org.apache.hadoop.conf.Configuration;
import org.apache.hadoop.fs.Path;
import org.apache.hadoop.io.Text;
import org.apache.hadoop.mapreduce.Job;
import org.apache.hadoop.mapreduce.Mapper;
import org.apache.hadoop.mapreduce.Reducer;
import org.apache.hadoop.mapreduce.lib.input.FileInputFormat;
import org.apache.hadoop.mapreduce.lib.output.FileOutputFormat;

public class Singletablecorrelation {
    public static int time = 0;
    /*
     * map 将输出分割 child 和 parent，然后正序输出一次作为右表，
     * 反序输出一次作为左表，需要注意的是在输出的 value 中必须
     * 加上左右表的区别标识。
     */
     public static class Map extends Mapper<Object, Text, Text, Text> {
        // 实现 map 函数
        public void map(Object key, Text value, Context context)
                throws IOException, InterruptedException {

            String childname = new String();// 孩子名称
            String parentname = new String();// 父母名称
            String relationtype = new String();// 左右表标识

            // 输入的一行预处理文本
            StringTokenizer itr=new StringTokenizer(value.toString());
            String[] values=new String[2];
```

```
        int i=0;

        while(itr.hasMoreTokens()){

          values[i]=itr.nextToken();

          i++;

        }

      if (values[0].compareTo("child") != 0) {

           childname = values[0];

           parentname = values[1];

           // 输出左表

          relationtype = "1";

          context.write(new Text(values[1]), new Text(relationtype +

                   "+"+ childname + "+" + parentname));

          // 输出右表

          relationtype = "2";

          context.write(new Text(values[0]), new Text(relationtype +

                    "+"+ childname + "+" + parentname));

        }

    }

  }

public static class Reduce extends Reducer<Text, Text, Text, Text> {

    // 实现 reduce 函数

    public void reduce(Text key, Iterable<Text> values, Context context)

            throws IOException, InterruptedException {
```

```
        // 输出表头

        if (0 == time) {

            context.write(new Text("grandchild"), new Text("grand parent"));

            time++;

        }

        int grandchildnum = 0;

        String[] grandchild = new String[10];

        int grandparentnum = 0;

        String[] grandparent = new String[10];

        Iterator ite = values.iterator();

        while (ite.hasNext()) {


            String record = ite.next().toString();


            int len = record.length();

            int i = 2;

            if (0 == len) {


                continue;

            }


            // 取得左右表标识

            char relationtype = record.charAt(0);

            // 定义孩子和父母变量

            String childname = new String();

            String parentname = new String();


            // 获取value-list中value的child

            while (record.charAt(i) != '+') {


                childname += record.charAt(i);
```

```
            i++;
        }
        i = i + 1;
        // 获取 value-list 中 value 的 parent

        while (i < len) {

            parentname += record.charAt(i);
            i++;
        }
        // 左表，取出 child 放入 grandchildren
        if ('1' == relationtype) {
            grandchild[grandchildnum] = childname;
            grandchildnum++;
        }
        // 右表，取出 parent 放入 grandparent
        if ('2' == relationtype) {
            grandparent[grandparentnum] = parentname;
            grandparentnum++;
        }
    }
    // grandchild 和 grandparent 数组求笛卡儿积
    if (0 != grandchildnum && 0 != grandparentnum) {

        for (int m = 0; m < grandchildnum; m++) {

            for (int n = 0; n < grandparentnum; n++) {

                // 输出结果

    context.write(new Text(grandchild[m]), new Text(grand parent[n]));
```

```
                }
            }
        }
    }
}

public static void main(String[] args) throws Exception {

    Configuration conf = new Configuration();
    Job job = Job.getInstance(conf, "Single Table Join");
    job.setJarByClass(Singletablecorrelation.class);
   // 设置 Map 和 Reduce 处理类

    job.setMapperClass(Map.class);
    job.setReducerClass(Reduce.class);

    // 设置输出类型

   job.setOutputKeyClass(Text.class);
    job.setOutputValueClass(Text.class);

    // 设置输入和输出目录

FileInputFormat.addInputPath(job, new Path("hdfs://master:9000/fam ily_in"));
FileOutputFormat.setOutputPath(job, new Path("hdfs://master:9000/fam ily_out"));
    System.exit(job.waitForCompletion(true) ? 0 : 1);
  }
}
```

对代码执行 Run on Hadoop 操作，运行结果如图 5-29 所示。

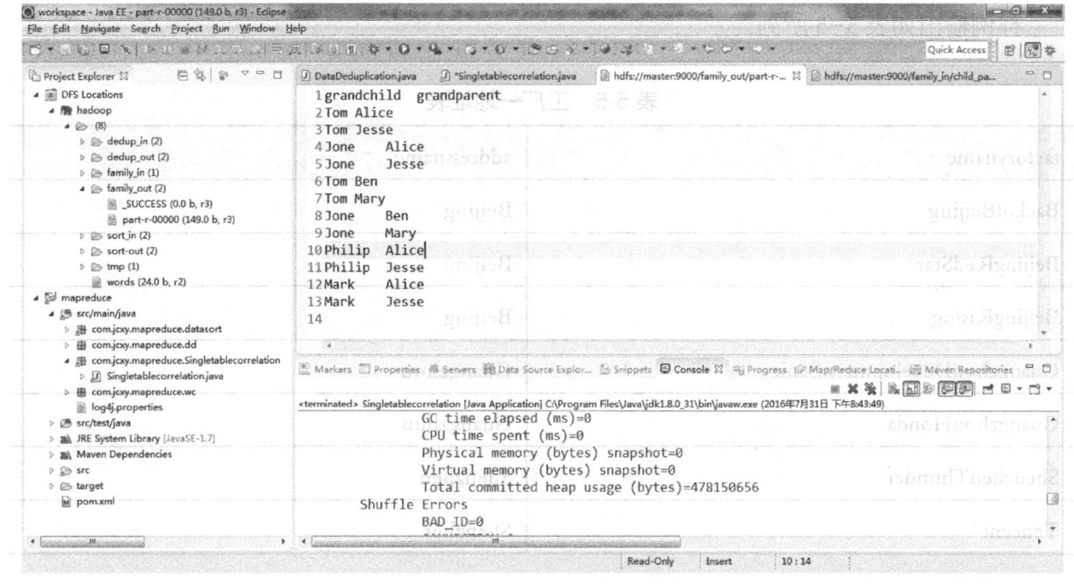

图 5-29 单表关联执行结果

5.3.5 多表关联

在 HDFS 根目录下 input 文件目录中创建两个文件：一个代表工厂数据（如表 5-3 所列），包含工厂名列和地址编号列；另一个代表地址数据（如表 5-4 所示），包含地址名列和地址编号列。要求通过 MapReduce 从中找出工厂名和地址名的对应关系，输出“工厂名—地址名”表，见表 5-5。

表 5-3 工厂表

factoryname	addressed
BeijingRedStar	1
ShenzhenThunder	3
GuangzhouHonda	2
BeijingRising	1
GuangzhouDevelopmentBank	2
Tencent	3
BackofBeijing	1

表 5-4 地址表

addressID	addressname
1	Beijing
2	Guangzhou
3	Shenzhen
4	Xian

样例输出如表 5-5 所列。

表 5-5　工厂—地址表

factoryname	addressname
BackofBeijing	Beijing
BeijingRedStar	Beijing
BeijingRising	Beijing
GuangzhouDevelopmentBank	Guangzhou
GuangzhouHonda	Guangzhou
ShenzhenThunder	Shenzhen
Tencent	Shenzhen

程序代码如下：

```
import java.io.IOException;
import java.util.*;
import org.apache.hadoop.conf.Configuration;
import org.apache.hadoop.fs.Path;
import org.apache.hadoop.io.Text;
import org.apache.hadoop.mapreduce.Job;
import org.apache.hadoop.mapreduce.Mapper;
import org.apache.hadoop.mapreduce.Reducer;
import org.apache.hadoop.mapreduce.lib.input.FileInputFormat;
import org.apache.hadoop.mapreduce.lib.output.FileOutputFormat;


public class Multitablecorrelation {
    public static int time = 0;
    /*
     * 在 map 中先区分输入行属于左表还是右表，然后对两列值进行分割，
     * 保存连接列在 key 值，剩余列和左右表标志在 value 中，最后输出
     */
 public static class Map extends Mapper<Object, Text, Text, Text> {
```

```
// 实现 map 函数
public void map(Object key, Text value, Context context)
        throws IOException, InterruptedException {

    String line = value.toString();// 每行文件
    String relationtype = new String();// 左右表标识
    // 输入文件首行，不处理
    if (line.contains("factoryname") == true
            || line.contains("addressed") == true) {

        return;
    }
    // 输入的一行预处理文本
    StringTokenizer itr = new StringTokenizer(line);
    String mapkey = new String();
    String mapvalue = new String();

    int i = 0;
    while (itr.hasMoreTokens()) {
        // 先读取一个单词
        String token = itr.nextToken();
        // 判断输出行所属表，并进行分割
        if (token.charAt(0) >= '0' && token.charAt(0) <= '9') {
            mapkey = token;
            if (i > 0) {

                relationtype = "1";

            } else {

                relationtype = "2";
            }
```

```
                continue;
            }
            // 存工厂名

            mapvalue += token + " ";
            i++;

        }

        // 输出左右表

        context.write(new Text(mapkey), new Text(relationtype + "+"+ mapvalue));

    }

}

/*
 * reduce 解析 map 输出，将 value 中数据按照左右表分别保存，
 * 然后求出笛卡儿积，并输出。
 */

public static class Reduce extends Reducer<Text, Text, Text, Text> {

    // 实现 reduce 函数
    public void reduce(Text key, Iterable<Text> values, Context context)

            throws IOException, InterruptedException {

        // 输出表头

        if (0 == time) {
```

```
            context.write(new Text("factoryname"), new Text("addressname "));

        time++;

    }
    int factorynum = 0;
    String[] factory = new String[10];
    int addressnum = 0;
    String[] address = new String[10];
    Iterator ite = values.iterator();
    while (ite.hasNext()) {

        String record = ite.next().toString();
        int len = record.length();
        int i = 2;
        if (0 == len) {

            continue;

        }
        // 取得左右表标识
        char relationtype = record.charAt(0);

        // 左表

        if ('1' == relationtype) {

            factory[factorynum] = record.substring(i);
            factorynum++;

        }
```

```
            // 右表
            if ('2' == relationtype) {
                address[addressnum] = record.substring(i);
                addressnum++;
            }
        }
        // 求笛卡儿积
        if (0 != factorynum && 0 != addressnum) {
            for (int m = 0; m < factorynum; m++) {
                for (int n = 0; n < addressnum; n++) {
                    // 输出结果
                    context.write(new Text(factory[m]),
                              new Text(address[n]));
                }
            }
        }
    }
}
public static void main(String[] args) throws Exception {
```

```
        Configuration conf = new Configuration();


        Job job = Job.getInstance(conf, "Multiple Table Join");
        job.setJarByClass(Multitablecorrelation.class);
        // 设置 Map 和 Reduce 处理类
        job.setMapperClass(Map.class);
        job.setReducerClass(Reduce.class);
        // 设置输出类型
        job.setOutputKeyClass(Text.class);
        job.setOutputValueClass(Text.class);


        // 设置输入和输出目录
    FileInputFormat.addInputPath(job, new Path("hdfs://master:9000/in put"));


    FileOutputFormat.setOutputPath(job, new Path("hdfs://master:9000/out put"));


        System.exit(job.waitForCompletion(true) ? 0 : 1);
    }
}
```

对代码执行 Run on Hadoop 操作，运行结果如图 5-30 所示。

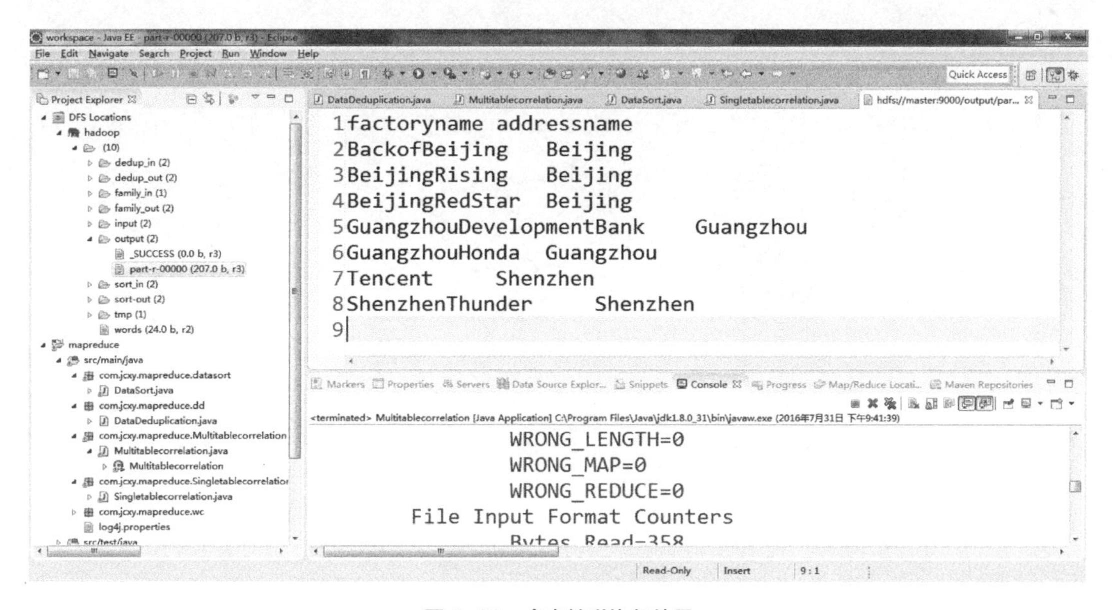

图 5-30 多表关联执行结果

5.4 本章小结

在本章的一开始介绍了如何在 Windows 上使用 Eclipse 集成 Hadoop 环境。这样做的好处是，在进行程序的编写和编译时，集成环境下便于程序的修改和调试。之后，通过 5 个实例向读者呈现了如何使用 MapReduce 重新解决实际问题,其中实例一 WordCount 是 MapReduce 的入门程序，能统计出数据文件中单词的频数；实例二数据去重和实例三数据排序，都是对原始数据的初步操作，为进一步进行数据分析打下基础；实例四单表关联和实例五多表关联是对数据的进一步操作，从中挖掘有用的信息。虽然五个实例相对简单普通，但是都能利用 Hadoop 平台大数据集进行并行处理，展示了 MapReduce 编程框架的魅力所在。

PART 6 第6章 分布式数据库 HBase

HBase是一个在Hadoop上开发的面向列的分布式数据库。利用HDFS作为其文件存储系统，利用MapReduce来处理HBase中的海量数据，利用ZooKeeper作为协同服务，主要用于实时随机读/写超大规模数据集。本章将对Hbbase的相关概念和应用进行介绍。

6.1 HBase简介

HBase(Hadoop Database)是一个开源的，面向列（Column-Oriented）的，适合存储海量非结构化数据或半结构化数据的，具备高可靠性、高性能的，可灵活扩展伸缩的，支持实时数据读写的分布式存储系统。HBase的底层使用的是Hadoop的HDFS。HBase包含ZooKeeper、HMaster和HregionServer三个重要组件。ZooKeeper为整个HBase集群提供协助的服务(信息传输)，HMaster主要用于监控和操作集群中的所有RegionServer，HRegionServer主要用于服务和管理分区(regions)。

存储在HBase中的表的典型特征如下。

（1）大表(BigTable):一个表可以有上亿行，上百万列；

（2）面向列：面向列(族)的存储、检索与权限控制；

（3）稀疏：表中为空(null)的列不占用存储空间。

6.2 HBase接口

HBase集群访问可以有多种方式，不同方式的使用场景不同，HBase的访问接口如下。

1. Native Java API

Native Java API是最常规和高效的访问方式，适合Hadoop MapReduce Job并行批处理HBase表数据。

2. HBase Shell

HBase Shell是HBase的命令行工具，是最简单的接口，适合HBase管理使用。

3. Thrift Gateway

Thrift Gateway利用Thrift序列化技术，支持C++、PHP、Python等多种语言，适合其他异构系统在线访问 HBase 表数据。

4. REST Gateway

REST Gateway 支持 REST 风格的 Http API 访问 HBase，解除了语言限制。

5. PIG

可以使用 Pig Latin 流式编程语言来操作 HBase 中的数据,其本质是编译成 MapReduce Job 来处理 HBase 表数据，适合进行数据统计。

6. Hive

Hive 0.7 版本中添加了 HBase 的支持，可以使用类似 SQL 的语言 HQL 来访问 HBase，其本质类似 Pig，把脚本编译成 MapReduce Job 来处理 HBase 表数据。

6.3 安装 HBase 集群

6.3.1 系统环境

- Hadoop 2.6.0　　分布式系统基础架构
- Java jdk 1.7　　一种面向对象的编程语言
- ZooKeeper 3.4.6　　分布式应用程序协调服务
- Hbase 0.98.21　　分布式、面向列的开源数据库
- Ubuntu 14.04　　一种 Linux 操作系统

6.3.2 安装 ZooKeeper

在主节点上安装 ZooKeeper，首先下载 ZooKeeper 到用户 home 目录下。这里使用 Zookeeper 3.4.6。

```
hadoop@master:~$wget http://mirrors.cnnic.cn/apache/hbase/hbase-1.0.3/ hbase-1.0.3-bin.tar.gz
```

将 ZooKeeper 解压到目录/hadoop/下，并将目录名 zookeeper-3.4.6 修改为 zookeeper。

```
hadoop@master:~$ tar -zxvf zookeeper-3.4.6.tar.gz -C /hadoop/
hadoop@master:~$ cd /hadoop
hadoop@master:/hadoop$ mv zookeeper-3.4.6 zookeeper
```

进入 ZooKeeper 安装根目录，将 conf 目录下面的 zoo_sample.cfg 修改为 zoo.cfg。修改 zoo.cfg，添加一条参数-dataDir=/hadoop/zookeeper/data,如图 6-1 所示。

```
hadoop@master:/hadoop$ cd zookeeper/
hadoop@master:/hadoop/zookeeper$ cd conf/
hadoop@master:/hadoop/zookeeper/conf$ mv zoo_sample.cfg zoo.cfg
```

在 dataDir 指定的数据目录（/hadoop/zookeeper/data）下，创建文件 myid，文件内容为一个正整数值，用来唯一表示当前机器，因此不同机器的数值不能相同，可以选择 0、1、2，如图 6-2 所示。

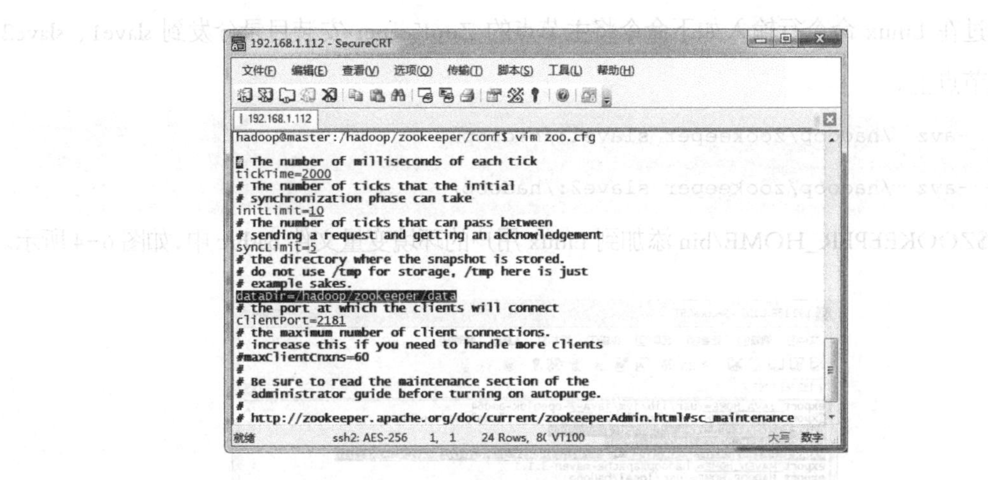

图 6-1　修改 zoo.cfg

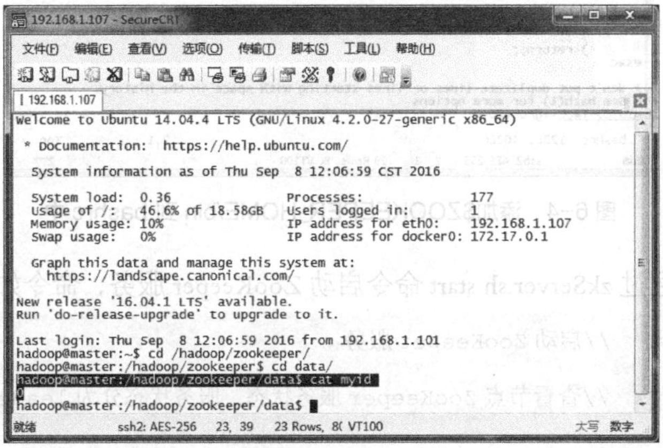

图 6-2　查看 master 节点 myid 值

在 zoo.cfg 中加入如下参数（如图 6-3 所示）：

```
-server.0=master:2888:3888 注释：0 为 master 节点的 myid
-server.1=slave1:2888:3888 注释：1 为 slave1 节点的 myid
-server.2=slave2:2888:3888 注释：2 为 slave2 节点的 myid
```

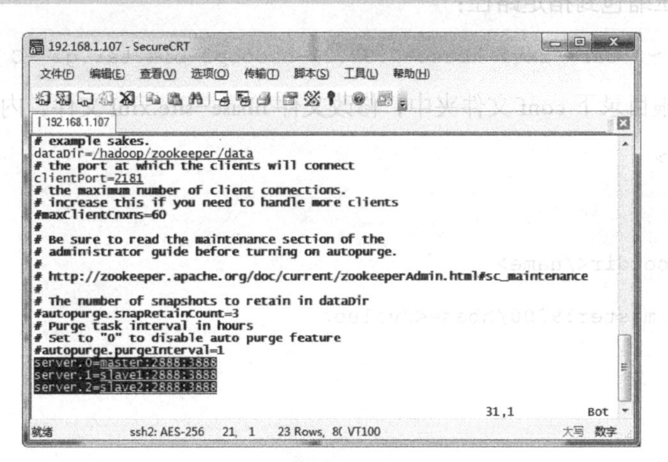

图 6-3　查看文件 zoo.cfg 内容

通过在 Linux 命令行输入如下命令将主节点的 ZooKeeper 安装目录分发到 slave1、slave2 两个从节点上。

```
rsync  -avz  /hadoop/zookeeper slave1:/hadoop/
rsync  -avz  /hadoop/zookeeper slave2:/hadoop/
```

将$ZOOKEEPER_HOME/bin 添加到 Linux 用户的环境变量文件.bashrc 中，如图 6-4 所示。

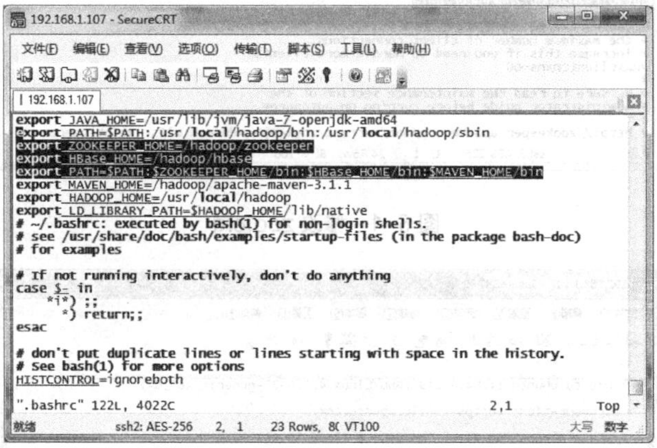

图 6-4　添加$ZOOKEEPER_HOME/bin 到.bashrc 中

在各个节点上通过 zkServer.sh start 命令启动 ZooKeeper 服务，命令如下：

```
zkServer.sh start   //启动 ZooKeeper 服务
zkServer.sh status  //查看节点 ZooKeeper 服务状态，服务状态分为 leader,follower
```

6.3.3　安装 HBase

在主节点上通过下面命令下载 Hbase 到 Linux 用户的家目录中：

```
hadoop@master: ~ $wget  http://mirrors.cnnic.cn/apache/hbase/0.98.21/hbase-0.98.21-hadoop2-bin.tar.gz
```

解压下载的压缩包到指定路径：

```
hadoop@master:~$ tar -zxvf hbase-0.98.21-hadoop2-bin.tar.gz -C /hadoop/
```

进入 HBase 根目录下 conf 文件夹中，修改文件 hbase-site.xml 文件，内容如下：

```
<configuration>
<property>
 <name>hbase.rootdir</name>
 <value>hdfs://master:9000/hbase</value>
</property>
<property>
 <name>hbase.zookeeper.quorum</name>
```

```
 <value>master,slave1,slave2</value>
</property>
<property>
 <name>hbase.cluster.distributed</name>
 <value>true</value>
</property>
<property>
 <name>hbase.zookeeper.property.dataDir</name>
 <value>/hadoop/zookeeper/data</value>
</property>
</configuration>
```

修改 HBase 根目录下 conf 文件夹中 regionservers 文件，内容如下：

```
slave1
slave2
```

修改 HBase 根目录下 conf 文件夹中 hbase-env.sh 文件，添加 JDK 的配置。内容如下：

```
export JAVA_HOME=/usr/lib/jvm/java-7-openjdk-amd64
```

通过在 Linux 命令行输入如下命令将主节点的 HBase 安装目录分发到 slave1、slave2 两个从节点上：

```
rsync  -avz  /hadoop/hbase-0.98.21-hadoop2 slave1:/hadoop/
rsync  -avz  /hadoop/ hbase-0.98.21-hadoop2 slave2:/hadoop/
```

将$HBase_HOME/bin 目录添加到用户的环境变量文件.bashrc 中，如图 6-5 所示。

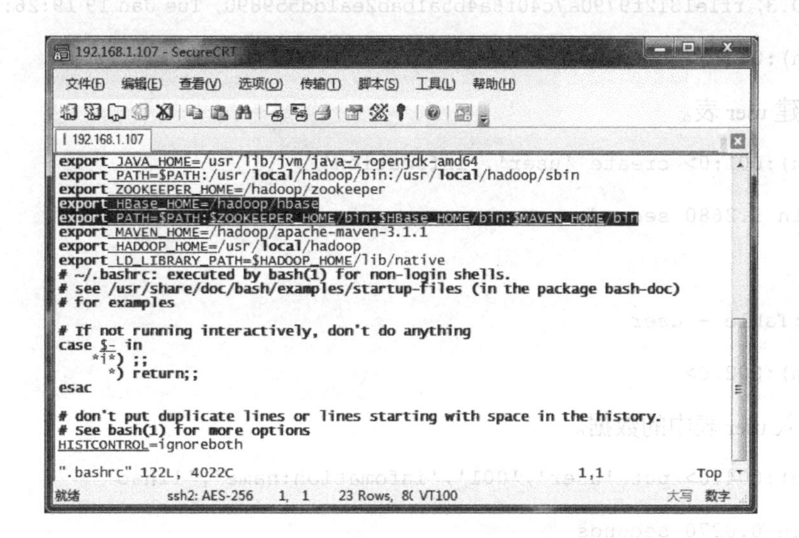

图 6-5　添加$ HBase_HOME//bin 到.bashrc 中

在各个节点上通过命令 start-hbase.sh 启动 HBase，可以通过命令 jps 查看结果。如图 6-6 所示。

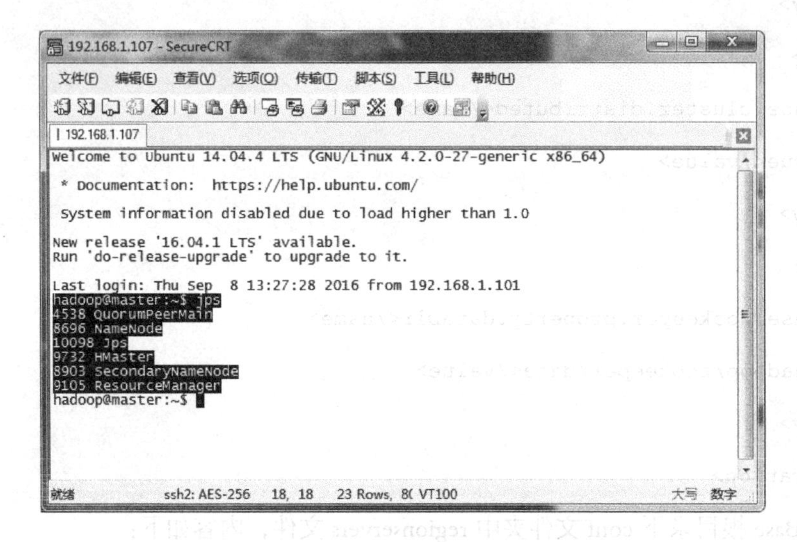

图 6-6 查看 HBase 启动情况

这里 HMaster 代表 HBase 已经启动成功，QuorumPeerMain 代表 ZooKeeper 已经启动成功。

6.4 HBase Shell

下面对 HBase Shell 的使用进行介绍，开始之前首先要确保 Hadoop 集群是开启的。

（1）在 Linux 命令行上执行 hbase shell 命令进入 HBase Shell。

```
hadoop@master:~$ hbase shell
Version 1.0.3, rf1e1312f9790a7c40f6a4b5a1bab2ea1dd559890, Tue Jan 19 19:26:53 PST 2016
hbase(main):001:0>
```

（2）新建 user 表。

```
hbase(main):001:0> create 'user','infomation'
0 row(s) in 1.2680 seconds

=> Hbase::Table - user
hbase(main):002:0>
```

（3）导入 user 表中的数据。

```
hbase(main):004:0> put 'user','001','infomation:name','lihao'
0 row(s) in 0.0270 seconds
hbase(main):005:0> put 'user','001','infomation:age','22'
```

```
0 row(s) in 0.0120 seconds
hbase(main):007:0> put 'user','002','infomation:name','yujianzhong'
0 row(s) in 0.0110 seconds
hbase(main):008:0> put 'user','002','infomation:age','30'
0 row(s) in 0.0160 seconds
hbase(main):009:0> put 'user','003','infomation:name','jixu'
0 row(s) in 0.0140 seconds
hbase(main):010:0> put 'user','003','infomation:age','36'
0  row(s) in 0.0160 seconds
```

（4）查看 user 表中的数据。

```
hbase(main):011:0> scan 'user'
ROW                  COLUMN+CELL
 001                 column=infomation:age, timestamp=1471795537767, value=22
 001                 column=infomation:name, timestamp=1471795473307, value=lih
                     ao
 002                 column=infomation:age, timestamp=1471795644257, value=30
 002                 column=infomation:name, timestamp=1471795629179, value=yuj
                     ianzhong
 003                 column=infomation:age, timestamp=1471795670071, value=36
 003                 column=infomation:name, timestamp=1471795660206, value=jix
                     u
3  row(s) in 0.1080 seconds
```

（5）查看 user 表的描述。

```
hbase(main):012:0> describe 'user'
Table user is ENABLED
user
COLUMN FAMILIES DESCRIPTION
{NAME => 'infomation', DATA_BLOCK_ENCODING => 'NONE', BLOOMFILTER => 'ROW', REPL
ICATION_SCOPE => '0', VERSIONS => '1', COMPRESSION => 'NONE', MIN_VERSIONS => '0
', TTL => 'FOREVER', KEEP_DELETED_CELLS => 'FALSE', BLOCKSIZE => '65536', IN_MEM
ORY => 'false', BLOCKCACHE => 'true'}
```

```
row(s) in 0.1340 seconds
```

（6）删除 user 表。

```
hbase(main):013:0> disable 'user'
0 row(s) in 1.3040 seconds

hbase(main):014:0> drop 'user'
0 row(s) in 0.4430 seconds

hbase(main):015:0> list
TABLE
0 row(s) in 0.0160 seconds

=> []
```

6.5 HBase API

在这一小节中，我们将对 HBase API 进行介绍。以建表插入数据为例，以下是相关程序代码。

```
package com.jkxy.bigdata.hbase;
import org.apache.hadoop.conf.Configuration;
import org.apache.hadoop.hbase.*;
import org.apache.hadoop.hbase.client.*;
import org.apache.hadoop.hbase.util.Bytes;
import java.io.IOException;

public class HBaseTest1 {

    public static Configuration configuration;
    public static Connection connection;
    public static Admin admin;

     public static void main(String[] args) throws IOException {
```

```
        createTable("t2",new String[]{"cf1","cf2"});
        insterRow("t2", "rw1", "cf1", "q1", "val1");
    }

    //初始化链接
    public static void init(){
        configuration = HBaseConfiguration.create();
        try {
            connection = ConnectionFactory.createConnection(configuration);
            admin = connection.getAdmin();
        } catch (IOException e) {
            e.printStackTrace();
        }
    }

    //关闭链接
    public static  void close(){
        try {
            if(null != admin)
                admin.close();
            if(null != connection)
                connection.close();
        } catch (IOException e) {
                e.printStackTrace();
        }

    }

    //建表
    public static void createTable(String tableNmae,String[] cols)throws IOException {

        init();
```

```
        TableName tableName = TableName.valueOf(tableNmae);

        if(admin.tableExists(tableName)){
            System.out.println("talbe is exists!");
        }else {
            HTableDescriptor hTableDescriptor = new HtableDescriptor (tableName);
             for(String col:cols){
                 HColumnDescriptor hColumnDescriptor = new HcolumnDescrip tor(col);
                 hTableDescriptor.addFamily(hColumnDescriptor);
             }
            admin.createTable(hTableDescriptor);
        }
        close();
    }
    //插入数据
    public static void insterRow(String tableName,String rowkey,String
colFamily,String col,String val) throws IOException {
        init();
        Table table = connection.getTable(TableName.valueOf(tableName));
        Put put = new Put(Bytes.toBytes(rowkey));
put.addColumn(Bytes.toBytes(colFamily), Bytes.toBytes(col), Bytes. toBytes(val));
        table.put(put);
        table.close();
        close();
    }
}
```

查看表，如图 6-7 所示。

查看表中的数据，如图 6-8 所示。

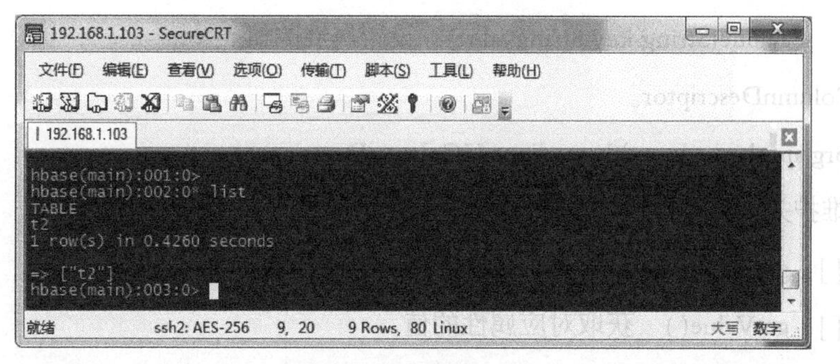

图 6-7 查看表操作

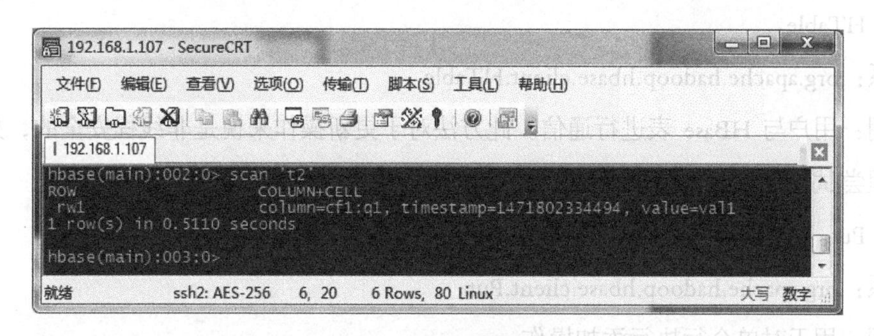

图 6-8 查看表中数据操作

6.6 HBase 综合实例

在介绍具体实例之前，首先介绍 HBase 的相关 API。

（1）HbaseConfiguration。

关系：org.apache.hadoop.hbase.HBaseConfiguration

作用：通过此类可以对 HBase 进行配置。

（2）HBaseAdmin。

关系：org.apache.hadoop.hbase.client.HBaseAdmin

作用：提供一个接口来管理 HBase 数据库中的表信息。它提供创建表、删除表等方法。

（3）HTableDescriptor。

关系：org.apache.hadoop.hbase.client.HTableDescriptor

作用：包含了表的名字及其对应列族。提供的方法有以下几种。

① void addFamily(HColumnDescriptor) 添加一个列族。

② HColumnDescriptor removeFamily(byte[] column) 移除一个列族。

③ byte[] getName() 获取表的名字。

④ byte[] getValue(byte[] key) 获取属性的值。

⑤ void setValue(String key,Stringvalue) 设置属性的值。

（4）HColumnDescriptor。

关系：org.apache.hadoop.hbase.client.HColumnDescriptor

作用：维护关于列的信息。提供的方法有以下几种。

① byte[ ] getName( ) 获取列族的名字。

② byte[ ] getValue( ) 获取对应属性的值。

③ void setValue(String key,String value) 设置对应属性的值。

（5）HTable。

关系：org.apache.hadoop.hbase.client.HTable

作用：用户与 HBase 表进行通信。此方法对于更新操作来说是非线程安全的，如果启动多个线程尝试与单个 HTable 实例进行通信，则写缓冲器可能会崩溃。

（6）Put。

关系：org.apache.hadoop.hbase.client.Put

作用：用于对单个行执行添加操作。

（7）Get。

关系：org.apache.hadoop.hbase.client.Get

作用：用于获取单个行的相关信息。

（8）Result。

关系：org.apache.hadoop.hbase.client.Result

作用：存储 Get 或 Scan 操作后获取的单行值。

（9）ResultScanner。

关系：Interface

作用：客户端获取值的接口。这里将通过一个 Hbase 综合实例介绍如何用 HbaseAPI 来创建表，向表中添加数据，获取指定主键的 cell，查看指定表的数据。实例相关的代码如下：

```
import java.io.IOException;
import org.apache.hadoop.conf.Configuration;
import org.apache.hadoop.hbase.HBaseConfiguration;
import org.apache.hadoop.hbase.HColumnDescriptor;
import org.apache.hadoop.hbase.HTableDescriptor;
import org.apache.hadoop.hbase.client.HBaseAdmin;
import org.apache.hadoop.hbase.client.HTable;
import org.apache.hadoop.hbase.client.Put;
```

```
import org.apache.hadoop.hbase.client.Get;
import org.apache.hadoop.hbase.client.Result;
import org.apache.hadoop.hbase.client.ResultScanner;
import org.apache.hadoop.hbase.client.Scan;
import org.apache.hadoop.hbase.util.Bytes;
public class HBaseTest {

    static Configuration cfg = HBaseConfiguration.create();

    //通过HBaseAdmin HTableDescriptor来创建一个新表
    public static void create(String tableName, String columnFamily) throws Exception{
        HBaseAdmin admin = new HBaseAdmin(cfg);
        if(admin.tableExists(tableName)){
            System.out.println("Table exist");
            System.exit(0);
        }
        else {
            HTableDescriptor tableDescriptor = new HTableDescriptor(tableName);
            tableDescriptor.addFamily(new HColumnDescriptor(columnFamily));
            admin.createTable(tableDescriptor);
            System.out.println("Table create success");
        }
}

//添加一条数据，通过HTable Put为已存在的表添加数据
public static void put(String tableName,String row,String columnFamily,String
column,String data) throws IOException{
      HTable table = new HTable(cfg, tableName);
      Put put = new Put(Bytes.toBytes(row));
      put.add(Bytes.toBytes(columnFamily),Bytes.toBytes(column),Bytes.toBytes (data));
```

```
        table.put(put);
        System.out.println("put success");
}

//获取 tableName 表里列为 row 的结果集
public static void get(String tableName,String row) throws IOException{
        HTable table = new HTable(cfg, tableName);
        Get get = new Get(Bytes.toBytes(row));
        Result result = table.get(get);
        System.out.println("get "+ result);
}

//通过 HTable Scan 来获取 tableName 表的所有数据信息
public static void scan (String tableName) throws IOException{
        HTable table = new HTable(cfg, tableName);
        Scan scan = new Scan();
        ResultScanner resultScanner = table.getScanner(scan);
        for(Result s:resultScanner){
            System.out.println("Scan "+ resultScanner);
        }
}

public static boolean delete(String tableName) throws Exception{
        HBaseAdmin admin = new HBaseAdmin(cfg);
        if(admin.tableExists(tableName)){
            try {
                    admin.disableTable(tableName);
                    admin.deleteTable(tableName);
                }    catch (Exception e) {
                    // TODO: handle exception
```

```
            e.printStackTrace();

            return false;

        }

    }

    return true;

}


public static void main(String[] args) {

    String tableName = "hbase_test";

    String columnFamily = "c1";


    try {

        HBaseTest.create(tableName, columnFamily);

        HBaseTest.put(tableName, "row1", columnFamily, "column1", "data1");

        HBaseTest.get(tableName, "row1");

        HBaseTest.scan(tableName);

        if(HBaseTest.delete(tableName)==true){

            System.out.println("delete table "+ tableName+"success");

        }


    } catch (Exception e) {

        // TODO: handle exception

        e.printStackTrace();

    }

   }

}
```

代码运行结果如图 6-9 所示。

进入 hbase shell 查看执行结果，如图 6-10 所示。

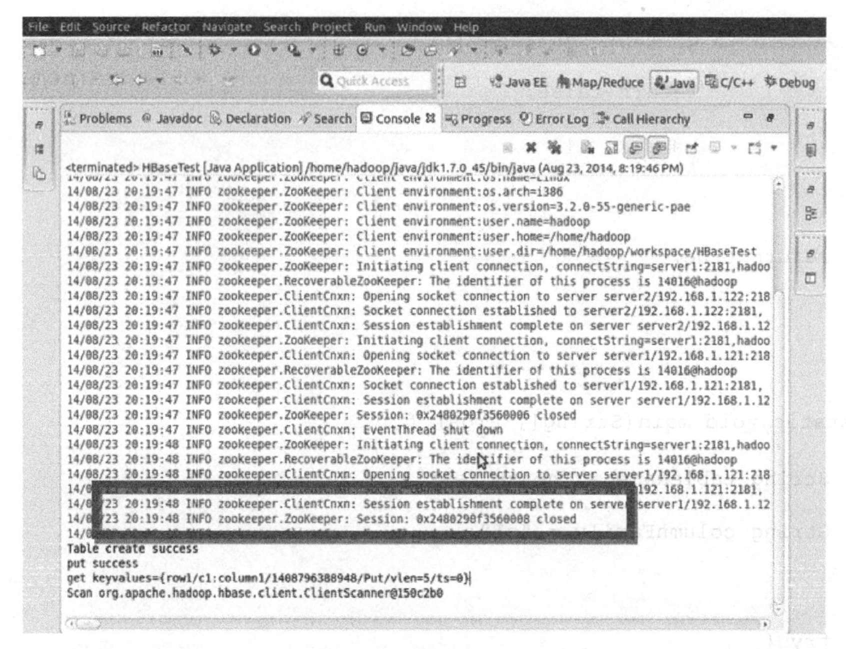

图 6-9　代码运行结果

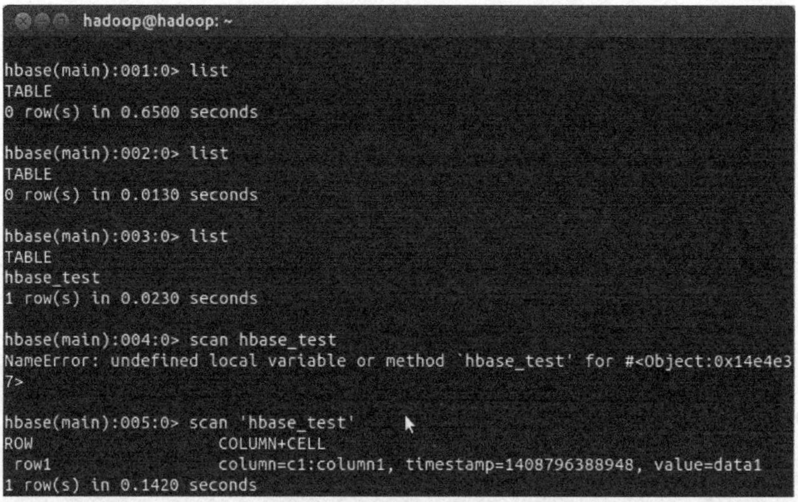

```
hadoop@hadoop: ~

hbase(main):001:0> list
TABLE
0 row(s) in 0.6500 seconds

hbase(main):002:0> list
TABLE
0 row(s) in 0.0130 seconds

hbase(main):003:0> list
TABLE
hbase_test
1 row(s) in 0.0230 seconds

hbase(main):004:0> scan hbase_test
NameError: undefined local variable or method `hbase_test' for #<Object:0x14e4e3
7>

hbase(main):005:0> scan 'hbase_test'
ROW                   COLUMN+CELL
 row1                 column=c1:column1, timestamp=1408796388948, value=data1
1 row(s) in 0.1420 seconds
```

图 6-10　查看执行结果

6.7　本章小结

本章先介绍了大数据数据库 HBase 的基础概念，接着详细介绍了使用 VMware 虚拟机搭建分布式 HBase 集群环境的步骤，使读者可以根据搭建步骤一步步搭建自己的集群，方便后面的学习实验。然后介绍了 HBase 的访问接口，并介绍了如何通过 HBase shell 和 HBase API 来访问 HBbase，使读者动手实践，加深对 HBase 原理的理解。

PART 7 第7章 数据仓库工具 Hive

Hive 是对数据仓库进行管理和分析的工具，数据仓库相对较为复杂，但是如果有 SQL 基础，则 Hive 也并不难，甚至不用学就可以使用 Hive 做出业务需求所需要的东西。本章将介绍简单而又实用的 Hive 命令。

7.1 Hive 简介

Hive 是一个基于 Hadoop 的开源数据仓库工具，用于存储和处理海量结构化数据。把海量数据存储于 Hadoop 文件系统，而不是数据库，但提供了一套类数据库的数据存储和处理机制，并采用 HQL（类 SQL）语言对这些数据进行自动化管理和处理。我们可以把 Hive 中海量结构化数据看成一个个的表，而实际上这些数据是分布式存储在 HDFS 中的。Hive 经过对语句进行解析和转换，最终生成一系列基于 Hadoop 的 map/reduce 任务，通过执行这些任务完成数据处理。

Hive 诞生于 Facebook 的日志分析需求，面对海量的结构化数据，Hive 以较低的成本完成了以往需要大规模数据库才能完成的任务，并且学习门槛相对较低，应用开发灵活而高效。

7.2 Hive 接口实战

环境配置：

- untu 16.04 server64
- JDK 1.8.0
- hadoop 2.6.0
- Hive 1.2.1

现在进行接口实战，分割为详细步骤如下。

（1）构造所使用的实验文件 visits_data.txt 数据（如图 7-1 所示）。Visits_data.txt 数据包含 6 列，分别对应名字、姓、访问时间、计划访问时间、地点以及备注，使用“\t”分隔。

（2）查看实验文件 visits.hive 数据（如图 7-2 所示）。图中代码是 Hive 中新建表的代码，使用此代码即可建立 Hive 中的表。

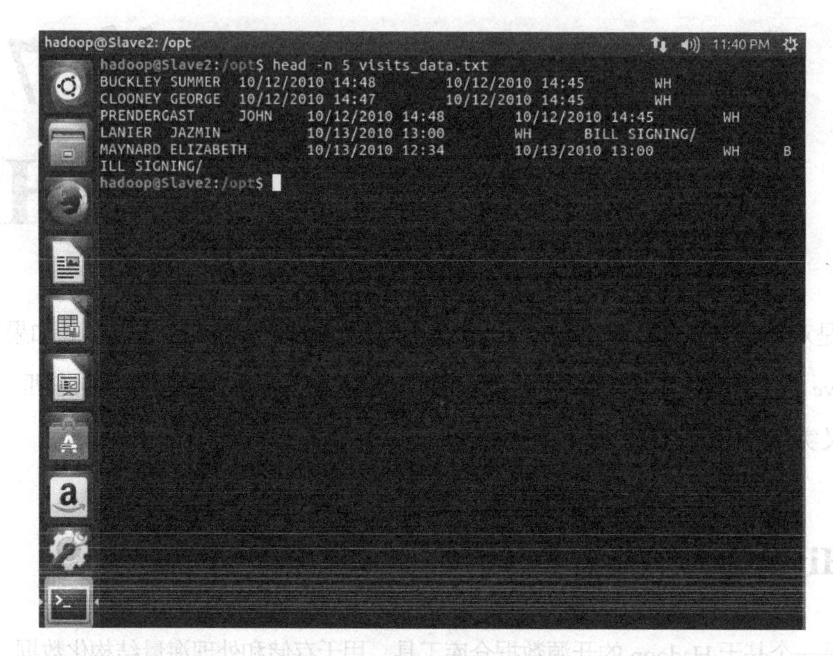

图 7-1　visits_data.txt 数据

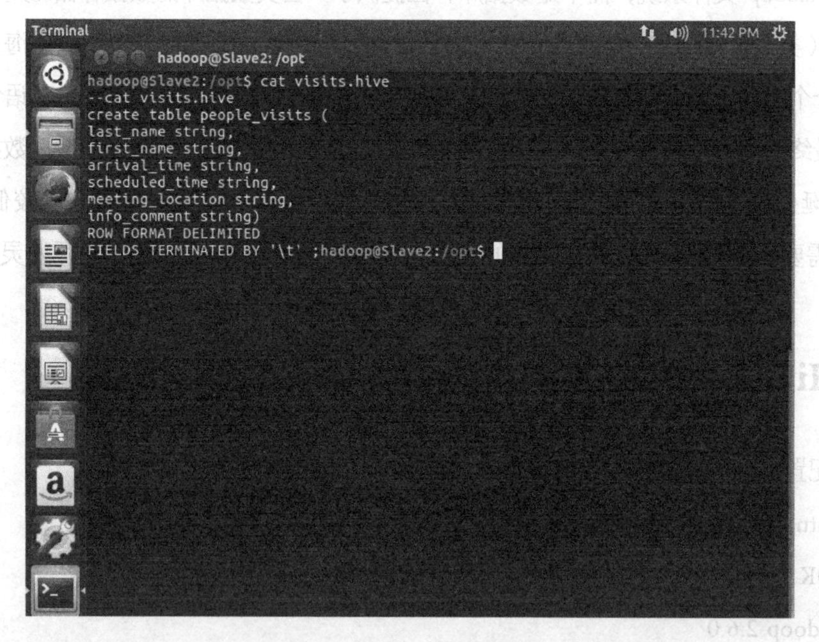

图 7-2　visits.hive 内容

（3）使用如下 Hive 命令调用文件 visits.hive 里的代码，建立 Hive 的 people_visits 表（如图 7-3 所示）：

```
hive -f /opt/visits.hive
```

（4）使用如下 Hive shell 命令行查看生产的表（如图 7-4 所示）：

```
hive> show tables;
```

```
hive> describe people_visits;
```

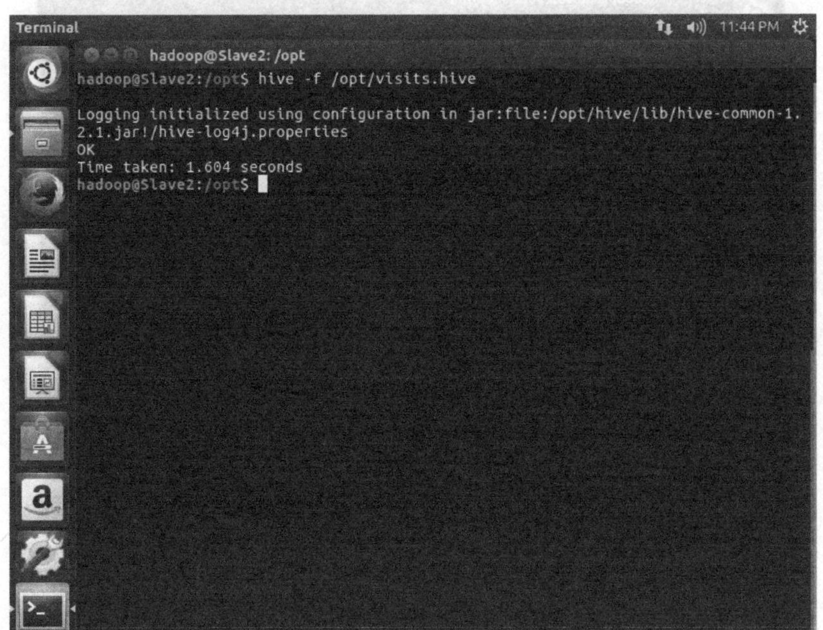

图 7-3　创建 popple_visits 表

这里可以看到刚才建立的表以及表的描述。

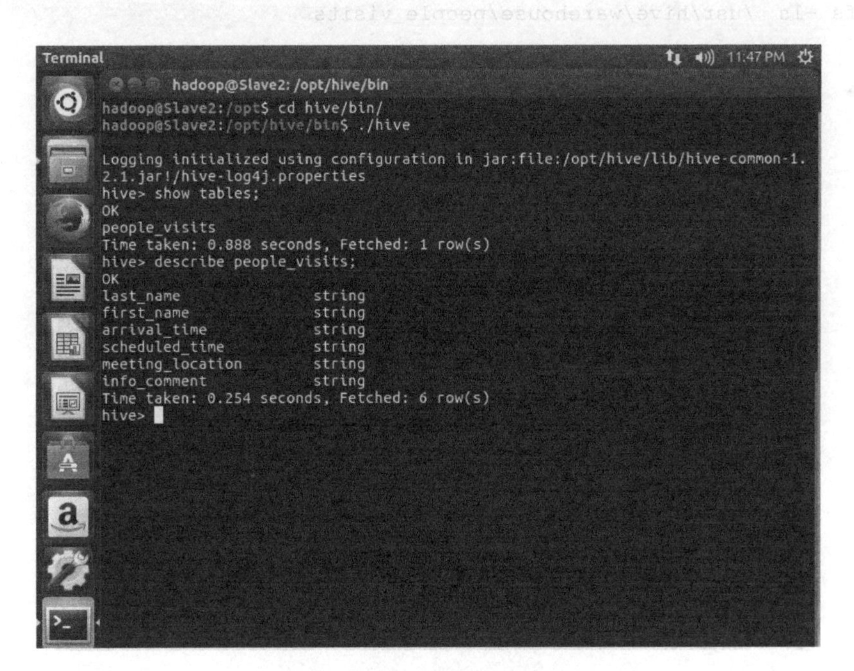

图 7-4　查看 people_visits 表

（5）插入数据。使用如下查询命令查看表中的数据（如图 7-5 所示），可以看到表中没有数据：

```
hive> select * from people_visits limit 10;
```

使用 hadoop fs 命令，拷贝 visits_data.txt 到 HDFS 的/usr/hive/warehouse/people_visits

图 7-5 查看表中数据

目录中，代码如下。结果图如图 7-6 所示。

```
hadoop fs -put /opt/visits_data.txt /usr/hive/warehouse/people_visits
hadoop fs -ls  /usr/hive/warehouse/people_visits
```

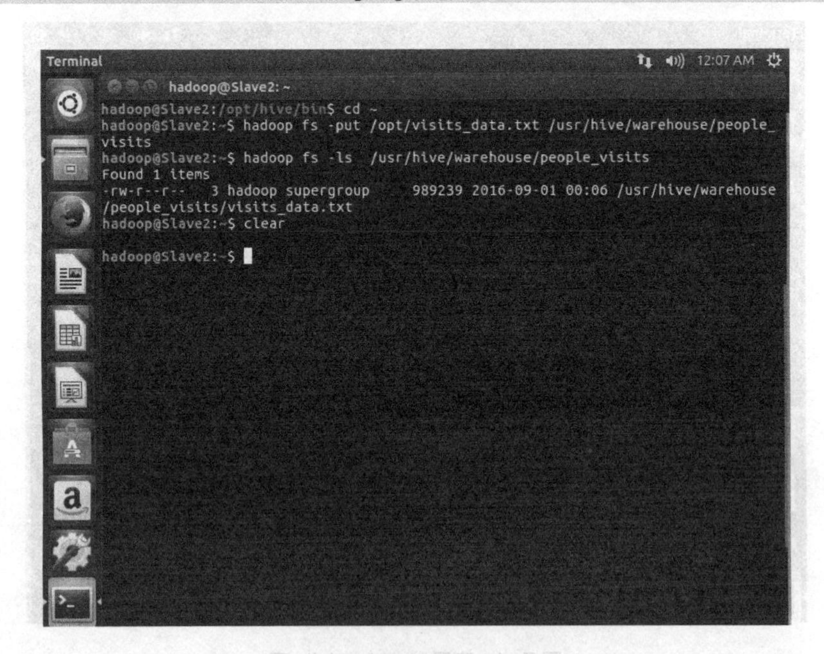

图 7-6 将数据上传 HDFS

此时，再次查看表中数据，则结果如图 7-7 所示。可以看到已经能够看到数据了。

```
select * from people_visits limit 5;
```

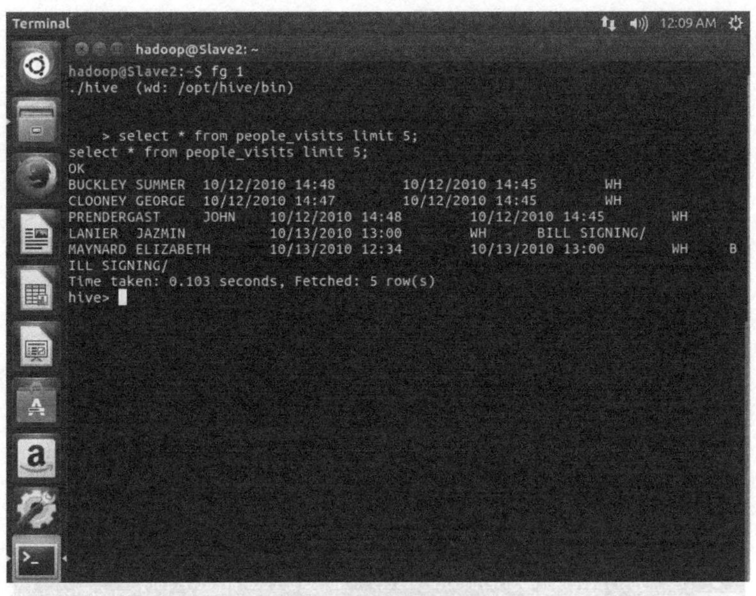

图 7-7 查看表中数据

（6）使用如下 MR 查询命令进行查询，查询结果如图 7-8 所示。

```
hive> select count(*) from people_visits;
```

```
select count(*) from people_visits;
Query ID = hadoop_20160901001257_e2d90813-528c-4d31-8c16-cfb8604d2836
Total jobs = 1
Launching Job 1 out of 1
Number of reduce tasks determined at compile time: 1
In order to change the average load for a reducer (in bytes):
  set hive.exec.reducers.bytes.per.reducer=<number>
In order to limit the maximum number of reducers:
  set hive.exec.reducers.max=<number>
In order to set a constant number of reducers:
  set mapreduce.job.reduces=<number>
Starting Job = job_1472711153094_0001, Tracking URL = http://Master:8088/proxy/a
pplication_1472711153094_0001/
Kill Command = /usr/local/hadoop/bin/hadoop job  -kill job_1472711153094_0001
Hadoop job information for Stage-1: number of mappers: 1; number of reducers: 1
2016-09-01 00:13:06,004 Stage-1 map = 0%,  reduce = 0%
2016-09-01 00:13:11,509 Stage-1 map = 100%,  reduce = 0%, Cumulative CPU 1.64 se
c
2016-09-01 00:13:17,844 Stage-1 map = 100%,  reduce = 100%, Cumulative CPU 2.82
sec
MapReduce Total cumulative CPU time: 2 seconds 820 msec
Ended Job = job_1472711153094_0001
MapReduce Jobs Launched:
Stage-Stage-1: Map: 1  Reduce: 1   Cumulative CPU: 2.82 sec   HDFS Read: 996387
HDFS Write: 6 SUCCESS
Total MapReduce CPU Time Spent: 2 seconds 820 msec
OK
17977
Time taken: 21.193 seconds, Fetched: 1 row(s)
hive>
```

图 7-8 使用 MR 查询结果

这里使用 MR 查询看到查询所有行数。

（7）删除 people_visits 表。

```
hive>drop table people_visits;
```

然后查看 HDFS 中的数据，如图 7-9 所示。这里看到删除表之后，HDFS 中的数据也被删除了。

```
hive> dfs -ls /usr/hive/warehouse/people_visits;
```

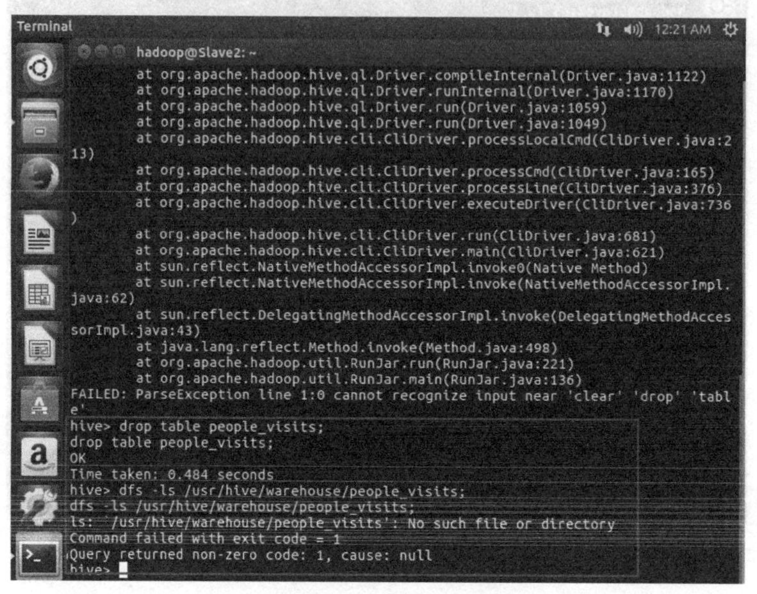

图 7-9 删除表及查看 HDFS 数据

7.3 Hive 复杂语句实战

拷贝 names.txt 到客户端机器/opt 目录下并上传至 HDFS，命令和结果图如图 7-10 所示。

```
hadoop fs -put /opt/names.txt /user/names.txt
hadoop fs -ls /user/names.txt
```

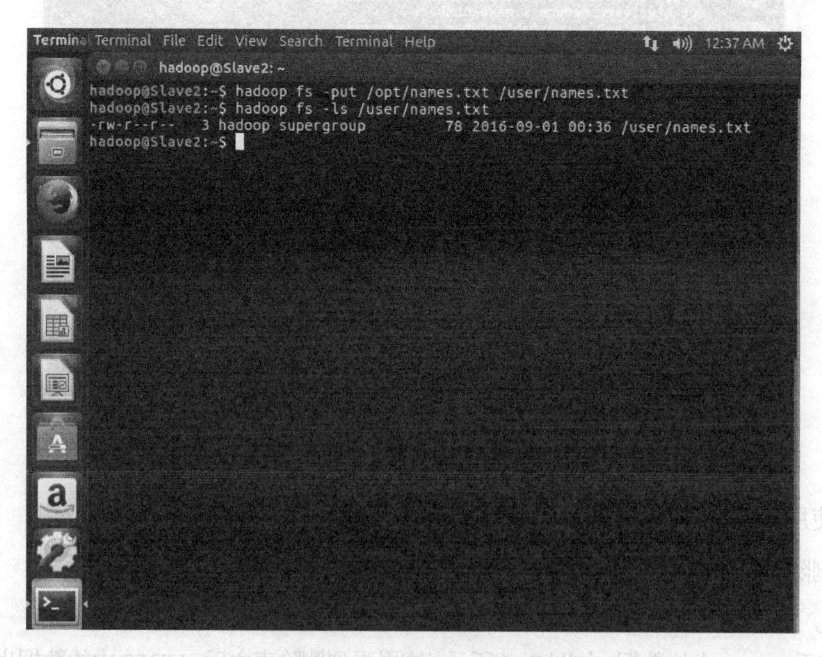

图 7-10 上传数据至 HDFS

在 HDFS 上新建/user/root/hivedemo 文件夹：

```
hadoop fs -mkdir /user/root/hivedemo
```

新建 Hive 外部表，并指定数据存储位置为/user/hivedemo，结果如图 7-11 所示。

```
create external table names (id int,name string)
ROW FORMAT DELTMITED
FIELDS TERMINATED BY '\t'
LOCATION'/user/root/hivedemo';
```

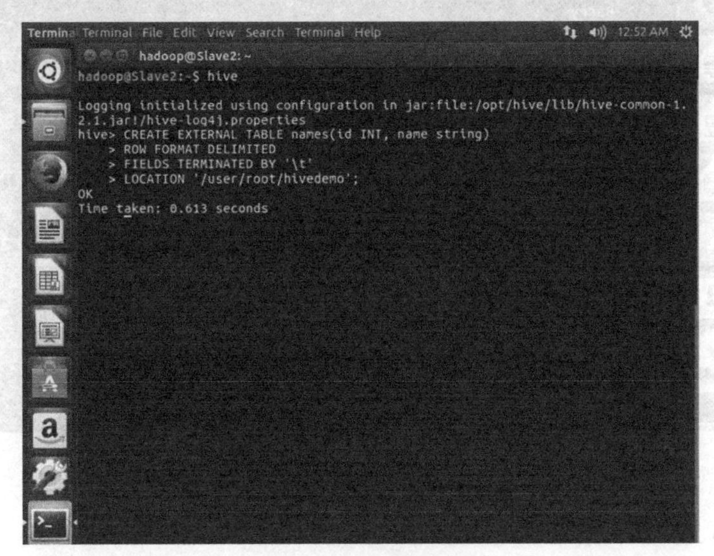

图 7-11　创建外部表

把数据导入 Hive 的外部表 names 表中，如图 7-12 所示。

```
load data inpath 'hdfs://Master:9000/user/root/names.txt' into table names;
```

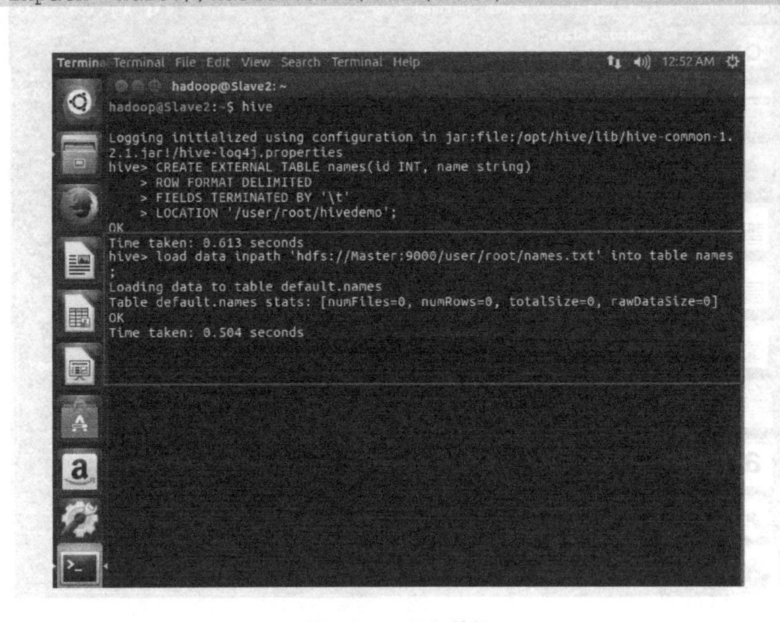

图 7-12　导入数据

查看表中的数据，如图 7-13 所示。

```
select *from names;
```

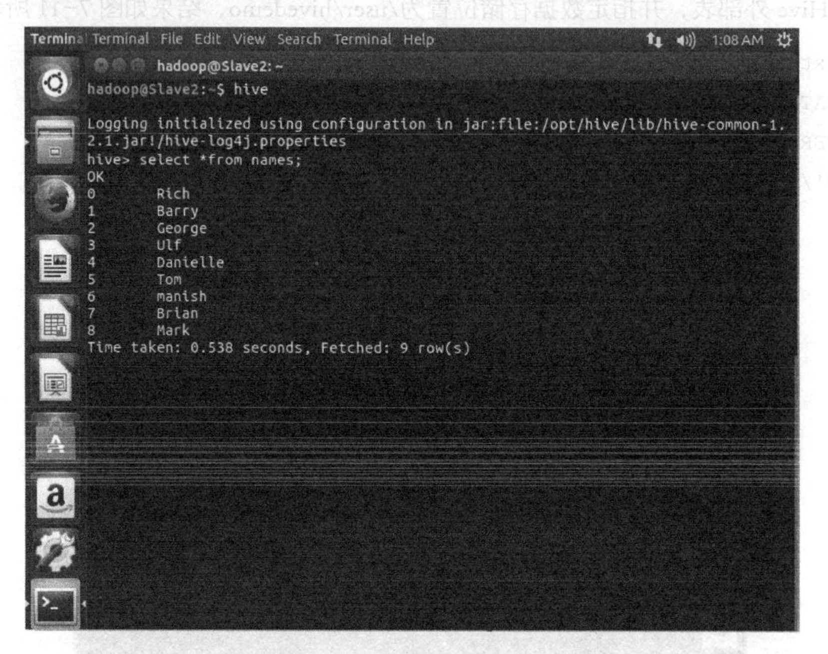

图 7-13 查看表中数据

查看 HDFS 上数据，如图 7-14 所示。

```
dfs -ls /user/root/hivedemo;

dfs -ls /user/hive/warehouse;
```

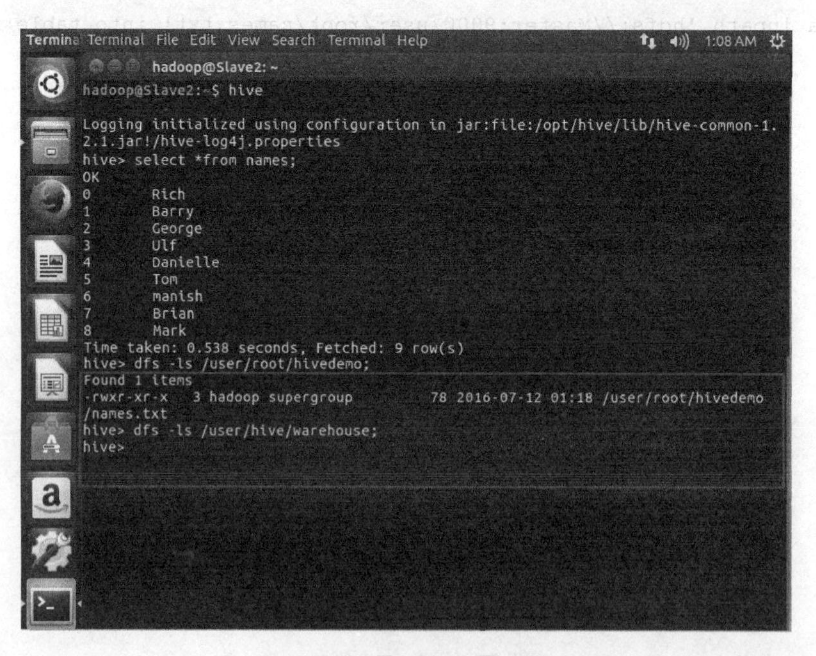

图 7-14 查看 HDFS 上数据

从图 7-14 中可以看到表中没有数据，同时数据存储在指定的/user/root/hivedemo 中，并没有存储在默认的/user/hive/warehouse 中。

接下来，进行删除表操作，结果如图 7-15 所示。

```
drop table names;

show tables;

dfs -ls /user/root/hivedemo;
```

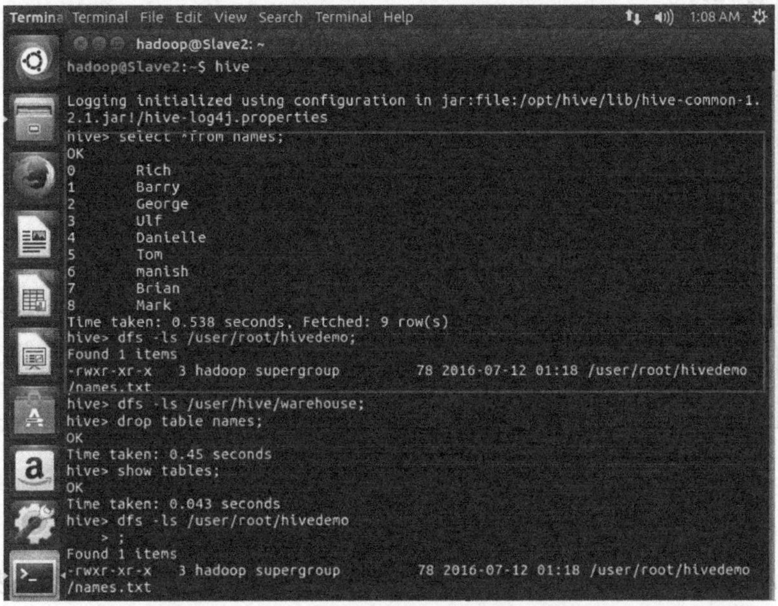

图 7-15　删除外部表及查看 HDFS 数据

从图 7-15 中可以看到虽然表已经被删除了，但是 HDFS 中的数据并没有删除。这就是 Hive 外部表的作用。

7.4　Hive 综合实例

7.4.1　准备数据

把 3 个准备好的数据文件 tbDate.txt,tbStock.txt,tbStockDetail.txt 上传到装有 Hive 的节点上，如图 7-16 所示（本实验为了方便直接放在/home/hadoop/目录下）。

tbDate 定义了日期的分类，将每天分别赋予所属的月份、星期、季度等属性，字段分别为日期、年月、年、月、日、周几、第几周、季度、旬、半月；

tbStock 定义了订单表头，字段分别为订单号、交易位置、交易日期；

tbStockDetail 文件定义了订单明细，该表和 tbStock 以交易号进行关联，字段分别为订单号、行号、货品、数量、金额。

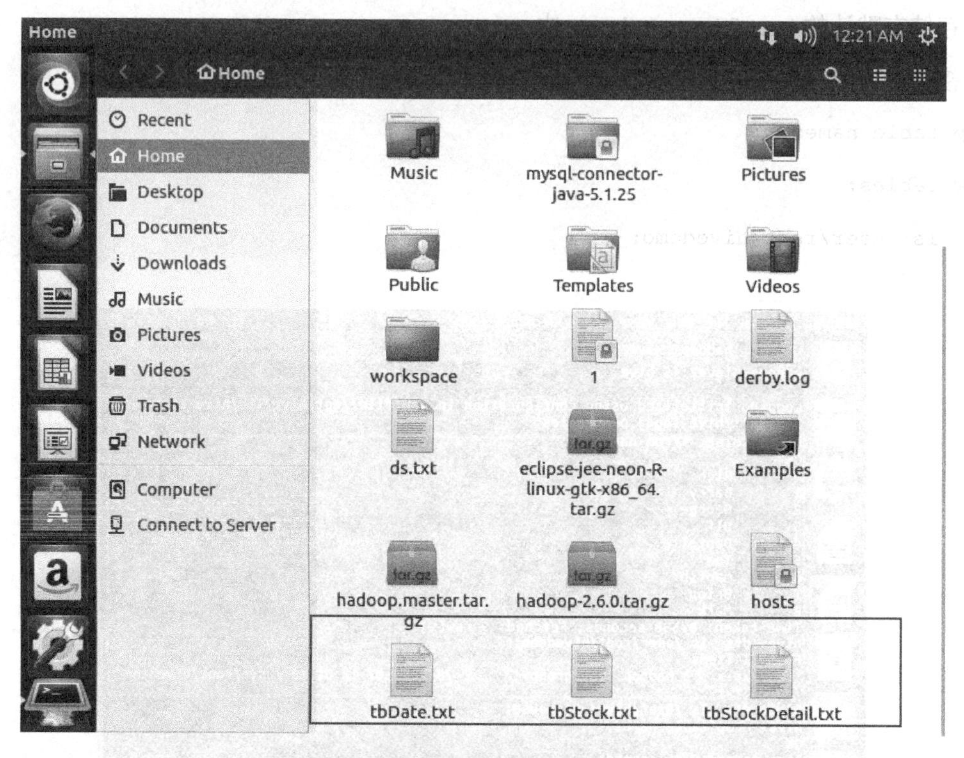

图 7-16　上传数据文件

7.4.2　在 Hive 上创建数据库和表

启动 Hadoop 集群，进入 Hive 命令行操作界面，使用如下命令创建三张数据表，如图 7-17 所示。

```
hive>use hive;
hive>CREATE TABLE tbDate(dateID string,theyearmonth string,theyear string,themonth string,thedate string,theweek string,theweeks string,thequot string,thetenday string,thehalfmonth string) ROW FORMAT DELIMITED FIELDS TERMINATED BY ',' LINES TERMINATED BY '\n' ;

hive>CREATE TABLE tbStock(ordernumber STRING,locationid string,dateID string) ROW FORMAT DELIMITED FIELDS TERMINATED BY ',' LINES TERMINATED BY '\n' ;

hive>CREATE TABLE tbStockDetail(ordernumber STRING,rownum int,itemid string,qty int,price int ,amount int) ROW FORMAT DELIMITED FIELDS TERMINATED BY ',' LINES TERMINATED BY '\n' ;
```

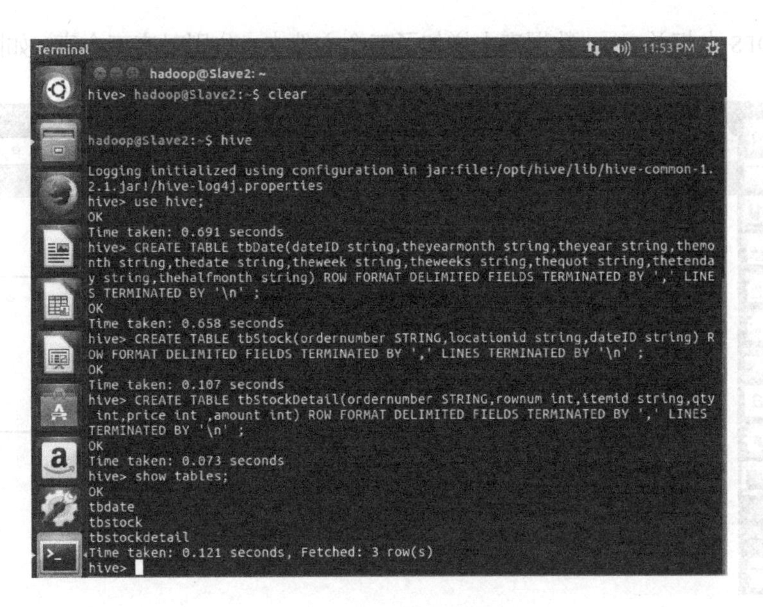

图 7-17 创建数据库和表

7.4.3 导入数据

从本地操作系统分别加载日期、交易信息和交易详细信息表数据，结果如图 7-18 所示。

```
hive>use hive;
hive>LOAD DATA LOCAL INPATH '/home/hadoop/upload/class5/saledata/tbDate.txt' INTO
TABLE tbDate;
hive>LOAD DATA LOCAL INPATH '/home/hadoop/upload/class5/saledata/tbStock.txt'
INTO TABLE tbStock;
hive> LOAD DATA LOCAL INPAT'/home/hadoop/upload/class5/saledata/tbStockDetail.
txt' INTO TABLE tbStockDetail;
```

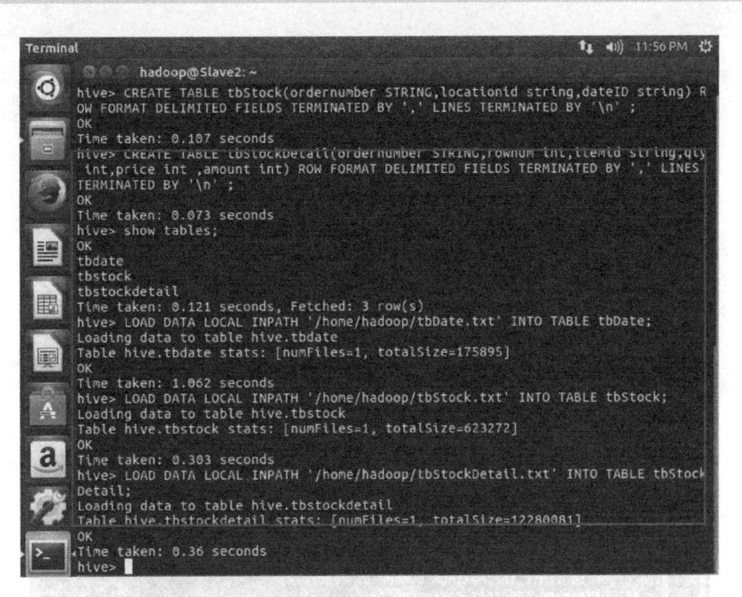

图 7-18 导入数据

查看 HDFS 中相关 Hive 数据库中增加了三个文件夹，分别对应三个表，如图 7-19 所示。

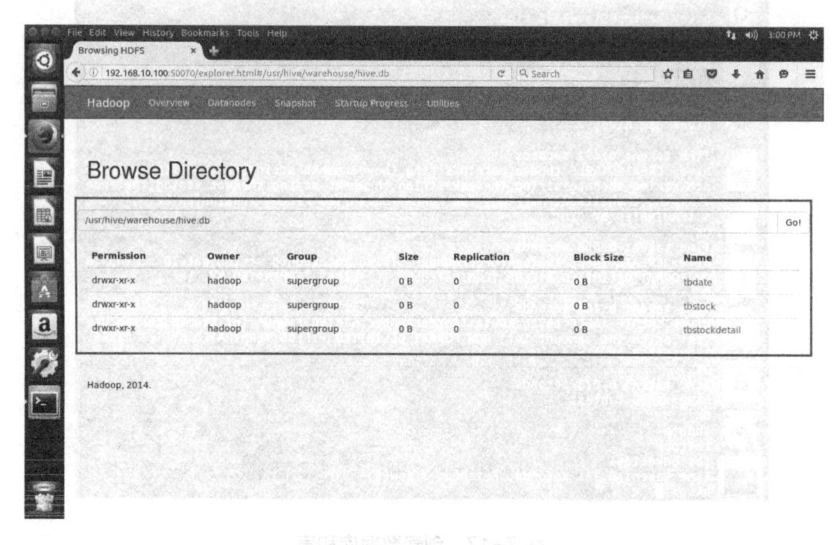

图 7-19　查看 HDFS

7.4.4　算法分析与执行 HQL 语句

如果要计算所有订单每年的总金额，则首先需要获取所有订单的订单号、订单日期和订单金额信息，然后把这些信息和日期表进行关联，获取年份信息，最后根据这四个列按年份归组统计获取所有订单每年的总金额。具体操作如下（结果如图 7-20 所示）：

```
hive>use hive;
hive>select c.theyear, sum(b.amount) from tbStock a,tbStockDetail b,tbDate c where a.ordernumber=b.ordernumber and a.dateid=c.dateid group by c.theyear order by c.theyear;
```

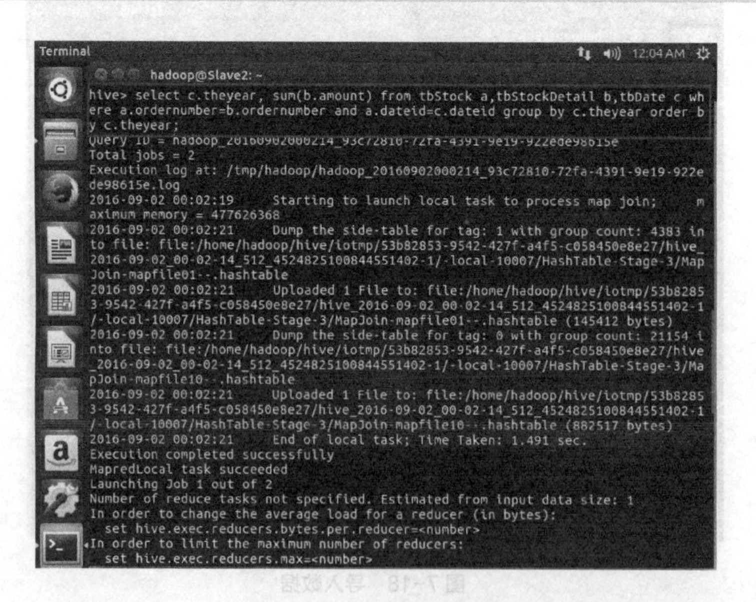

图 7-20　执行 HQL 语句

运行过程中创建两个 Job，分别为 job_1472798546813_0001 和 job_1472798546813_0002，运行过程如图 7-21 所示。

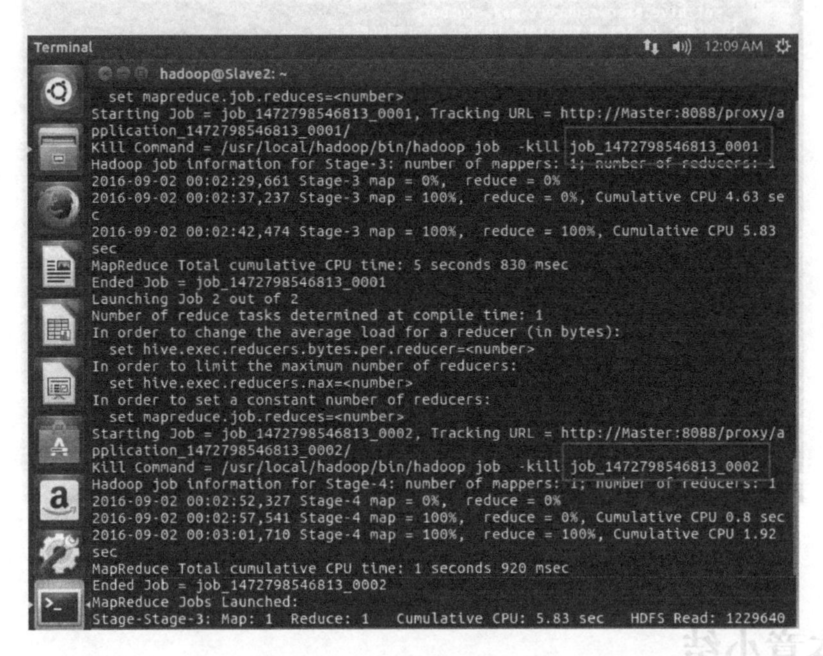

图 7-21 生成 job1 和 job2

此时，在 YARN 的资源管理器界面中可以看到任务的运行情况，如图 7-22 所示。

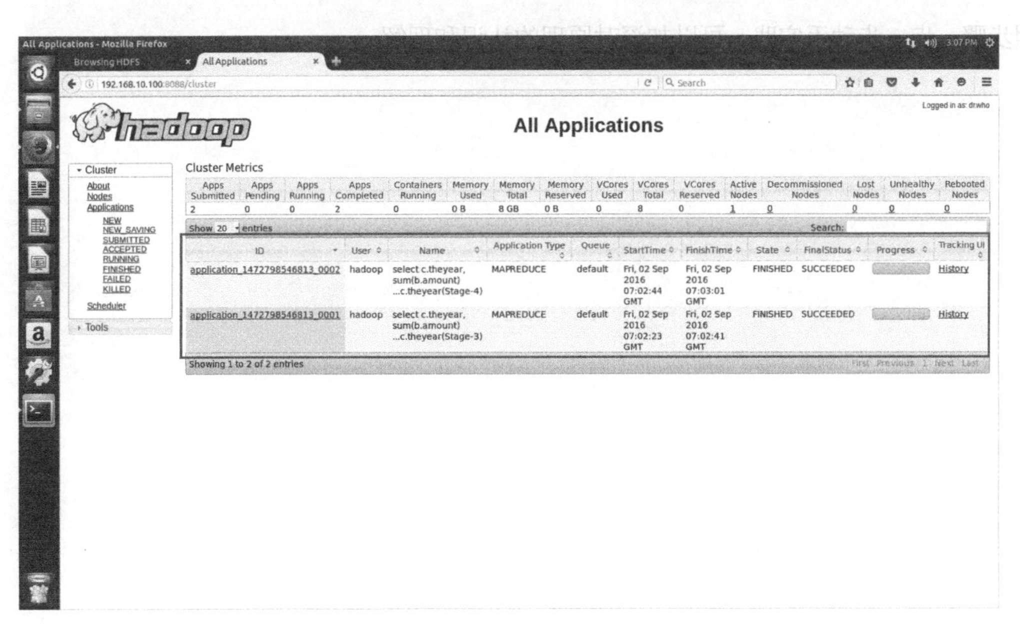

图 7-22 查看 YARN 资源管理器界面

7.4.5 运行结果分析

从结果信息中可知整个实验运行 49 秒，运行结果如图 7-23 所示。

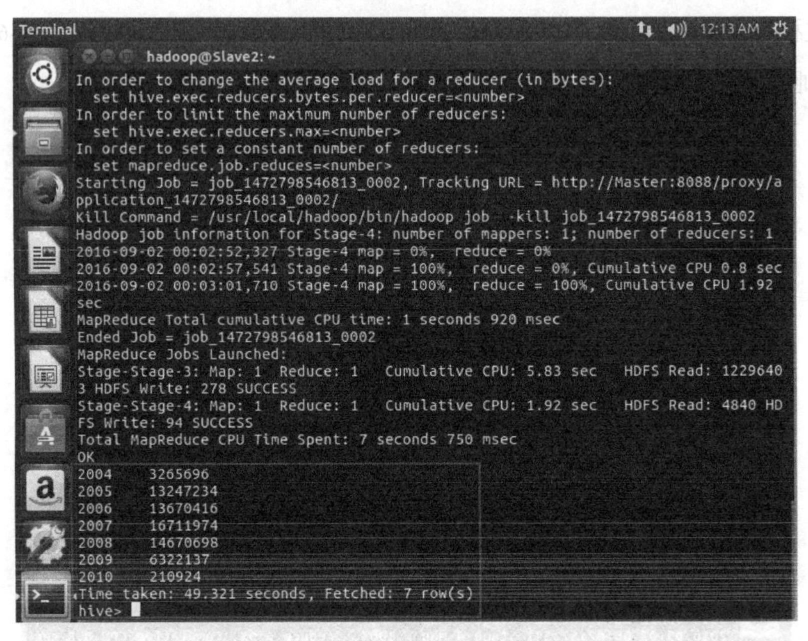

图 7-23 运行结果

7.5 本章小结

本章先介绍了大数据仓库 Hive 的基本概念，接着由浅入深地给出了详细设计的实验，按照步骤一步一步动手实践，可以加深对原理的认识和理解。

PART 8 第8章 开源集群计算环境Spark

本章主要是Spark入门，介绍其在大数据领域的地位，使用实例详细讲解Spark的API接口使用，并解释一些常见的行为和操作。

8.1 Spark简介

Spark是加州大学伯克利分校AMP 实验室所开源的类Hadoop MapReduce的通用并行框架，Spark拥有Hadoop MapReduce的优点；但不同于MapReduce的是，Spark工作中间输出结果可以保存在内存中，而不再需要读写HDFS。因此Spark能更好地适用于数据挖掘与机器学习等需要迭代的MapReduce的算法。

Spark是一种与Hadoop相似的开源集群计算环境，但是两者之间也存在一些不同之处，这些有用的不同之处使Spark在某些工作负载方面表现得更加优越。换句话说，Spark启用了内存分布数据集，除能够提供交互式查询外，它还可以优化迭代工作负载。

尽管创建Spark是为了支持分布式数据集上的迭代作业，但是实际上它是对Hadoop的补充，可以在Hadoop文件系统中并行运行。通过名为Mesos的第三方集群框架可以支持此行为。Spark由加州大学伯克利分校AMP实验室(Algorithms, Machines, and People Lab)开发，可用来构建大型、低延迟的数据分析应用程序。

8.2 Spark接口实战

8.2.1 环境要求

- Ubuntu 16.04 server64
- JDK 1.8.0
- Hadoop 2.6.0
- Spark 1.5.2
- Scala 2.11.7
- 集成开发环境：IDEA 2016-IC（需安装scala插件）

8.2.2 IDEA 使用和打包

（1）启动 IDEA→“Welcome to IntelliJ IDEA”→“Create New Project”→“Scala”→“Non-SBT”→创建一个名为 text 的 project（注意，这里选择自己安装的 JDK 和 scala 编译器）→“Finish”。

（2）增加开发包。依次选择“File”→“Project Structure”→“Libraries”→“+”→“java”→选择/opt /spark/spark-1.5.2/lib/spark-assembly-1.5.2-hadoop2.6.0.jar，如图 8-1 所示。

（3）编写代码。在 src 目录下创建一个名为 text 的 package，并增加一个 Scala class 类型为 Object，如图 8-2 所示。

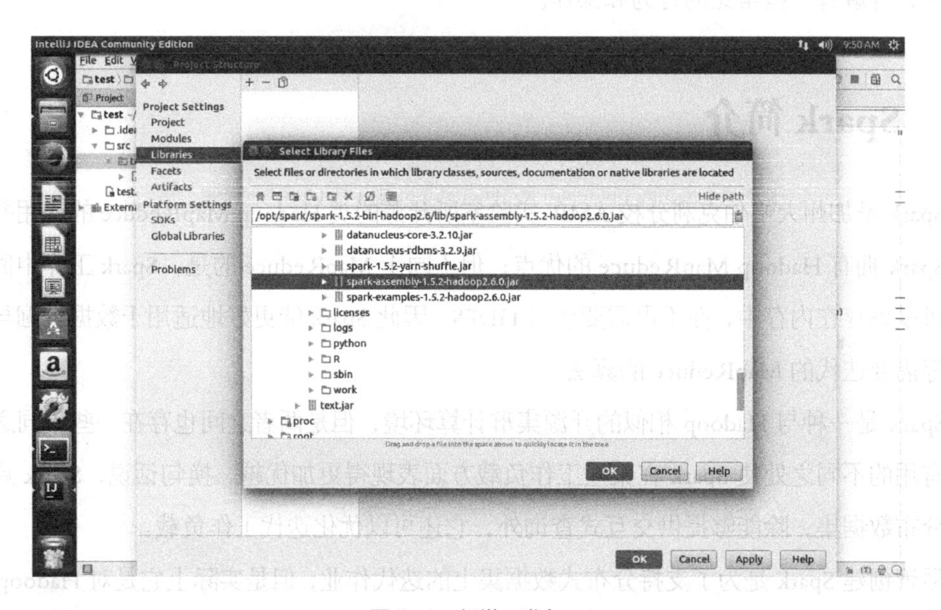

图 8-1 新增开发包

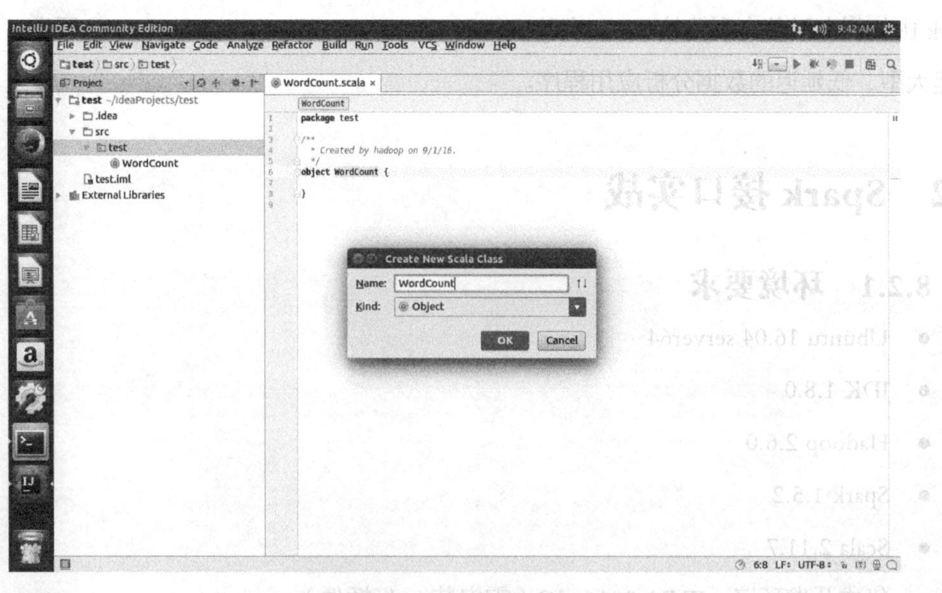

图 8-2 新建工程文件

实现单词计数的 WordCount 代码如下：

```
package text
/**
  * Created by hadoop on 9/1/16.
  */
import org.apache.spark.{SparkContext, SparkConf}
import org.apache.spark.SparkContext._

object WordCount {
  def main(args: Array[String]) {
    if (args.length == 0) {
      System.err.println("Usage: WordCount <file1>")
      System.exit(1)
    }

    val conf = new SparkConf().setAppName("WordCount")
    val sc = new SparkContext(conf)
    sc.textFile(args(0)).flatMap(_.split("")).map(x=>(x,1)).reduceByKey(_+
_).take(10).foreach(println)
    sc.stop()
  }
}
```

（4）生产程序包。生成程序包之前要先建立一个 artifacts，依次选择“File”→“Project Structure”→“Artifacts”→“+”→“Jars”→“From moudles with dependencies”，然后随便选一个 Class 作为主 Class，如图 8-3 所示。

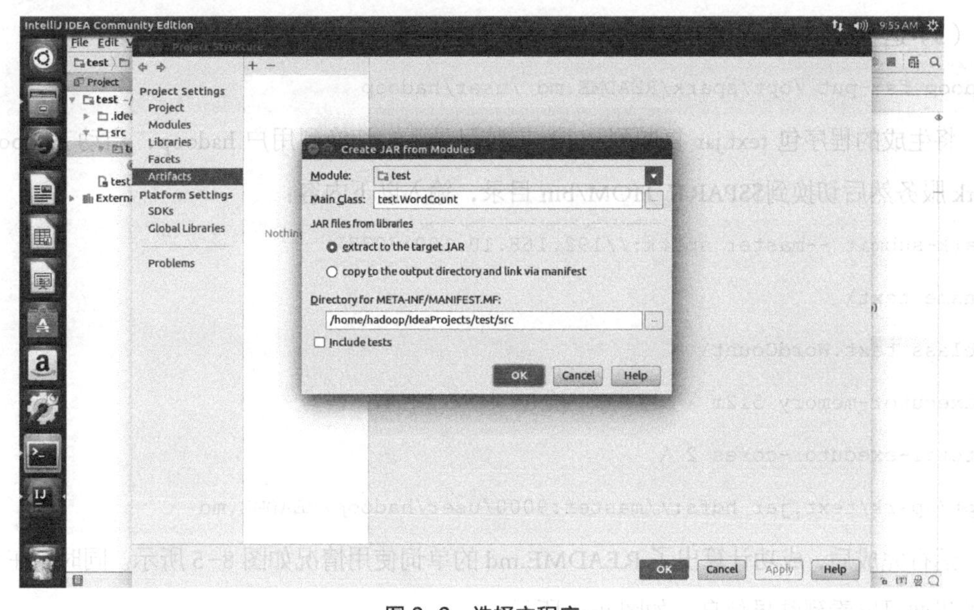

图 8-3　选择主程序

单击“OK”按钮后，对 artifacts 进行配置，修改 Name 为 text，删除 Output Layout 中 text.jar 中的几个依赖包，只剩下 text 项目本身，如图 8-4 所示。

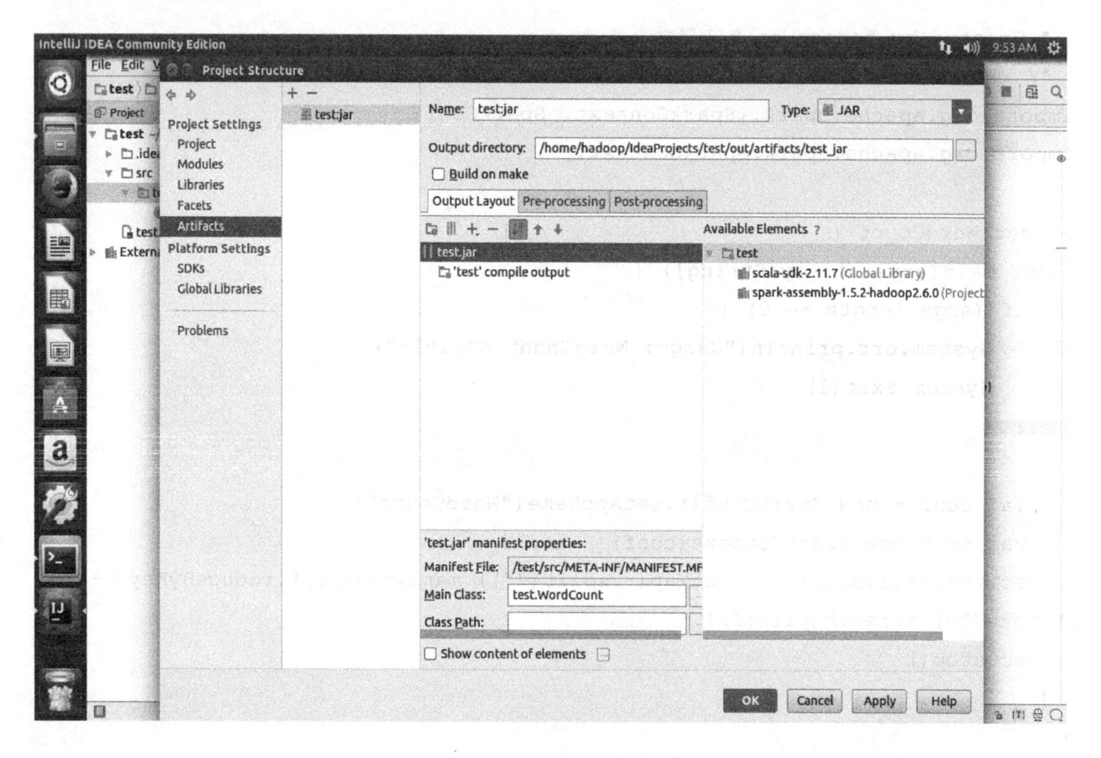

图 8-4 删除不需要的依赖包

单击“OK”按钮后，选择“Build”→“Build Artifacts”→“text”→“build”进行打包，经过编译后，程序包放置在 ideaProjects/text/out/artifacts/text 目录下，文件名为 text.jar。

（5）运行。把 spark 自带文件 README.md 上传到 hdfs，命令如下：

```
hadoop fs -put /opt/spark/README.md /user/hadoop
```

将生成的程序包 text.jar 复制到 spark 安装目录下，切换到用户 hadoop，启动 Hadoop 和 Spark 服务然后切换到$SPARK_HOM/bin 目录，输入以下内容：

```
spark-submit --master spark://192.168.10.100:7077\
--name text\
--class text.WordCount\
--executor-memory 512m \
--total-executor-cores 2 \
/opt/spark/text.jar hdfs://master:9000/user/hadoop/README.md
```

运行完成后，成功计算出了 README.md 的单词使用情况如图 8-5 所示。同时，在 Web 监控界面可以看到结果信息，如图 8-6 所示。

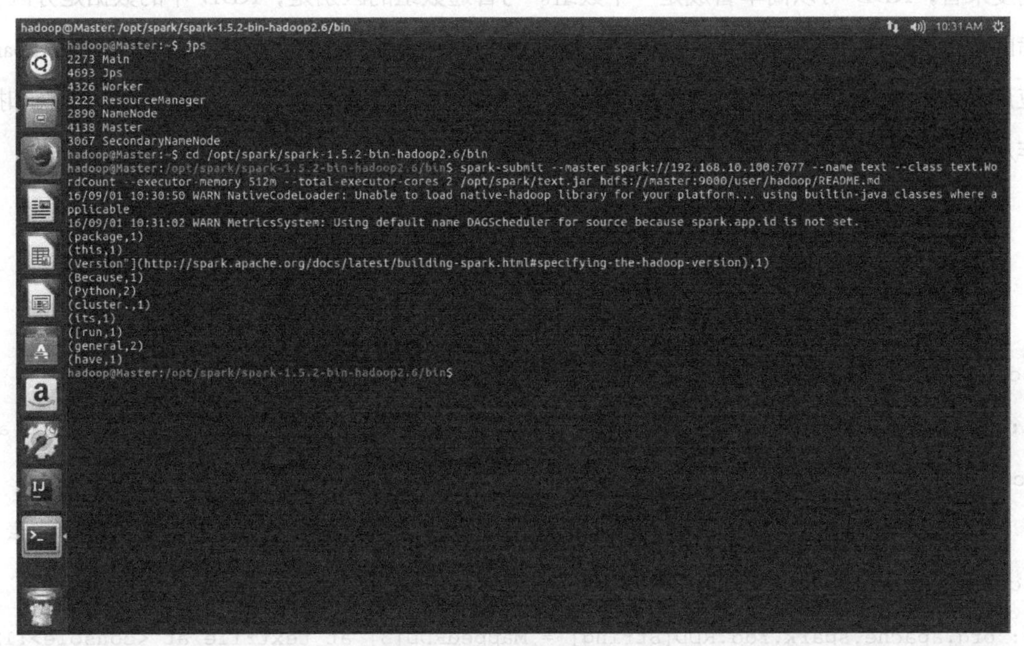

图 8-5 运行 WordCount 程序

图 8-6 Spark 监控页面

8.3 Spark 编程的 RDD

8.3.1 RDD

RDD 是 Spark 中的抽象数据结构类型，任何数据在 Spark 中都被表示为 RDD。从编程的角度来看，RDD 可以简单看成是一个数组。与普通数组的区别是，RDD 中的数据是分区存储的，这样不同分区的数据就可以分布在不同的机器上，同时可以被并行处理。因此，Spark 应用程序所做的无非是把需要处理的数据转换为 RDD，然后对 RDD 进行一系列的变换和操作从而得到结果。下面，介绍 Spark RDD 中与 Map 和 Reduce 相关的 API。

8.3.2 创建 RDD

RDD 可以从普通数组创建出来，也可以从文件系统或者 HDFS 中的文件创建出来。

例 1：从普通数组创建 RDD，里面包含 1 到 9 这 9 个数字，分别在 3 个分区中。

```
scala> val a = sc.parallelize(1 to 9, 3)
a: org.apache.spark.rdd.RDD[Int] = ParallelCollectionRDD[1] at parallelize at
<console>:12
```

例 2：读取文件 README.md 来创建 RDD，文件中的每一行即为 RDD 中的一个元素。

```
scala> val b = sc.textFile("README.md")
b: org.apache.spark.rdd.RDD[String] = MappedRDD[3] at textFile at <console>:12
```

虽然还有其他方式可以创建 RDD，但在本书中我们主要使用上述两种方式来创建 RDD 以说明 RDD 的 API。

8.3.3 RDD 中与 Map 和 Reduce 相关的 API

1. map

map 是对 RDD 中的每个元素都执行一个指定的函数来产生一个新的 RDD。任何原 RDD 中的元素在新 RDD 中都有且只有一个元素与之对应。下面是一个示例：

```
scala> val a = sc.parallelize(1 to 9, 3)
scala> val b = a.map(x => x*2)
scala> a.collect
res10: Array[Int] = Array(1, 2, 3, 4, 5, 6, 7, 8, 9)
scala> b.collect
res11: Array[Int] = Array(2, 4, 6, 8, 10, 12, 14, 16, 18)
```

上述例子把原 RDD 中的每个元素都乘以 2 来产生一个新的 RDD。

2. mapPartitions

mapPartitions 是 map 的一个变种。map 的输入函数是应用于 RDD 中每个元素，而 mapPartitions 的输入函数是应用于每个分区，也就是把每个分区中的内容作为整体来处理。它的函数定义为：

```
def mapPartitions[U: ClassTag](f: Iterator[T] => Iterator[U], preservesPartitioning:
Boolean = false): RDD[U]
```

其中，f 即为输入函数，它处理每个分区里面的内容。每个分区中的内容将以 Iterator[T] 传递给输入函数 f，f 的输出结果是 Iterator[U]。最终的 RDD 是由所有分区经过输入函数处理后的结果合并起来的。下面是一个示例：

```
scala> val a = sc.parallelize(1 to 9, 3)
scala> def myfunc[T](iter: Iterator[T]) : Iterator[(T, T)] = {
    var res = List[(T, T)]()
    var pre = iter.next while (iter.hasNext) {
        val cur = iter.next;
        res .::= (pre, cur) pre = cur;
    }
    res.iterator
}
scala> a.mapPartitions(myfunc).collect
res0: Array[(Int, Int)] = Array((2,3), (1,2), (5,6), (4,5), (8,9), (7,8))
```

上述例子中的函数 myfunc 是把分区中一个元素和它的下一个元素组成一个 Tuple。因为分区中最后一个元素没有下一个元素了，所以(3,4)和(6,7)不在结果中。

mapPartitions 还有些变种。比如，mapPartitionsWithContext，它能把处理过程中的一些状态信息传递给用户指定的输入函数；mapPartitionsWithIndex，它能把分区的 index 传递给用户指定的输入函数。

3. mapValues

mapValues 顾名思义就是输入函数应用于 RDD 中 Key Value 的 Value，原 RDD 中的 Key 保持不变，与新的 Value 一起组成新的 RDD 中的元素。因此，该函数只适用于元素为 KV 对的 RDD。下面是一个示例：

```
scala> val a = sc.parallelize(List("dog", "tiger", "lion", "cat", "panther", " eagle"), 2)
scala> val b = a.map(x => (x.length, x))
scala> b.mapValues("x" + _ + "x").collect
res5: Array[(Int, String)] = Array((3,xdogx), (5,xtigerx), (4,xlionx),(3,xcatx),
(7,xpantherx), (5,xeaglex))
```

4. mapWith

mapWith 是 map 的另外一个变种。map 只需要一个输入函数，而 mapWith 有两个输入函数。mapWith 它的定义如下：

def mapWith[A: ClassTag, U:](constructA: Int => A, preservesPartitioning: Boolean = false)(f:

(T, A) => U): RDD[U]

第一个函数 constructA 是把 RDD 的 partition index（index 从 0 开始）作为输入，输出为新类型 A。第二个函数 f 是把二元组(T, A)作为输入（其中 T 为原 RDD 中的元素，A 为第一个函数的输出），输出类型为 U，例如，把 partition index 乘以 10，然后加上 2 作为新的 RDD 的元素，示例如下：

```
val x = sc.parallelize(List(1,2,3,4,5,6,7,8,9,10), 3)
x.mapWith(a => a * 10)((a, b) => (b + 2)).collect
res4: Array[Int] = Array(2, 2, 2, 12, 12, 12, 22, 22, 22, 22)
```

5. flatMap

与 map 类似，区别是原 RDD 中的元素经 map 处理后只能生成一个元素，而原 RDD 中的元素经 flatmap 处理后可生成多个元素来构建新 RDD。对原 RDD 中的每个元素 x 产生 y 个元素（从 1 到 y，y 为元素 x 的值）的示例如下：

```
scala> val a = sc.parallelize(1 to 4, 2)
scala> val b = a.flatMap(x => 1 to x)
scala> b.collect
res12: Array[Int] = Array(1, 1, 2, 1, 2, 3, 1, 2, 3, 4)
```

6. flatMapWith

flatMapWith 与 mapWith 很类似，都是接收两个函数，一个函数把 partitionIndex 作为输入，输出是一个新类型 A；另外一个函数是以二元组（T,A）作为输入，输出为一个序列，这些序列里面的元素组成了新的 RDD。flatMapWith 的定义如下：

def flatMapWith[A: ClassTag, U: ClassTag](constructA: Int => A, preservesPartitioning: Boolean = false)(f: (T, A) => Seq[U]): RDD[U]

示例如下：

```
scala> val a = sc.parallelize(List(1,2,3,4,5,6,7,8,9), 3)
scala> a.flatMapWith(x => x, true)((x, y) => List(y, x)).collect
res58: Array[Int] = Array(0, 1, 0, 2, 0, 3, 1, 4, 1, 5, 1, 6, 2, 7, 2,8, 2, 9)
```

7. flatMapValues

flatMapValues 类似于 mapValues，不同的是 flatMapValues 应用于元素为 KV 对的 RDD 中 Value。每个元素的 Value 被输入函数映射为一系列的值，然后这些值再与原 RDD 中的 Key 组成一系列新的 KV 对。示例如下：

```
scala> val a = sc.parallelize(List((1,2),(3,4),(3,6)))
scala> val b = a.flatMapValues(x=>x.to(5))
scala> b.collect
res3: Array[(Int, Int)] = Array((1,2), (1,3), (1,4), (1,5), (3,4), (3,5))
```

上述例子中原 RDD 中每个元素的值被转换为一个序列（从其当前值到 5），比如第一个 KV 对(1，2)，其值 2 被转换为 2，3，4，5。然后其再与原 KV 对中 Key 组成一系列新的 KV 对(1，2)，(1，3)，(1，4)，(1，5)。

8．reduce

reduce 将 RDD 中元素两两传递给输入函数，同时产生一个新的值，新产生的值与 RDD 中下一个元素再被传递给输入函数，直到最后只有一个值为止。对 RDD 中的元素求和的示例如下：

```
scala> val c = sc.parallelize(1 to 10)
scala> c.reduce((x, y) => x + y)
res4: Int = 55
```

9．reduceByKey

顾名思义，reduceByKey 就是对元素为 KV 对的 RDD 中 Key 相同的元素的 Value 进行 reduce，因此，Key 相同的多个元素的值被 reduce 为一个值，然后与原 RDD 中的 Key 组成一个新的 KV 对。示例如下：

```
scala> val a = sc.parallelize(List((1,2),(3,4),(3,6)))
scala> a.reduceByKey((x,y) => x + y).collect
res7: Array[(Int, Int)] = Array((1,2), (3,10))
```

上述例子中，对 Key 相同的元素的值求和，因此 Key 为 3 的两个元素被转为了(3，10)。

8.4　Spark 实战案例——统计 1000 万人口的平均年龄

8.4.1　案例描述

该案例中，我们假设需要统计 1000 万人口的平均年龄。当然，如果要测试 Spark 对于大数据的处理能力，也可以把人口数放得更大，比如 1 亿人口，这取决于测试所用集群的存储容量。假设这些年龄信息都存储在一个文件里，并且该文件的格式如图 8-7 所示。图中，第一列是 ID，第二列是年龄。

现在我们需要用 Scala 编写一个生成 1000 万人口年龄数据的文件，源程序如下：

```
import java.io.FileWriter
import java.io.File
import scala.util.Random

object SampleAge{
```

```
def main(args:Array[String]) {
        val  writer  =  new  FileWriter(new  File("/home/hadoop/sample_age_data.
txt"),false)
        val rand = new Random()
        for ( i <- 1 to 10000000) {
             writer.write( i + " " + rand.nextInt(100))
             writer.write(System.getProperty("line.separator"))
        }
        writer.flush()
        writer.close()
    }
 }
```

图 8-7　测试数据格式预览

直接创建 scala 脚本使用上述代码运行即可获得随机生成的 1000 万人口年龄数据文件：

```
vim SampleAge.scala
scala SampleAge.scala
```

运行成功后获得文件 sample_age_data.txt。

8.4.2 案例分析

要计算平均年龄，首先需要对源文件对应的 RDD 进行处理，也就是将它转化成一个只包含年龄信息的 RDD，其次需要计算元素个数即总人数，然后是把所有年龄数加起来，最后平均年龄=总年龄/人数。

第一步我们需要使用 map 算子把源文件对应的 RDD 映射成一个新的只包含年龄数据的 RDD，很显然需要对在 map 算子的传入函数中使用 split 方法，得到数组后只取第二个元素即为年龄信息；第二步计算数据元素总数需要对第一步映射的结果 RDD 使用 count 算子；第三步则是使用 reduce 算子对只包含年龄信息的 RDD 的所有元素用加法求和；最后使用除法计算平均年龄。由于本例输出结果很简单，所以只打印在控制台即可。

8.4.3 编程实现

```
import org.apache.spark.SparkConf
import org.apache.spark.SparkContext
object AvgAgeCalculator {
 def main(args:Array[String]) {
 if (args.length < 1){
 println("Usage:AvgAgeCalculator datafile")
 System.exit(1)
 }
 val conf = new SparkConf().setAppName("Spark Exercise:Average Age Calculator")
 val sc = new SparkContext(conf)
 val dataFile = sc.textFile(args(0), 5);
 val count = dataFile.count()
 val ageData = dataFile.map(line => line.split(" ")(1))
 val totalAge = ageData.map(age => Integer.parseInt(
                         String.valueOf(age))).collect().reduce ((a,b) => a+b)
 println("Total Age:" + totalAge + ";Number of People:" + count )
 val avgAge : Double = totalAge.toDouble / count.toDouble
 println("Average Age is " + avgAge)
 }
}
```

8.4.4 提交到集群运行

要执行本实例的程序，需要将生成的年龄信息文件上传到 HDFS 上。假设您刚才已经在目标机器上执行生成年龄信息文件的 Scala 类，并且文件被生成到了/home/hadoop 目录下，那么您需要运行 HDFS 命令把文件拷贝到 HDFS 的/user/hadoop 目录。本地文件上传 HDFS 命令为：

```
hadoop fs -put sample_age_data.txt /user/hadoop
```

AvgAgeCalculator 类的执行命令如下：

```
spark-submit \
--master spark://192.168.10.100:7077 \
--name text \
--class spark.AvgAgeCalculator \
--executor-memory 512m \
--total-executor-cores 2 spark.jar hdfs://master:9000/user/hadoop/sample_age_
data.txt
```

8.4.5 监控执行状态

程序正确运行，则可以在控制台看到如图 8-8 所示信息。

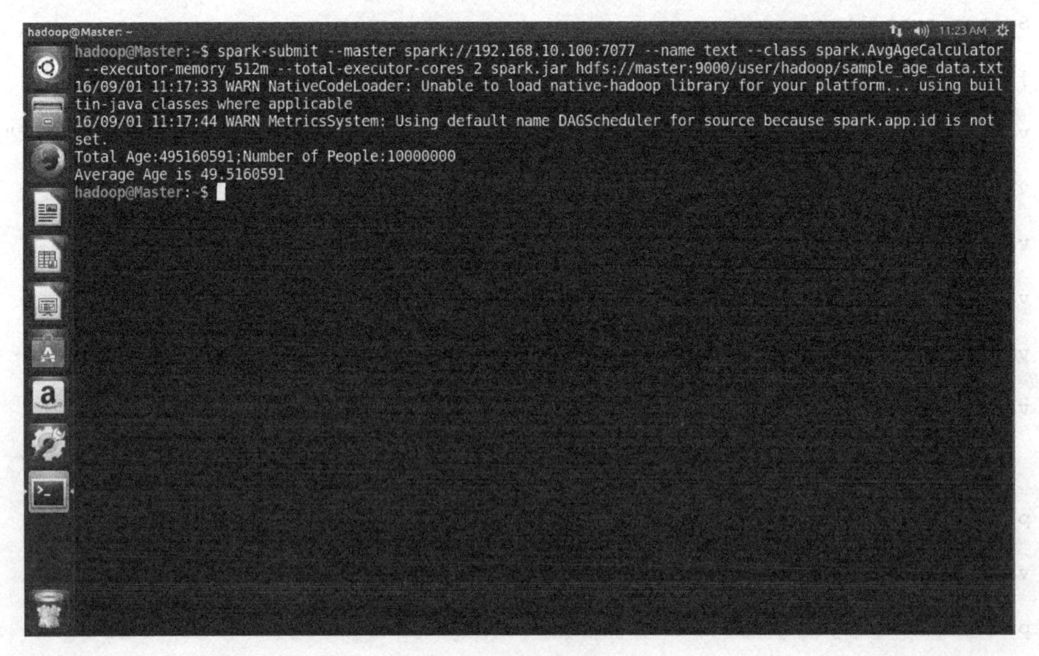

图 8-8 控制台信息

也可以到 Spark Web Console 去查看 Job 的执行状态，如图 8-9 所示。

图 8-9 Spark Web Console 上 Job 的执行状态

8.5 Spark MLlib 实战——聚类实战

8.5.1 算法说明

聚类（Cluster analysis）有时也被翻译为簇类，其核心任务是：将一组目标 object 划分为若干个簇，每个簇之间的 object 尽可能相似，簇与簇之间的 object 尽可能相异。聚类算法是机器学习（或者说是数据挖掘更合适）中重要的一部分，除了最为简单的 K-Means 聚类算法外，比较常见的还有层次法（CURE、CHAMELEON 等）、网格算法（STING、WaveCluster 等）等。K-means 聚类属于无监督学习，以往的回归、朴素贝叶斯、SVM 等都是有类别标签 y 的，也就是说样例中已经给出了样例的分类。而聚类的样本中没有给定 y，只有特征 x，比如假设宇宙中的星星可以表示成三维空间中的点集 clip_image002。聚类的目的是找到每个样本 x 潜在的类别 y，并将同类别 y 的样本 x 放在一起。比如宇宙中的星星，聚类后结果是一个个星团，星团里面的星星相互距离比较近，星团间的星星相互距离则比较远。

8.5.2 实例介绍

在该实例中将介绍 K-Means 算法。K-Means 属于基于平方误差的迭代重分配聚类算法，其核心思想十分简单：

（1）随机选择 K 个中心点；

（2）计算所有点到这 K 个中心点的距离，选择距离最近的中心点为其所在的簇；

（3）简单地采用算术平均数（mean）来重新计算 K 个簇的中心；

（4）重复步骤 2 和 3，直至簇类不再发生变化或者达到最大迭代值；

（5）输出结果。

K-Means 算法的结果好坏取决于对初始聚类中心的选择，容易陷入局部最优解，对 K 值的选择没有准则可依循，对异常数据较为敏感，只能处理数值属性的数据，聚类结构可能不平衡。本实例中进行如下步骤：

（1）装载数据，数据以文本文件方式进行存放。

（2）将数据集聚类，设置 2 个类和 20 次迭代，进行模型训练形成数据模型。

（3）打印数据模型的中心点。

（4）使用误差平方的和来评估数据模型。

（5）使用模型测试单点数据。

（6）交叉评估 1，返回结果；交叉评估 2，返回数据集和结果。

8.5.3 测试数据说明

该实例使用的数据为 kmeans_data.txt。在该文件中提供了 6 个点的空间位置坐标，使用 K-means 聚类对这些点进行分类。使用的 kmeans_data.txt 的数据如图 8-10 所示。

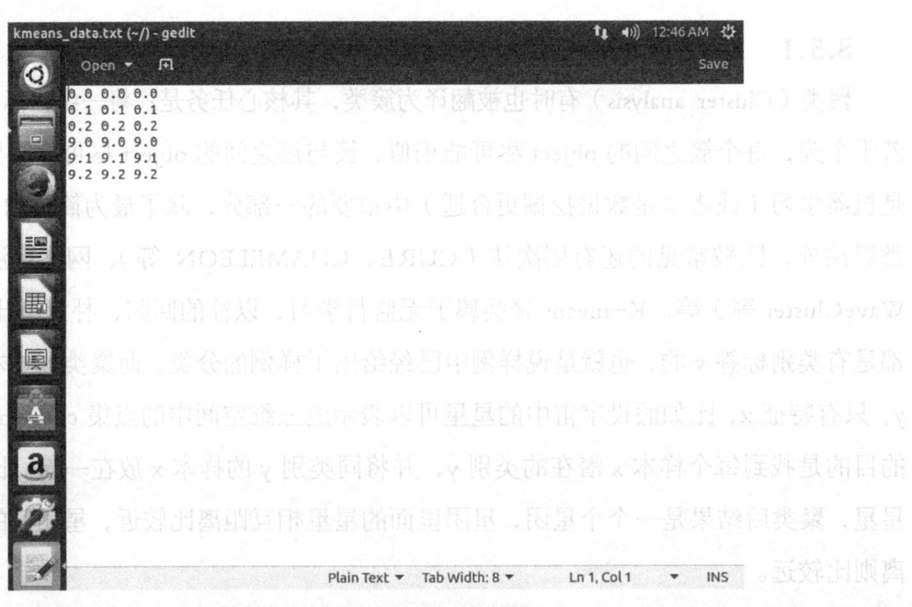

图 8-10 kmeans_data.txt 数据

8.5.4 程序源码

```
package ML
/**
  * Created by hadoop on 9/1/16.
  */
```

```
import org.apache.log4j.{Level, Logger}
import org.apache.spark.{SparkConf, SparkContext}
import org.apache.spark.mllib.clustering.KMeans
import org.apache.spark.mllib.linalg.Vectors

object Kmeans {
  def main(args: Array[String]) {
    // 屏蔽不必要的日志显示在终端上
    Logger.getLogger("org.apache.spark").setLevel(Level.WARN)
    Logger.getLogger("org.eclipse.jetty.server").setLevel(Level.OFF)

    // 设置运行环境
    val conf = new SparkConf().setAppName("Kmeans").setMaster("local[4]")
    val sc = new SparkContext(conf)

    // 装载数据集
    val data = sc.textFile("/user/hadoop/kmeans_data.txt", 1)
    val parsedData = data.map(s => Vectors.dense(s.split(' ').map(_.toDouble)))

    // 将数据集聚类，2个类，20次迭代，进行模型训练形成数据模型
    val numClusters = 2
    val numIterations = 20
    val model = KMeans.train(parsedData, numClusters, numIterations)

    // 打印数据模型的中心点
    println("Cluster centers:")
    for (c <- model.clusterCenters) {
      println("  " + c.toString)
    }

    // 使用误差平的和来评估数据模型
    val cost = model.computeCost(parsedData)
```

```
    println("Within Set Sum of Squared Errors = " + cost)

    // 使用模型测试单点数据
println("Vectors 0.20.20.2is belongs to clusters:" + model.predict(Vectors.de
nse("0.20.20.2".split(' ').map(_.toDouble))))
println("Vectors 0.25 0.25 0.25 is belongs to clusters:" + model.predict(Vectors.
dense("0.25 0.25 0.25".split(' ').map(_.toDouble))))
println("Vectors 8 8 8 is belongs to clusters:" + model.predict(Vectors.dense("8
8 8".split(' ').map(_.toDouble))))

    // 交叉评估 1，只返回结果
    val testdata = data.map(s => Vectors.dense(s.split(' ').map(_.toDouble)))
    val result1 = model.predict(testdata)
   result1.saveAsTextFile("/user/hadoop/result_kmeans1")

    // 交叉评估 2，返回数据集和结果
    val result2 = data.map {
      line =>
        val linevectore = Vectors.dense(line.split(' ').map(_.toDouble))
        val prediction = model.predict(linevectore)
        line + " " + prediction
     }.saveAsTextFile("/user/hadoop/result_kmeans2")

     sc.stop()
  }
}
```

8.5.5 运行脚本

第一步：使用前面学习过的方法通过 IDEA 把程序打包成 spark_ML.jar。

第二步：启动 Hadoop 和 Spark 集群。

第三步：执行并观察输出，如图 8-11 所示。在运行日志窗口中可以看到，通过计算出模型并找出（0.1，0.1，0.1）和（9.1，9.1，9.1）两个簇中心点，使用模型对测试点进行分类求出分属于哪个簇。

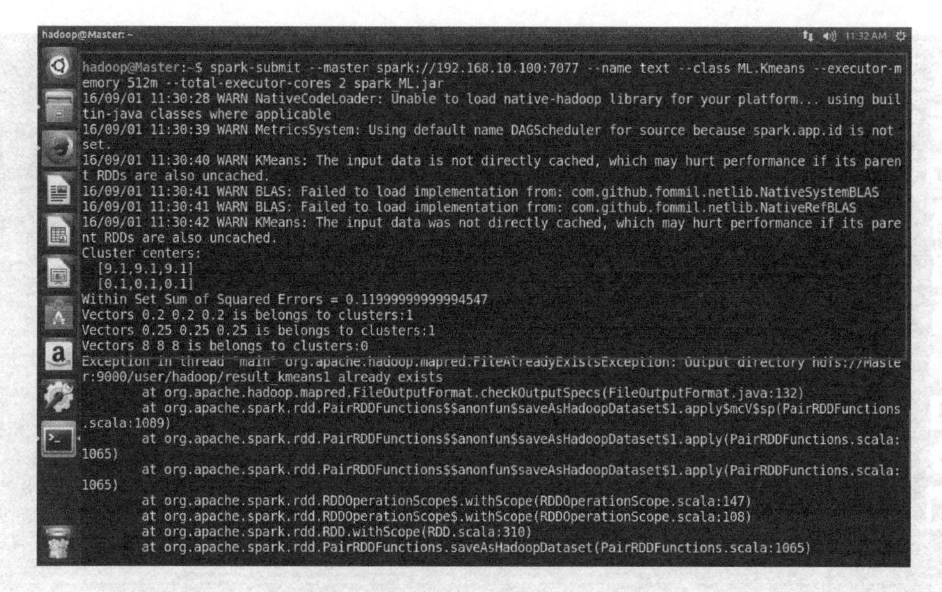

图 8-11 运行 spark_ML.jar 包结果

第四步：查看输出结果文件。

查看输出结果文件的命令为：

```
hadoop fs -ls /user/hadoop
```

在 user/hadoop 目录中有两个输出目录，如图 8-12 所示。

查看结果 1，在该目录中只输出结果，分别列出了 6 个点所属的不同族簇，如图 8-13 所示。

```
hadoop fs -cat /user/hadoop/result_kmeans1/part-00000
```

查看结果 2，在该目录中输出了数据集和结果，如图 8-14 所示。

```
hadoop fs -cat /user/hadoop/result_kmeans2/part-00000
```

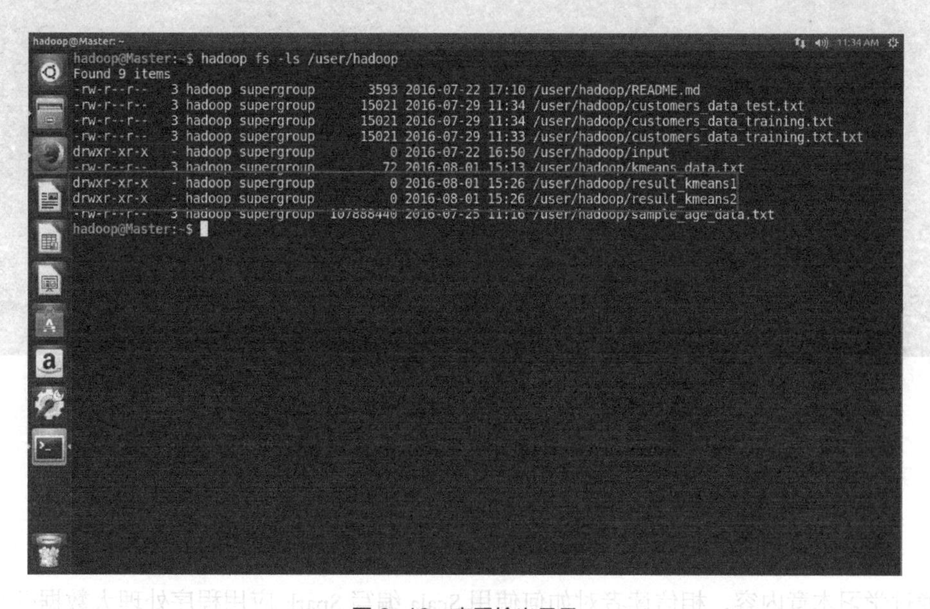

图 8-12 查看输出目录

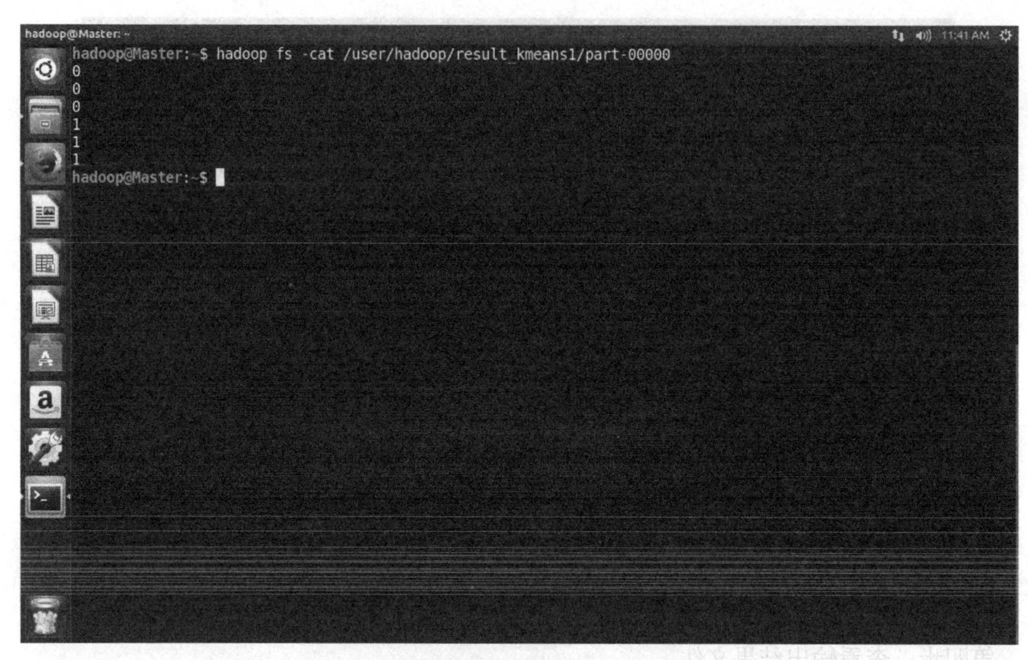

图 8-13　查看输出结果 result_kmeans1

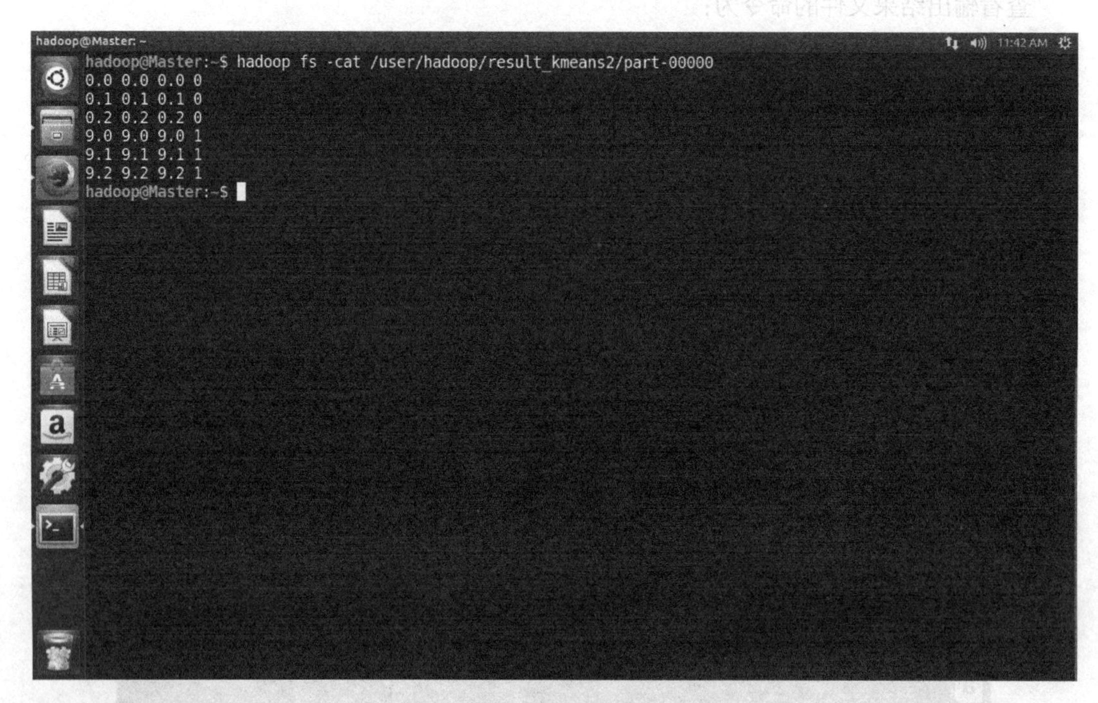

图 8-14　查看输出结果 result_kmeans2

8.6　本章小结

通过学习本章内容，相信读者对如何使用 Scala 编写 Spark 应用程序处理大数据已经有了一定的了解。当然，在处理实际问题时，情况可能比本书示例要复杂很多，但是解决问题的基本思想是一致的。在碰到实际问题的时候，首先要对源数据结构格式等进行分析，然后确定如何使用 Spark 提供的算子对数据进行转化，最终根据实际需求选择合适的算子操作数据并计算结果。

PART 9 第9章 流实时处理系统 Storm

Storm 与 Hadoop 同为分布式系统，但相对于 Hadoop 来说，Storm 可以实时处理数据。本章先对 Storm 进行简单介绍，然后介绍 Storm 的安装及实例。

9.1 Storm 概述

9.1.1 Storm 简介

Storm 是一个分布式实时计算系统，与 Hadoop 等批处理系统不同，Storm 专注于流数据的处理，主要应用于实时分析、持续计算、在线机器学习、分布式远程调用以及数据抽取、转换和加载等领域。

Storm 的术语包括 Stream、Spout、Bolt、Task、Worker、Stream Grouping 和 Topology。Stream 是被处理的数据。Spout 是数据源。Bolt 处理数据。Task 是运行于 Spout 或 Bolt 中的 线程。Worker 是运行这些线程的进程。Stream Grouping 规定了 Bolt 接收什么东西作为输入数据。数据可以随机分配（术语为 Shuffle），或者根据字段值分配（术语为 Fields），或者 广播（术语为 All），或者总是发给一个 Task（术语为 Global），也可以不关心该数据（术语为 None），或者由自定义逻辑来决定（术语为 Direct）。Topology 是由 Stream Grouping 连接起来的 Spout 和 Bolt 节点网络。

在 Storm 框架中，计算任务的逻辑被封装到 Topology 对象里面。Topology 是由不同的 Spout 和 Bolt 通过数据流(Stream)连接起来的图。Spout 是 Topology 的消息生产者，通常会从外部数据源(消息队列、数据文件、网络传输等)读取数据，然后以 Tuple 的形式发送到 Stream 中。Bolt 中封装的是处理逻辑，接收到 Tuple 后可以执行过滤、聚合、计算、函数操作等。Spout 和 Bolt 各组件之间是订阅关系，可以灵活实现数据的定向与分流。

可以与 Storm 相提并论的系统有 Esper、Streambase、HStreaming 和 Yahoo S4。其中与 Storm 最接近的是 S4。两者最大的区别在于 Storm 会保证消息得到处理。Storm 如果需要持久化，可以使用一个类似于 Cassandra 或 Riak 的外部数据库。Storm 是分布式数据处理的框架，本身几乎不提供复杂事件计算，而 Esper、Streambase 则属于 CEP 系统。

9.1.2 Storm 主要特点

简单的编程模型。类似于 MapReduce 降低了并行批处理复杂性，Storm 降低了进行实时处理的复杂性。

可以使用各种编程语言。用户可以在 Storm 上使用各种编程语言。默认支持 Clojure、Java、Ruby 和 Python。要增加对其他语言的支持，只需实现一个简单的 Storm 通信协议即可。

容错性。Storm 会管理工作进程和节点的故障。

水平扩展。计算是在多个线程、进程和服务器之间并行进行的。

可靠的消息处理。Storm 保证每个消息至少能得到一次完整处理。任务失败时，它会负责从消息源重试消息。

快速。系统的设计保证了消息能得到快速的处理，使用 ØMQ 作为其底层消息队列。

本地模式。Storm 有一个“本地模式”，可以在处理过程中完全模拟 Storm 集群。这让用户可以快速进行开发和单元测试。

Storm 集群由一个主节点和多个工作节点组成。主节点运行了一个名为“Nimbus”的守护进程，用于分配代码、布置任务及检测故障。每个工作节点都运行了一个名为“Supervisor”的守护进程，用于监听工作，开始并终止工作进程。Nimbus 和 Supervisor 都能快速失败，而且是无状态的，这样一来它们就变得十分健壮，两者的协调工作是由 Apache ZooKeeper 来完成的。

9.2 Storm 安装与配置

因为在前面章节中已经配置过 Hadoop，所以可以直接用 Hadoop hosts 的配置。hosts 的配置信息如图 9-1 所示。

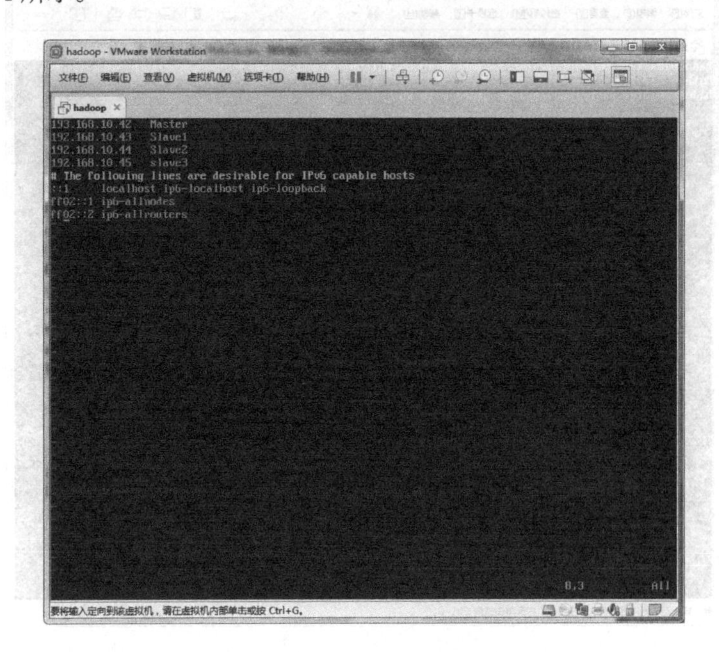

图 9-1　hosts 的配置

Java 的配置之前已在安装 Hadoop 的时候安装完毕。我们也检查验证 Java 是否安装正确，如图 9-2 所示。

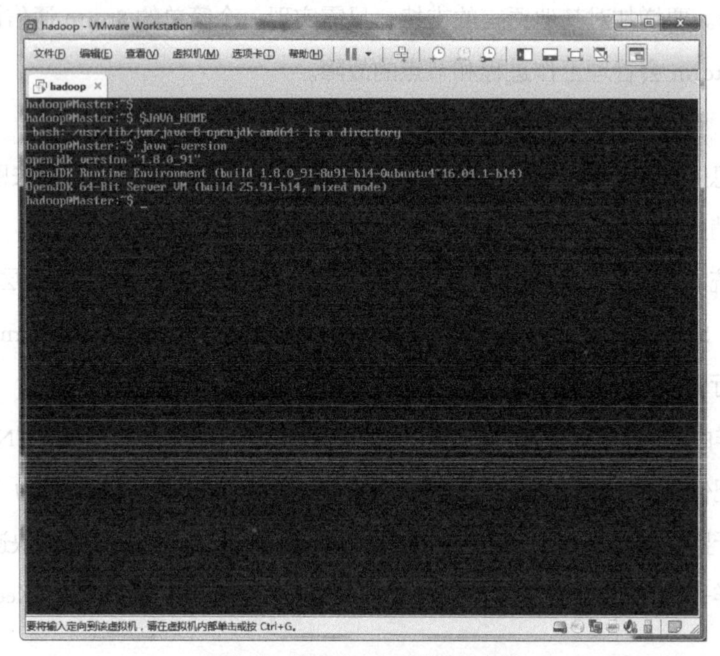

图 9-2 检查 Java 是否正确安装

Python 环境的安装（2.66 以后版本均可），ubuntu 一般系统自带，查看版本信息如图 9-3 所示。

```
python -V
```

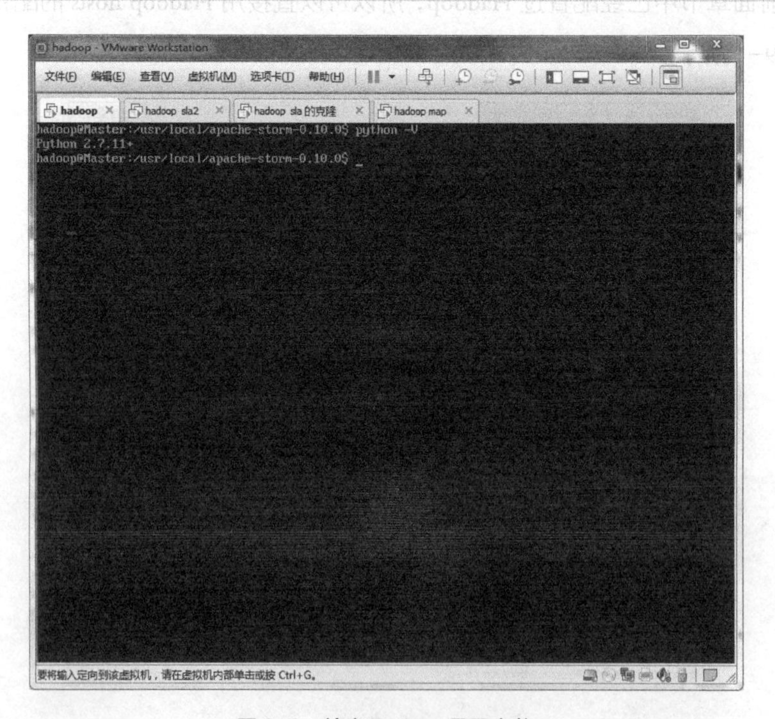

图 9-3 检查 Python 是否安装

ZooKeeper 集群的搭建步骤如下。

（1）下载 ZooKeeper，命令为：

```
wget http://mirrors.cnnic.cn/apache/zookeeper/zookeeper-3.4.7/zookeeper-3.4.8.tar.gz
```

（2）下载完毕后解压至/usr/local/目录下：

```
sudo tar -zxf zookeeper-3.4.8.tar.gz -C /usr/local/
```

（3）进入 ZooKeeper 文件夹的 conf 下把 zoo_sample.cfg 复制并重命名为 zoo.cfg：

```
cd /usr/local/zookeeper-3.4.8/conf/

cp-p zoo_sample.cfg zoo.cfg

vim zoo.cfg
```

（4）按照图 9-4 所示配置 zoo.cfg 文件。

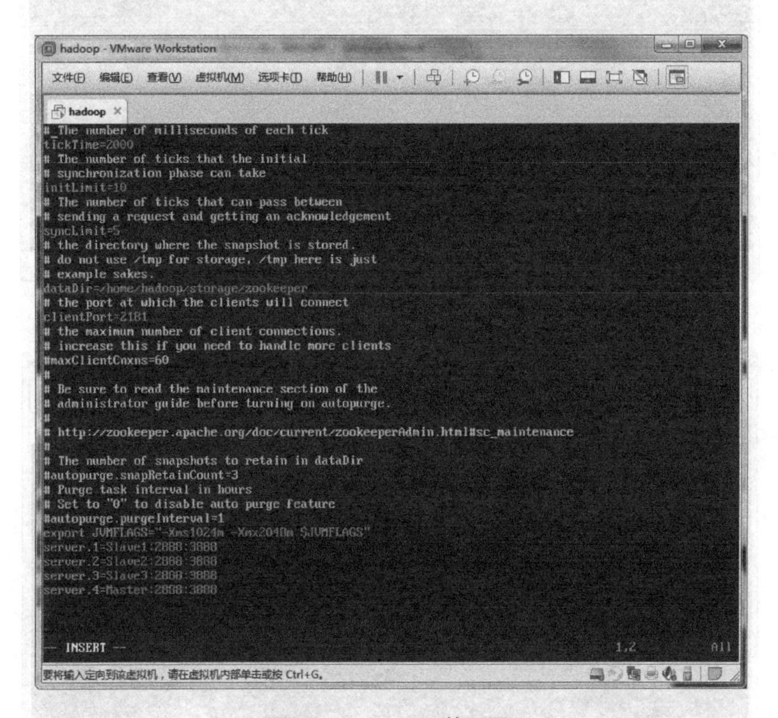

图 9-4 zoo.cfg 的配置

（5）手动创建 dataDir 文件夹（如图 9-5 所示）：

```
mkdir /home/hadoop/storage/zookeeper
```

（6）在/home/hadoop/storage/zookeeper 路径下创建文件 myid 并配置（zoo.cfg 主机是 serverX 就写入数字 X）。创建并写入 myid 的命令（如图 9-6 所示）为：

```
vi myid
```

（7）启动 ZooKeeper：

```
cd /usr/local/zookeeper-3.4.8/
```

（8）修改 Zookeeper-3.4.8 所属于的用户权限：

```
chown -R hadoop /usr/local/zookeeper-3.4.8/
```

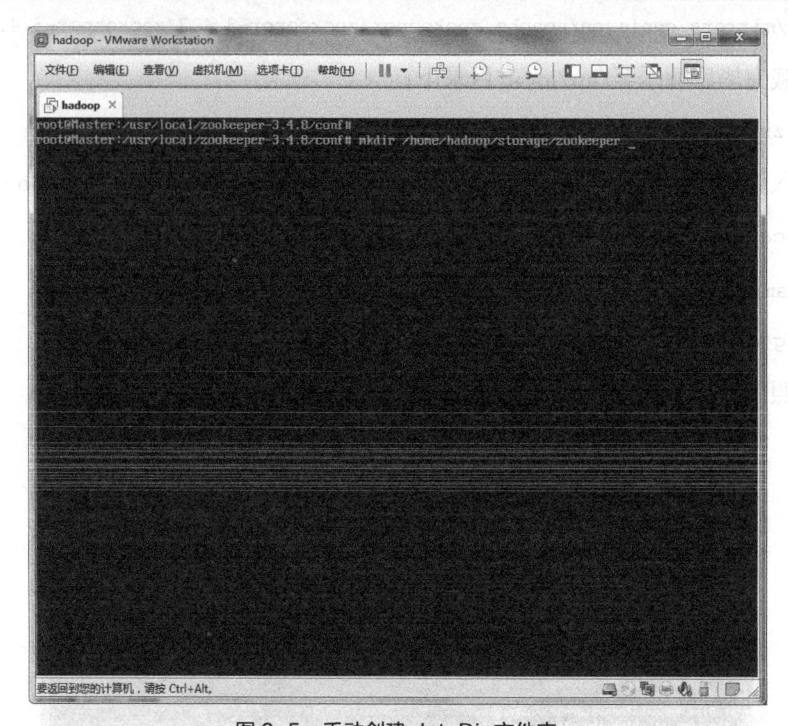

图 9-5　手动创建 dataDir 文件夹

图 9-6　创建并写入 myid

（9）在 ZooKeeper 主目录下启动 ZooKeeper（如图 9-7 所示）:

```
bin/zkServer.sh start
```

启动成功后压缩文件夹发送给其他节点，创建 dataDir 文件夹更改相应的 myid，并赋予相应的权限。

接下来进行 Storm 的安装，步骤如下。

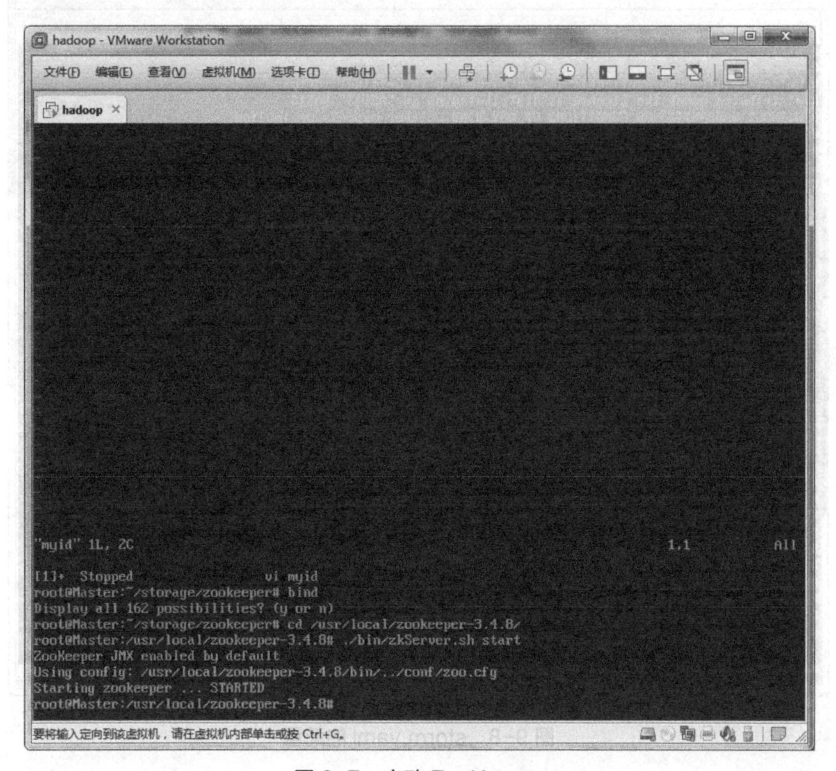

图 9-7 启动 ZooKeeper

1．安装 Storm

（1）下载 Storm 并解压至/usr/local 文件夹，命令如下：

```
wget http://mirrors.cnnic.cn/apache/storm/apache-storm-0.10.0/apache-storm-0.10.0.tar.gz
sudo tar -zxf apache-storm-0.10.0.tar.gz -C /usr/local/
```

（2）配置 Storm 子目录 conf 的 storm.yaml（如图 9-8 所示），命令如下：

```
vi conf/storm.yaml （注意，配置不能顶格写）
```

（3）创建 storm.local.dir 目录，命令如下：

```
mkdir /home/hadoop/aaa
mkdir /home/hadoop/aaa/workdir
```

（4）启动 Storm，命令如下：

```
cd  /usr/local/apache-storm-0.10.0
bin/storm nimbus &
```

```
bin/storm supervisor &

bin/storm ui &
```

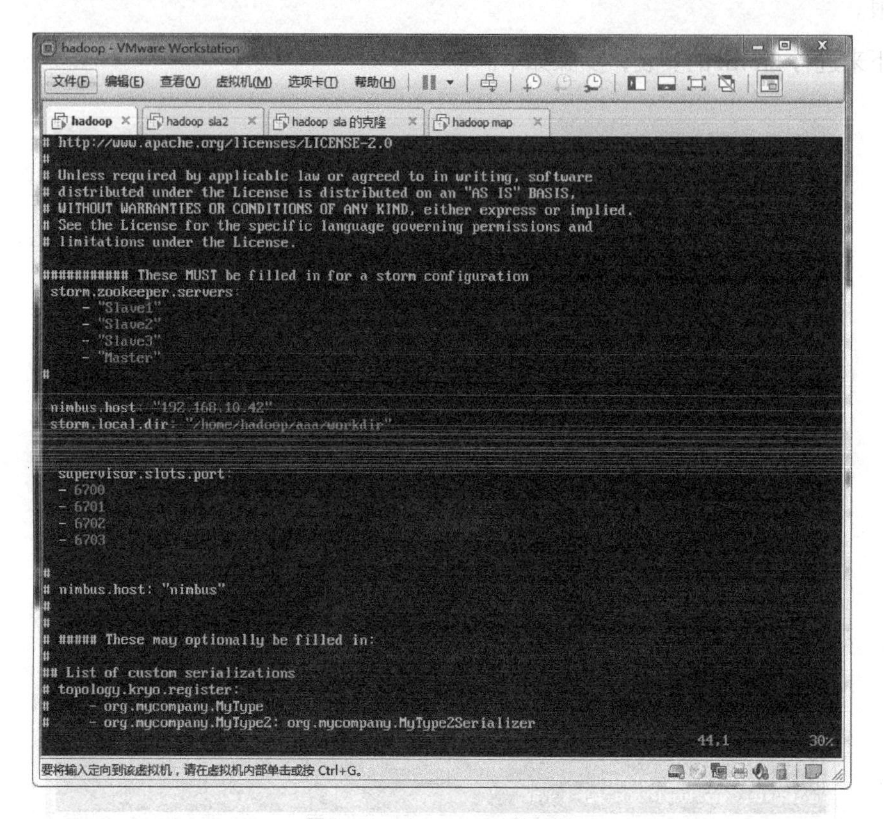

图 9-8　storm.yaml 的配置

没有报错后，即可打包解压至其他节点，然后进入 Web 界面 http://IP:8080 进行查看，如图 9-9 所示。如果节点都正常，即安装成功。

2．测试 Storm

Maven 是现在 Java 社区中最强大的项目管理和项目构建工具，这里我们使用借助 Maven 工具。

（1）下载 maven：

```
sudo apt-get install maven
```

（2）Storm 安装目录自带的测试案例，所以进入 Storm 当前目录下的 examples/storm-starter：

```
cd /usr/local/apache-storm-0.10.0/examples/storm-starter
```

（3）对 storm-starter 下的 test 文件夹执行如下命令：

```
mvn  test
```

执行之后，maven 会自动搜索依赖并下载相关类库，最后完成项目的编译。这个时候要保持网络畅通。等待 5～10 分钟项目构建完毕后，会看到目录下多出很多文件。如果提示 BUILD SUCCESS，则代表命令执行成功（如图 9-10 所示）。

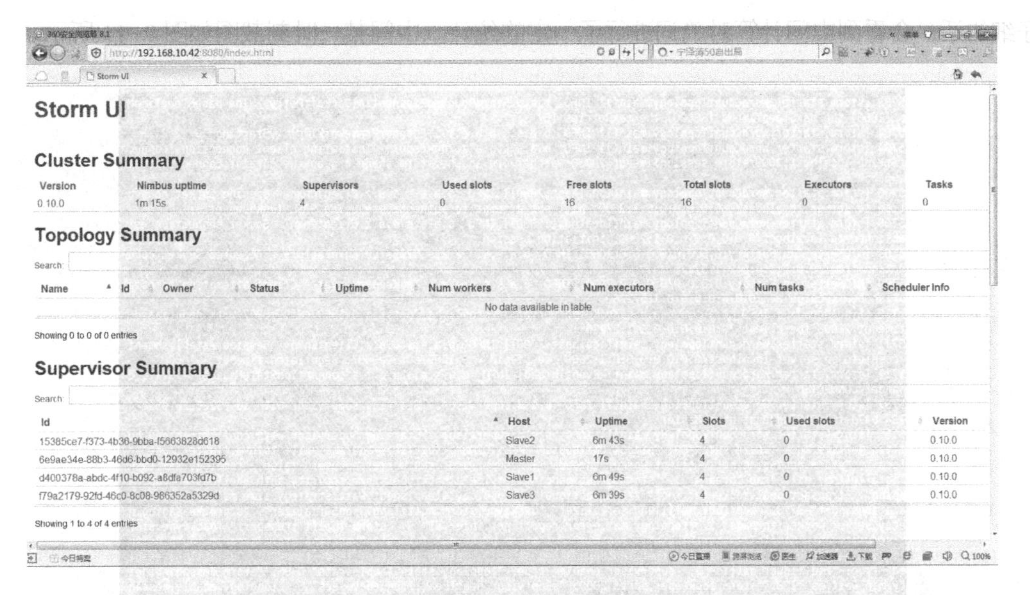

图 9-9 Storm UI 界面

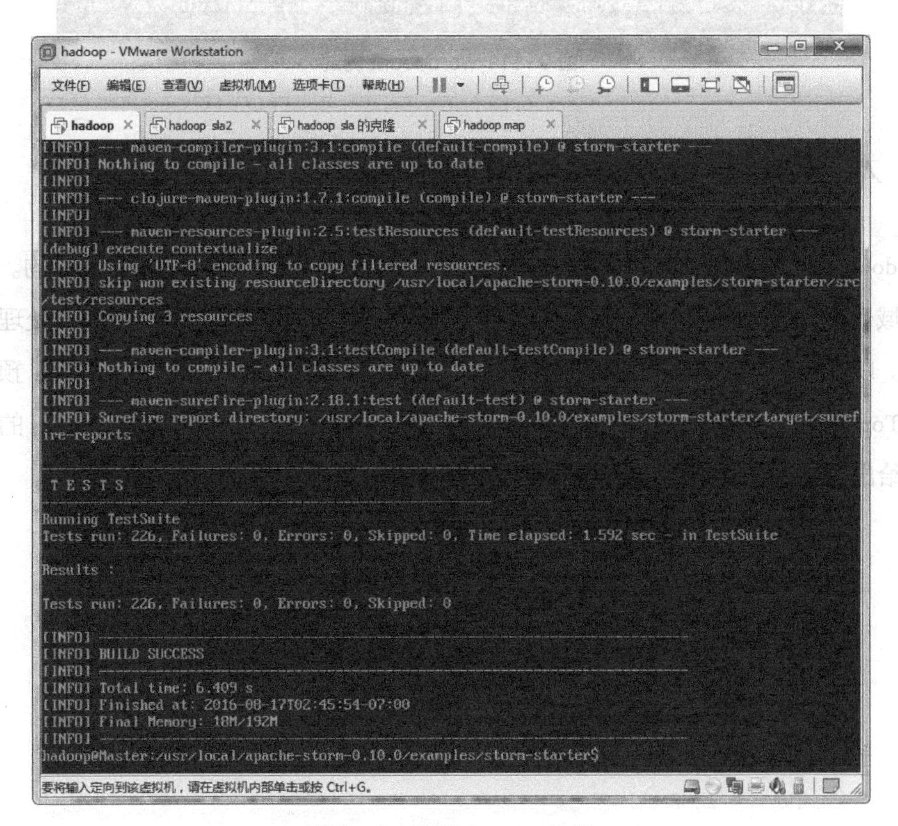

图 9-10 build success 提示

此时执行下面命令运行主类中的 main 方法，命令如下：

```
mvn exec:java "-Dstorm.topology=storm.starter.WordCountTopology"
```

代码稍微滚动几秒，然后就结束了，最后出现的错误我们可以忽略，如果运行过程中查看仔细的话，会看到中间计算对单词进行了一定的统计。中间某一时刻截图如图 9-11 所示。

```
5703 [storm.starter.WordCountTopology.main()] INFO  b.s.u.StormBoundedExponentialBackoffRetry - The baseSleepTimeM
s [1000] the maxSleepTimeMs [30000] the maxRetries [5]
5704 [storm.starter.WordCountTopology.main()] INFO  o.a.s.s.o.a.c.f.i.CuratorFrameworkImpl - Starting
5704 [storm.starter.WordCountTopology.main()] INFO  o.a.s.s.o.a.z.ZooKeeper - Initiating client connection, connec
tString=localhost:2000/storm sessionTimeout=20000 watcher=org.apache.storm.shade.org.apache.curator.ConnectionStat
e@6c552509
5708 [storm.starter.WordCountTopology.main(localhost:2000)] INFO  o.a.s.s.o.a.z.ClientCnxn - Opening socket connec
tion to server localhost/0:0:0:0:0:0:0:1:2000. Will not attempt to authenticate using SASL (unknown error)
5708 [storm.starter.WordCountTopology.main(localhost:2000)] INFO  o.a.s.s.o.a.z.ClientCnxn - Socket connection est
ablished to localhost/0:0:0:0:0:0:0:1:2000, initiating session
5708 [NIOServerCxn.Factory:0.0.0.0/0.0.0.0:2000] INFO  o.a.s.s.o.a.z.s.NIOServerCnxnFactory - Accepted socket conn
ection from /0:0:0:0:0:0:0:1:57226
5709 [NIOServerCxn.Factory:0.0.0.0/0.0.0.0:2000] INFO  o.a.s.s.o.a.z.s.ZooKeeperServer - Client attempting to esta
blish new session at /0:0:0:0:0:0:0:1:57226
5710 [SyncThread:0] INFO  o.a.s.s.o.a.z.s.ZooKeeperServer - Established session 0x15697e8f39e0007 with negotiated
timeout 20000 for client /0:0:0:0:0:0:0:1:57226
5711 [storm.starter.WordCountTopology.main(localhost:2000)] INFO  o.a.s.s.o.a.z.ClientCnxn - Session establishment
 complete on server localhost/0:0:0:0:0:0:0:1:2000, sessionid = 0x15697e8f39e0007, negotiated timeout = 20000
5711 [storm.starter.WordCountTopology.main()-EventThread] INFO  o.a.s.s.o.a.c.f.s.ConnectionStateManager - State c
hange: CONNECTED
5732 [storm.starter.WordCountTopology.main()] INFO  b.s.d.supervisor - Starting supervisor with id c32e6e2b-d5ac-4
734-b47d-f61f0f59dd49 at host Master
5735 [storm.starter.WordCountTopology.main()] INFO  b.s.d.supervisor - Starting Supervisor with conf {"topology.bu
iltin.metrics.bucket.size.secs" 60, "nimbus.childopts" "-Xmx1024m", "ui.filter.params" nil, "storm.cluster.mode" "
local", "storm.messaging.netty.client_worker_threads" 1, "supervisor.run.worker.as.user" false, "topology.max.task
.parallelism" nil, "zmq.threads" 1, "storm.group.mapping.service" "backtype.storm.security.auth.ShellBasedGroupsMa
pping", "transactional.zookeeper.root" "/transactional", "topology.sleep.spout.wait.strategy.time.ms" 1, "drpc.inv
ocations.port" 3773, "topology.multilang.serializer" "backtype.storm.multilang.JsonSerializer", "storm.messaging.n
etty.server_worker_threads" 1, "topology.max.error.report.per.interval" 5, "storm.thrift.transport" "backtype.stor
m.security.auth.SimpleTransportPlugin", "zmq.hwm" 0, "storm.principal.tolocal" "backtype.storm.security.auth.Defau
ltPrincipalToLocal", "supervisor.worker.shutdown.sleep.secs" 1, "storm.zookeeper.retry.times" 5, "ui.actions.enabl
ed" true, "zmq.linger.millis" 0, "supervisor.enable" true, "topology.stats.sample.rate" 0.05, "storm.messaging.net
ty.min_wait_ms" 100, "storm.zookeeper.port" 2000, "supervisor.heartbeat.frequency.secs" 5, "topology.enable.messag
e.timeouts" true, "drpc.worker.threads" 64, "drpc.queue.size" 128, "drpc.https.keystore.password" "", "logviewer.p
ort" 8000, "nimbus.reassign" true, "topology.executor.send.buffer.size" 1024, "topology.spout.wait.strategy" "back
type.storm.spout.SleepSpoutWaitStrategy", "ui.host" "0.0.0.0", "storm.nimbus.retry.interval.millis" 2000, "nimbus.
```

图 9-11　wordcount 测试

9.3　本章小结

Hadoop 使用磁盘作为中间交换的介质，而 Storm 的数据是一直在内存中流转的。两者面向的领域也不完全相同：一个是批量处理，是基于任务调度的；另外一个是实时处理，是基于流的。以水为例，Hadoop 可以看作是纯净水，一桶桶地搬；而 Storm 是用水管，预先装好水管（Topology），然后打开水龙头，水就源源不断地流出来了。本章介绍了 Strom 的基本特点，并给出了 Storm 的安装、配置以及简单的测试使用方法。

PART 10

第 10 章 企业级、大数据流处理 Apex

Apache Apex 能够在 Apache Hadoop 上实现数据流分析，其目的是充分利用 Hadoop 的两大组件 YARN 和 Hadoop 分布式文件系统(HDFS)提供的基础设施。本章将对 Apex 进行简单介绍，并详细介绍其开发环境配置，同时给出丰富的应用实例。

10.1 Apache Apex 简介

2015 年 4 月，Apache 软件基金会将 Apex 项目提升至顶级项目。Apex 被称为"应用在 Apache Hadoop 生态系统的大规模、高吞吐量、低延时、能容错的、统一的大数据流和批量处理平台"。Apex 与 Apache Hadoop 资源管理平台 YARN 一起作用于 Hadoop 工作集群。Apex 是新一代的数据流分析平台，号称要战胜 Spark Stream 和 Storm 的框架。与 Spark 相比，Apex 还有一些不同点：

（1）充分利用 Hadoop 的两大组件 YARN 和 Hadoop 分布式文件系统（HDFS）提供的基础设施；

（2）Apex 是真正的数据流，消息来一个处理一个；

（3）代码重复利用率高，开发人员可以编写或重复使用一般的 JAVA 代码；

（4）简单专业、自动化。

10.2 Apache Apex 开发环境配置

10.2.1 部署开发工具

开发工具如下：

- Git 源代码管理工具
- java JDK
- maven 项目管理工具

开发工具安装完毕后，可用表 10-1 所列的命令对开发工具是否安装成功进行验证。

表 10-1　开发环境

命令	命令输出结果
Javac –version	javac 1.7.0_101
Java –version	java version "1.7.0_101" OpenJDK Runtime Environment (IcedTea 2.6.6) (7u101–2.6.6–0ubuntu0.14.04.1) OpenJDK 64–Bit Server VM (build 24.95–b01, mixed mode)
git ––version	git version 1.9.1
mvn ––version	hadoop@master:/hadoop$ mvn ––version Apache Maven 3.1.1 (0728685237757ffbf44136acec0402957f723d9a; 2013–09–17 23:22:22+0800) Maven home: /hadoop/apache–maven–3.1.1

10.2.2　安装 Apex 组件

以下命令操作都是在 Linux 命令行上执行。在 Linux 上创建一个 apex 目录：

```
hadoop@master:~$ sudo mkdir -p /hadoop/apex
```

进入 apex 目录分别执行：

```
hadoop@master:~$ cd /hadoop/apex/
hadoop@master:/hadoop/apex$sudo git clone https://github.com/apache/incubator
-apex-core
```

等待命令执行完毕之后执行：

```
hadoop@master:/hadoop/apex$ sudo git clone https://github.com/apache/incubator
-apex-malhar
```

等待命令执行完毕之后执行：

```
hadoop@master:/hadoop/apex$ sudo git clone https://github.com/DataTorrent/
examples
```

这时可以在 apex 目录下发现，存在 incubator–apex–core、incubator–apex–malhar、examples 这三个目录。

```
hadoop@master:/hadoop/apex$ ls
apex-3.4.0  incubator-apex-core   myapexapp
examples    incubator-apex-malhar  newapp
```

分别进入 incubator–apex–core 和 incubator–apex–malhar 目录：

```
hadoop@master:/hadoop/apex$ cd incubator-apex-core/
hadoop@master:/hadoop/apex/incubator-apex-core$ mvn clean install -DskipTests
```

这里需要另起一个终端来执行下面的命令，如图 10-1 所示。在这里这两步操作需要一点时间来等待它们执行完毕。

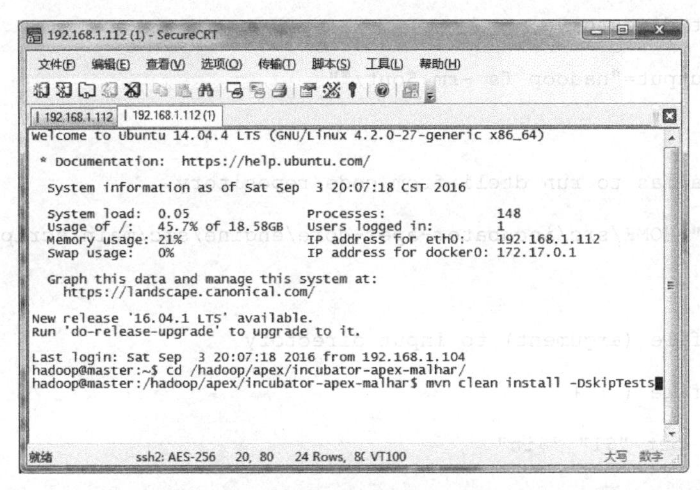

图 10-1 使用 secureCRT 创建多个 linux 连接终端

```
hadoop@master:/hadoop/apex$ cd incubator-apex-malhar/
hadoop@master:/hadoop/apex/incubator-apex-malhar$ mvn clean install -DskipTes ts
```

在等待的过程中可以再起一个终端来进行一些别名设置的操作，操作命令如下：

```
hadoop@master:/hadoop/apex$ cd examples/tutorials/topnwords/scripts/
hadoop@master:/hadoop/apex/examples/tutorials/topnwords/scripts$ ls
aliases  build-apex  build-apex.cmd  check-services  newapp  newapp.cmd
hadoop@master:/hadoop/apex/examples/tutorials/topnwords/scripts$ cat aliases
# bash aliases and functions useful for working on input and out directories
#
# input and output directories
in=/tmp/test/input-dir out=/tmp/test/output-dir

# list files in input directory
alias ls-input="hadoop fs -ls $in"

# list files in output directory
alias ls-output="hadoop fs -ls $out"
```

```
# clean input directory
alias clean-input="hadoop fs -rm $in/*"

# clean output directory
alias clean-output="hadoop fs -rm $out/*"

# convenient alias to run dtcli from code repository
alias dtcli3="$HOME/src/incubator-apex-core/engine/src/main/scripts/dtcli"

# copy local file (argument) to input directory
function put-file ( ) {
   hadoop fs -put "$1" "$in"
}

# make local copy of output file (argument) from output directory
function get-file ( ) {
   hadoop fs -get "$out/$1" "$1".out
}
hadoop@master:/hadoop/apex/examples/tutorials/topnwords/scripts$ source aliases
//这个操作只对当前环境有效，关闭这个 bash 时就会失效。如果希望永久生效，则需要将//aliases 里面的内容添加进/etc/profile 中去。
hadoop@master:/hadoop/apex/examples/tutorials/topnwords/scripts$ alias ls-input
alias ls-input='hadoop fs -ls /tmp/test/input-dir'
```

10.2.3 创建 Top N Words 应用

Top N Words 应用是用给定的 N 个单词统计不同单词出现的次数。这一节是本书基于10.2.2 节完成的基础之上，首先复制指定目录下的脚本 newapp 到当前目录：

```
hadoop@master:/hadoop/apex$ cp examples/tutorials/topnwords/scripts/newapp .
```

浏览脚本 newapp 内容，可以看到它的具体内容是通过 maven 创建一个 Apex 项目：

```
hadoop@master:/hadoop/apex$ cat newapp
#!/bin/bash
# script to create a new project
```

```
# change project name and archetype version as needed
name=myapexapp
version=3.3.0-incubating

mvn -B archetype:generate \
  -DarchetypeGroupId=org.apache.apex \
  -DarchetypeArtifactId=apex-app-archetype \
  -DarchetypeVersion=$version \
  -DgroupId=com.example \
  -Dpackage=com.example.$name \
  -DartifactId=$name \
  -Dversion=1.0-SNAPSHOT
```

使用 bash shell 执行脚本 newapp,如下所示：

```
hadoop@master:/hadoop/apex$ bash newapp
```

这一步完成之后，会发现 apex 目录下多了一个 myapexapp 目录：

```
hadoop@master:/hadoop/apex$ ls
apex-3.4.0  incubator-apex-core   myapexapp
examples   incubator-apex-malhar  newapp
```

进入 myapexapp 目录执行如下的连续步骤：

步骤 1

```
hadoop@master:/hadoop/apex$ cd myapexapp/
hadoop@master:/hadoop/apex/myapexapp$  mv  src/test/java/com/example/myapexapp
/ApplicationTest.java  /tmp
hadoop@master:/hadoop/apex/myapexapp$ cp ../examples/tutorials/topnwords/
web inar/*.java  ./src/main/java/com/example/myapexapp/
hadoop@master:/hadoop/apex/myapexapp$ find src -name *.java
src/main/java/com/example/myapexapp/ApplicationWordCount.java
src/main/java/com/example/myapexapp/WordCountWriter.java
src/main/java/com/example/myapexapp/LineReader.java
src/main/java/com/example/myapexapp/WindowWordCount.java
src/main/java/com/example/myapexapp/RandomNumberGenerator.java
```

```
src/main/java/com/example/myapexapp/Application.java
src/main/java/com/example/myapexapp/WordReader.java
src/main/java/com/example/myapexapp/FileWordCount.java
src/main/java/com/example/myapexapp/WCPair.java
```

步骤 2

```
hadoop@master:/hadoop/apex/myapexapp$ cp ../examples/tutorials/topnwords/
web inar/*.xml ./src/main/resources/META-INF/
hadoop@master:/hadoop/apex/myapexapp$ cd src/main/resources/META-INF/
hadoop@master:/hadoop/apex/myapexapp/src/main/resources/META-INF$ ls
properties-SortedWordCount.xml  properties.xml
```

执行完到这里，回到 myapexapp 目录，执行如下命令并等待这条命令执行完毕：

```
hadoop@master:/hadoop/apex/myapexapp$ mvn clean package -DskipTests
```

10.3 运行 TopN Words 应用

10.3.1 开启 Apex 客户端

在进行这一步之前，应先开启 Hadoop 集群。在 Linux 命令行上分别执行 start-dfs.sh 和 start-yarn.sh，如下所示：

```
hadoop@master:~$ cd /hadoop/apex/incubator-apex-core/engine/src/main/scripts
hadoop@master:/hadoop/apex/incubator-apex-core/engine/src/main/scripts$./apex
Apex CLI 3.5.0-SNAPSHOT 28.08.2016 @ 16:24:01 CST rev: 9c48c41 branch: master
apex> launch /hadoop/apex/myapexapp/target/myapexapp-1.0-SNAPSHOT.apa
  1. MyFirstApplication
  2. SortedWordCount
Choose application: 2
{"appId": "application_1472400569467_0001"}
apex (application_1472400569467_0001) >
```

10.3.2 执行

在完成本书 10.3.1 节的步骤之后，另开启一个终端执行如下命令。

在 HDFS 上创建目录/tmp/test/input-dir，命令如下：

```
hadoop@master:/hadoop/apex/myapexapp$ hadoop fs -mkdir -p /tmp/test/input-dir
```

在 HDFS 上创建目录/tmp/test/output-dir，命令如下：

```
hadoop@master:/hadoop/apex/myapexapp$ hadoop fs -mkdir -p /tmp/test/output-dir
```

到这里在家目录下创建一个文本文件 words，内容如下：

```
hadoop@master:~$ vim words


hello a
hello b
hello c
```

保存文本文件 words 并退出后，执行如下连续步骤：

```
hadoop@master:~$ put-file ./words
hadoop@master:~$ ls-input
Found 1 items
-rw-r--r--   2 hadoop supergroup          24 2016-08-28 22:18 /tmp/test/input-dir/words
hadoop@master:~$ ls-output
Found 1 items
-rwxrwxrwx   2 hadoop supergroup          28 2016-08-29 01:26 /tmp/test/output-dir/words
hadoop@master:~$ hadoop fs -cat /tmp/test/output-dir/words
hello : 3
b : 1
c : 1
a : 1
```

到这里可以发现，当上传到 HDFS 一个文本文件，Apex 将自动对其进行 wordcount 操作并进行指定路径的存储。这正验证了前面提到的一句话， Apex 是真正的 stream，消息来一个处理一个。

10.4 本章小结

本章一开始对 Apex 进行了简要的介绍，之后介绍 Apex 环境的搭建和安装，并生成了一个通过 Apex 的 Top N words 应用。该应用的主要功能是对输入 HDFS 的数据流进行单词计数并输出数据流到 HDFS 上。本章最后对这个应用进行了测试。

PART 11 第11章 事件流OLAP之Druid

Druid是一个开源的、分布式的、列存储的、适用于实时数据分析的存储系统，能够快速聚合、灵活过滤、毫秒级查询以及低延迟数据导入。本章对Druid进行简单介绍，并进一步介绍Druid集群的搭建和查询等操作。

11.1 Druid简介

Druid是目前比较流行的高性能的、分布式列存储的OLAP框架，它有如下几个特点。

毫秒级查询。Druid提供了快速的聚合能力以及毫秒级的OLAP查询能力，多租户的设计，是面向用户分析应用的理想方式。

实时数据注入。Druid支持流数据的注入，并提供了数据的事件驱动，保证在实时和离线环境下事件的实效性和统一性。

可扩展的PB级存储。Druid集群可以很方便地扩容到PB的数据量，每秒百万级别的数据注入。即便在加大数据规模的情况下，也能保证时效性。

多环境部署。Druid既可以运行在商业的硬件上，也可以运行在云上。它可以从多种数据系统中注入数据，包括Hadoop、Spark、Kafka、Storm和Samza等。

丰富的社区。拥有丰富的社区，供使用者学习。

11.2 Druid应用场所

Druid应用最多的是类似于广告分析创业公司Metamarkets中的应用场景，如广告分析、互联网广告系统监控以及网络监控等。当业务中出现以下情况时，Druid是一个很好的技术方案选择：

需要交互式聚合和快速探究大量数据时；

需要实时查询分析时；

具有大量数据时，如每天数亿事件的新增、每天数10TB数据的增加；

对数据尤其是大数据进行实时分析时；

需要一个高可用、高容错、高性能的数据库时。

11.3 Druid 集群

Druid 集群是由很多功能不同的节点组成的，如图 11-1 所示。

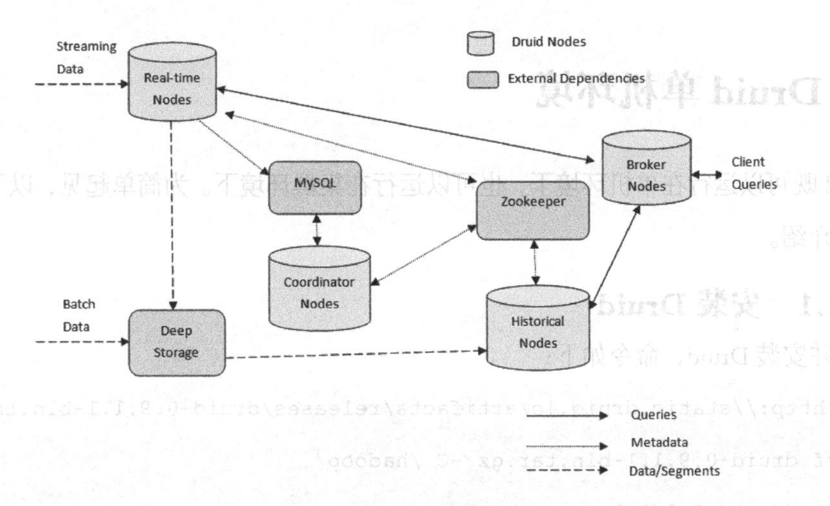

图 11-1 Druid 集群架构

Historical Nodes：Historical Nodes 可以看作 Druid 集群的脊椎，它将 segment 固化到本地，供集群查询时使用。Historical Nodes 采用了一个无共享架构设计， 它知道如何去加载 segment、删除 segment 以及如何基于 segment 查询。

Broker Nodes：Broker Nodes 是客户端和相关应用从 Druid 集群上查询数据的节点，它的职责是对客户端过来的查询做负载，聚集和合并查询结果。Broker 节点知道每个 segment 在什么位置。

Coordinator Nodes：Coordinator Nodes 用来管理 Druid 集群放在 Historical Nodes 上的 segment。Coordinatenodes 告诉 Historical Nodes 去加载新的 segment，移除旧的 segment，对节点上的 segment 做均衡。

Real-time Processing：实时数据处理可以在单点实时节点或者索引服务（indexing service）完成，实时的逻辑在这两者上是很常见的。实时处理主要包括加载数据、创建索引（创建 segment）以及将 segment 迁移到 Historical Nodes。经过实时处理后的数据即可查询。迁移处理也是无损的，迁移后数据仍然是可以查询的。

Overload Nodes：主要是用于批量索引服务。

ZooKeeper：用于集群内部通信。

Metadata Storage：用户存储 segment、configuration 等的 metadata 信息；服务创建 segments 后，会向 metadatastore 中写一个新的标记，coordinatenode 监控 metadatastore 来获取有哪些新的数据需

要被重新 load，或者有哪些旧的数据需要被去除。查询的时候并不需要 metadatastor 的数据。在生产集群中，MySQL 和 postgresql 是比较常用的 metadatastor，derby 可以用于单机测试环境。

Deep Storage deepstorage 作为 segments 一种持久的备份。服务创建 segments 后，上传到 deepstore。coordinatenode 从 deepstorage 下载 segments。查询的时候也不会用到 deepstorage。常用的 deepstorage 有 S3 和 hdfs。

11.4 Druid 单机环境

Druid 既可以运行在单机环境下，也可以运行在集群环境下。为简单起见，以下先从单机环境着手介绍。

11.4.1 安装 Druid

下载并安装 Druid，命令如下：

```
curl -O http://static.druid.io/artifacts/releases/druid-0.9.1.1-bin.tar.gz
tar -xzvf druid-0.9.1.1-bin.tar.gz -C /hadoop/
cd /hadoop/druid-0.9.1.1
```

文件夹中有如下几个目录。

- LICENSE 许可证
- bin/ 可执行脚本
- conf/* 在集群环境下的配置文件
- conf-quickstart/* quickstart 的配置文件
- extensions/* druid 所有的扩展文件
- hadoop-dependencies/* druid 的 hadoop 扩展文件
- lib/* druid 依赖的核心软件包
- quickstart/* quickstart 的数据文件

11.4.2 安装 ZooKeeper

Druid 的分布式协同需要依赖 ZooKeeper，所以需要安装 Zookeeper，其命令如下：

```
curl -O
http://www.gtlib.gatech.edu/pub/apache/zookeeper/zookeeper-3.4.6/zookeeper-3.4
.6.tar.gz
tar -xzvf zookeeper-3.4.6.tar.gz -C /hadoop/
cd /hadoop/zookeeper-3.4.6
```

```
cp conf/zoo_sample.cfg conf/zoo.cfg
./bin/zkServer.sh start
```

启动 ZooKeeper 后，就可以启动 Druid 的服务了。首先进入 Druid 的根目录，执行 bin/init。Druid 会自动创建一个 var 目录，内含两个目录：一个是 druid，用于存放本地环境下 Hadoop 的临时文件、索引日志、segments 文件、缓存和任务的临时文件：另一个是 tmp，用于存放其他临时文件。Druid 的目录结构如图 11-2 所示。

```
drwxr-xr-x 15 hadoop hadoop  4096 Aug 24 15:06 hadoop-2.6.0-src/
drwxrwxr-x  8 hadoop hadoop  4096 Jul 20 13:40 hbase/
drwxr-xr-x 10 hadoop hadoop  4096 Aug 23 15:11 protobuf-2.5.0/
drwxr-xr-x 11 hadoop hadoop  4096 Aug 25 19:13 zookeeper/
hadoop@master:/hadoop$ cd druid-0.9.1.1/
hadoop@master:/hadoop/druid-0.9.1.1$ bin/init
hadoop@master:/hadoop/druid-0.9.1.1$ cd ../
hadoop@master:/hadoop$ cd druid-0.9.1.1/
hadoop@master:/hadoop/druid-0.9.1.1$ ll
total 64
drwxrwxr-x 11 hadoop hadoop  4096 Aug 25 20:06 ./
drwxr-xr-x  8 hadoop hadoop  4096 Aug 25 20:06 ../
drwxrwxr-x  2 hadoop hadoop  4096 Aug 25 20:06 bin/
drwxrwxr-x  4 hadoop hadoop  4096 Aug 25 20:06 conf/
drwxrwxr-x  4 hadoop hadoop  4096 Aug 25 20:06 conf-quickstart/
drwxrwxr-x 14 hadoop hadoop  4096 Aug 25 20:06 extensions/
drwxrwxr-x  3 hadoop hadoop  4096 Aug 25 20:06 hadoop-dependencies/
drwxrwxr-x  2 hadoop hadoop 12288 Aug 25 20:06 lib/
-rw-r--r--  1 hadoop hadoop 11358 Jan 13  2016 LICENSE
drwxrwxr-x  2 hadoop hadoop  4096 Aug 25 20:06 log/
drwxrwxr-x  2 hadoop hadoop  4096 Aug 25 20:06 quickstart/
drwxrwxr-x  4 hadoop hadoop  4096 Aug 25 20:06 var/
hadoop@master:/hadoop/druid-0.9.1.1$
```

图 11-2　Druid 目录结构

11.4.3　启动 Druid 服务

接下来就可以在控制台启动 Druid 服务。在单机情况下，可以在一台机器上启动所有的 Druid 服务进程，分 5 个终端在 Druid 根目录下进行。在分布式生产集群的环境下，Druid 的服务进程同样也可以在一起启动。分终端开启 Druid 各个进程的代码如下（结果如图 11-3 所示）：

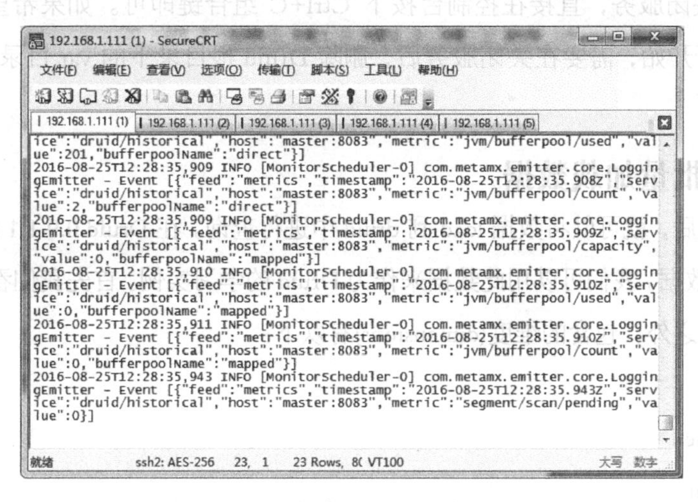

图 11-3　分终端开启 Druid 各个进程

```
1.java `cat conf-quickstart/druid/historical/jvm.config | xargs` -cp "conf-quickstart/druid/_common:conf-quickstart/druid/historical:lib/*" io.druid.cli.Main server historical
2.java `cat conf-quickstart/druid/broker/jvm.config | xargs` -cp "conf-quickstart/druid/_common:conf-quickstart/druid/broker:lib/*" io.druid.cli.Main server broker
3.java `cat conf-quickstart/druid/coordinator/jvm.config | xargs` -cp "conf-quickstart/druid/_common:conf-quickstart/druid/coordinator:lib/*" io.druid.cli.Main server coordinator
4.java `cat conf-quickstart/druid/overlord/jvm.config | xargs` -cp "conf-quickstart/druid/_common:conf-quickstart/druid/overlord:lib/*" io.druid.cli.Main server overlord
5.java `cat conf-quickstart/druid/middleManager/jvm.config | xargs` -cp "conf-quickstart/druid/_common:conf-quickstart/druid/middleManager:lib/*" io.druid.cli.Main server middleManager
```

Druid 有几种节点，上面的启动命令对应的就是 Druid 的各种节点。Druid 的节点分为：

（1）historical 为 Historical Nodes 节点进程；

（2）broker 为 Broker Nodes 节点进程；

（3）coordinator 为 Coordinator Nodes 节点进程；

（4）overlord 为 Overload Nodes 节点进程；

（5）middleManager 为 MiddleManager Nodes 节点进程。

如果希望关闭服务，直接在控制台按下 Ctrl+C 组合键即可。如果希望彻底清理掉之前的内容，重新开始，需要在关闭服务后，删除 Druid 根目录下的 var 目录，重新执行 init 脚本。

11.4.4 批量加载数据

服务启动之后，就可以将数据 load 到 druid 中进行查询。在 Druid 0.9.1.1 的安装包中，自带了 wikiticker 数据。我们可以用此数据来作为 Druid 的学习实例。首先我们看一下 Wikipedia 的数据，除时间之外，包含的维度(dimensions)有以下：

- Channel
- cityName
- comment

- countryIsoCode
- countryName
- isAnonymous
- isMinor
- isNew
- isRobot
- isUnpatrolled
- metroCode
- namespace
- page
- regionIsoCode
- regionName
- user

度量(measures)可以设置如下：

- count
- added
- deleted
- delta
- user_unique

确定了度量、维度之后，接下来即可导入数据。首先，我们需要向 Druid 提交一个注入数据的任务，并将目录指向我们需要加载的数据文件：

wikiticker-2015-09-12-sampled.json

在 Druid 根目录下执行如下命令：

```
curl -X 'POST' -H 'Content-Type:application/json' -d @quickstart/wikiticker-index.json localhost:8090/druid/indexer/v1/task
```

其中，wikiticker-index.json 文件指明了数据文件的位置、类型以及数据的 schema（如度量、维度、时间、在 Druid 中的数据源名称等）等信息。当控制台打印如下信息后，说明任务提交成功，具体如图 11-4 所示。

{"task":"index_hadoop_wikipedia_2013-10-09T21:30:32.802Z"}

此时，可以在 overload 控制台 http://localhost:8090/console.html 查看任务的运行情况。当状态为“SUCCESS”时（如图 11-5 所示），说明任务执行成功。

当数据注入成功后，historical node 会加载这些已经注入到集群的数据，方便查询，这大概需要花费 1～2 分钟的时间。可以在 coordinator 控制台 http://localhost:8081/#/查看数据的加载进度，如图 11-6 所示。当然，单机环境是不需要考虑具体的控制台进行查询。

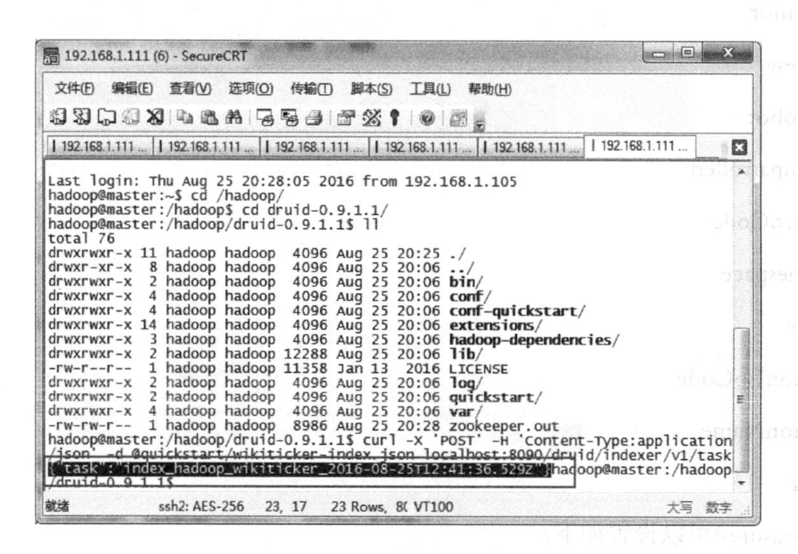

图 11-4　任务提交结果

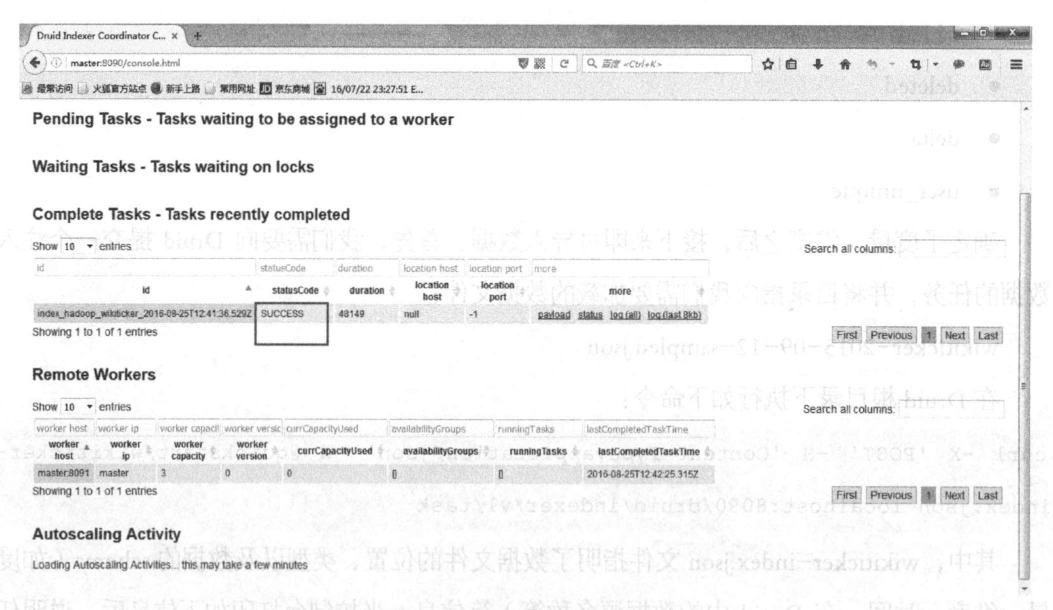

图 11-5　查看任务的运行情况

当名为 wikiticker 的 datasource 有个蓝色的小圈，并显示 fully available 时，说明数据已经加载成功，并且可以执行查询操作。

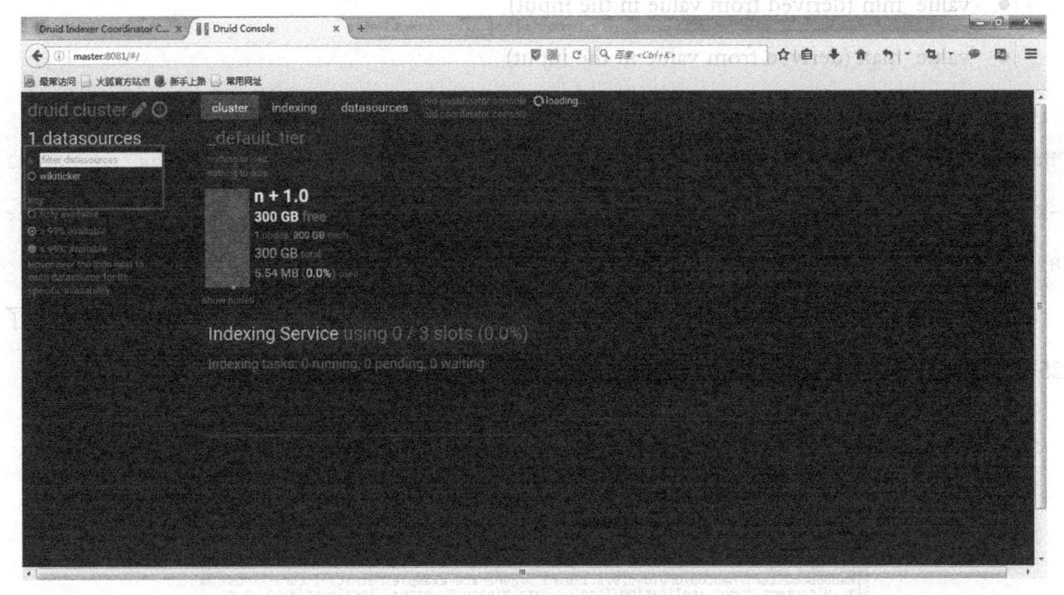

图 11-6　查看数据的加载进度

11.4.5　加载流数据

为了实现流数据的加载，可以通过一个简单 Http Api 来向 Druid 推送数据，而 tranquility 就是一个不错的数据生产组件。下载并安装 tranquility：

```
curl-Ohttp://static.druid.io/tranquility/releases/tranquility-distribution-0.8
.0.tgz
tar -xzvf tranquility-distribution-0.8.0.tgz
cd tranquility-distribution-0.8.0
```

Druid 的根目录中自带了一个配置文件 conf-quickstart/tranquility/server.json，通过启动 tranquility 服务进程，就可以向 druid 的 metrics datasource 推送实时数据：

```
bin/tranquility server -configFile <path_to_druid_distro>/conf-quickstart/
tranquility/server.json
```

在 linux 上具体执行如下命令：

```
hadoop@master:/hadoop/tranquility-distribution-0.8.0/bin$ ./tranquility server
-configFile /hadoop/druid-0.9.1.1/conf-quickstart/tranquility/server.json
```

这里介绍了如何通过 tranquility 服务来加载流数据。其实，Druid 还可以支持多种广泛使用的流式框架，包括 Kafka、Storm、Samza 和 Spark Streaming 等。流数据加载中，维度是可变的，所以在 schema 定义的时候无需特别指明维度，而是将数据中任何一个字段都当作维度。而该 datasource 的度量则包含：

- count
- value_sum (derived from value in the input)

- value_min (derived from value in the input)
- value_max (derived from value in the input)

采用一个脚本，来随机生成度量数据，导入到这个 datasource 中，命令如下。

```
hadoop@master:/hadoop/druid-0.9.1.1/bin$  ./generate-example-metrics  |  curl
-XPOST  -H'Content-Type: application/json'  --data-binary  @-  http://localhost:
8200/v1/post/metrics
```

执行完成后会返回"result":{"received":25,"sent":25}，这表明 http server 从你这里接收到了 25 条数据，并发送了这 25 条数据到 druid。执行结果如图 11-7 所示。

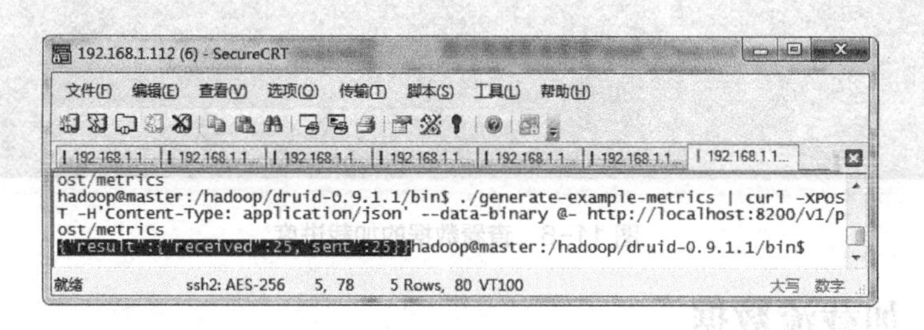

图 11-7　执行结果

可以在 overload 控制台 http://localhost:8090/console.html 查看任务的运行情况。当状态为"SUCCESS"时（如图 11-8 所示），说明任务执行成功。

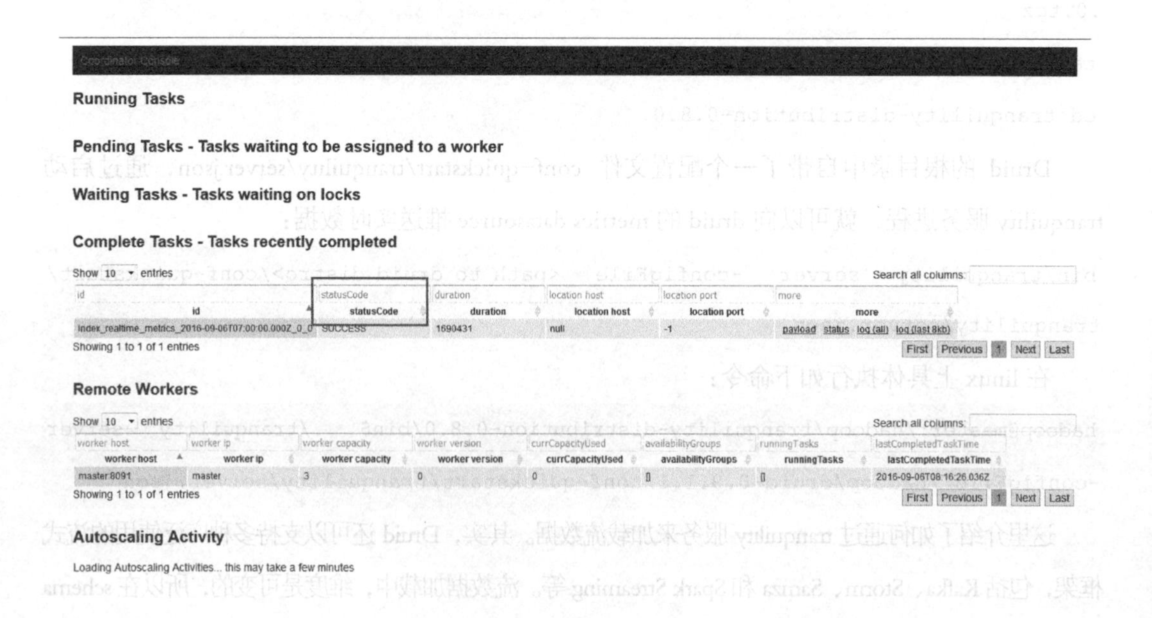

图 11-8　查看任务的运行情况

同样，当数据注入成功后，historical node 会加载这些已经注入到集群的数据，可以在

coordinator 控制台 http://localhost:8081/#/查看数据的加载进度，如图 11-9 所示。

当名为 metrics 的 datasource 有个蓝色的小圈，并显示 fully available 时，说明数据已经加载成功，可以执行查询操作。

图 11-9 查看数据的加载进度

11.4.6 数据查询

1．直接通过 Druid 查询

Druid 提供基于 json 的富文本查询方式。提供的示例中 quickstart/wikiticker-top-pages.json 是一个 topN 的查询实例。通过 curl 命令向 http://localhost:8082/druid/v2/请求服务，请求头设置参数 Content-Type: application/json，post 方式提交数据 quickstart/wikiticker-top-pages.json，返回数据格式显示为美化（pretty）的格式。

```
Curl-L-H'Content-Type:application/json'-XPOST--data-binary @quickstart/
wiki ticker-top-pages.json http://localhost:8082/druid/v2/?pretty
```

查询结果如下：

```
hadoop@master:/hadoop/druid-0.9.1.1$curl-L-H'Content-Type:     application/json'
-XPOST--data-binary@quickstart/wikiticker-top-pages.json  http://localhost:8082
/druid/v2/?pretty
[ {
  "timestamp" : "2015-09-12T00:46:58.771Z",
  "result" : [ {
    "page" : "Wikipedia:Vandalismusmeldung",
```

```
    "edits" : 33
  }, {
    "page" : "User:Cyde/List of candidates for speedy deletion/Subpage",
    "edits" : 28
  }, {
    "page" : "Jeremy Corbyn",
    "edits" : 27
  }, {
    "page" : "Wikipedia:Administrators' noticeboard/Incidents",
    "edits" : 21
  }, {
    "page" : "Flavia Pennetta",
    "edits" : 20
  }, {
    "page" : "Total Drama Presents: The Ridonculous Race",
    "edits" : 18
  }, {
    "page" : "User talk:Dudeperson176123",
    "edits" : 18
  }, {
    "page" : "Wikipdia:Le Bistro/12 septembre 2015",
    "edits" : 18
  }, {
    "page" : "Wikipedia:In the news/Candidates",
    "edits" : 17
  }, {
    "page" : "Wikipedia:Requests for page protection",
    "edits" : 17
  }, {
    "page" : "Utente:Giulio Mainardi/Sandbox",
    "edits" : 16
  }, {
```

```
    "page" : "Wikipedia:Administrator intervention against vandalism",
    "edits" : 16
  }, {
    "page" : "Anthony Martial",
    "edits" : 15
  }, {
    "page" : "Template talk:Connected contributor",
    "edits" : 13
  }, {
    "page" : "Chronologie de la Lorraine",
    "edits" : 12
  }, {
    "page" : "Wikipedia:Files for deletion/2015 September 12",
    "edits" : 12
  }, {
    "page" : "  ",
    "edits" : 12
  }, {
    "page" : "Constructive vote of no confidence",
    "edits" : 11
  }, {
    "page" : "Homo naledi",
    "edits" : 11
  }, {
    "page" : "Kim Davis (county clerk)",
    "edits" : 11
  }, {
    "page" : "Vorlage:Revert-Statistik",
    "edits" : 11
  }, {
    "page" : "  ",
    "edits" : 11
```

```
  }, {
    "page" : "The Naked Brothers Band (TV series)",
    "edits" : 10
  }, {
    "page" : "User talk:Buster40004",
    "edits" : 10
  }, {
    "page" : "User:Valmir144/sandbox",
    "edits" : 10
  } ]
} ]
```

2．数据可视化

Druid是面向用户分析应用的完美方案，有很多开源的应用支持Druid的数据可视化，如pivot、caravel和metabase等。

3．查询组件

有许多查询组件可供使用，如SQL引擎。还有其他各种语言提供的组件，如Python和Ruby。具体如下：

- Python:druid-io/pydruid
- R: druid-io/RDruid
- JavaScript:implydata/plywood,7eggs/node-druid-query
- Clojure: y42/clj-druid
- Ruby: ruby-druid/ruby-druid, redBorder/druid_config
- SQL: Apache Calcite, implydata/plyql
- PHP: ixelfederation/druid-php

11.5 本章小结

本章一开始介绍了Druid的基本概念、应用场景以及集群架构。Druid被设计为能够支持高性能的应用程序，被优化为能够拥有低延迟的查询。之后主要讲解了单机环境下Druid的搭建以及使用，并使用Druid安装包自带的例子进行了批量数据加载、流数据加载，之后对加载后的数据进行了查询。

PART 12 第12章 事件数据流引擎 Flink

Apache Flink（简称 Flink）项目是大数据处理领域最近冉冉升起的一颗新星，其不同于其他大数据项目的诸多特性吸引了越来越多人的关注。本章将详细给出 Flink 的单机搭建和集群搭建步骤以及 Flink 使用实例。

12.1 Flink 概述

Apache Flink 是一个开源的分布式批数据以及流数据处理平台，目前已经升级为 Apache 顶级开源项目。无论是 Spark 还是 Flink，它们的主要优势都是基于内存运行机器学习算法，运行速度非常快，而且 Flink 支持迭代计算。作为大数据挖掘工程师，这两个工具都必须掌握。

12.2 Flink 基本架构

Flink 系统的架构与 Spark 类似，是一个基于 Master-Slave 风格的架构。Flink 集群启动时，会启动一个 JobManager 进程、至少一个 TaskManager 进程。在 Local 模式下，会在同一个 JVM 内部启动一个 JobManager 进程和 TaskManager 进程。当 Flink 程序提交后，会创建一个 Client 来进行预处理，并转换为一个并行数据流，这是对应着一个 Flink Job，从而可以被 JobManager 和 TaskManager 执行。在实现上，Flink 基于 Actor 实现了 JobManager 和 TaskManager，所以 JobManager 与 TaskManager 之间的信息交换都是通过事件的方式来进行处理。

Flink 系统主要包含如下 3 个主要的进程。

1. JobManager

JobManager 是 Flink 系统的协调者，负责接收 Flink Job，调度组成 Job 的多个 Task 的执行。同时，JobManager 还负责收集 Job 的状态信息，并管理 Flink 集群中从节点 TaskManager。JobManager 在负责各项管理功能时，接收到并处理的事件主要包括：

（1）RegisterTaskManager。在 Flink 集群启动时，TaskManager 会向 JobManager 注册，如果注册成功，则 JobManager 会向 TaskManager 回复消息 AcknowledgeRegistration。

（2）SubmitJob。Flink 程序内部通过 Client 向 JobManager 提交 Flink Job，其中在消息 SubmitJob 中以 JobGraph 形式描述了 Job 的基本信息。

（3）CancelJob。请求取消一个 Flink Job 的执行，CancelJob 消息中包含了 Job 的 ID。如果成功，返回消息 CancellationSuccess；如果失败，返回消息 CancellationFailure。

（4）UpdateTaskExecutionState。TaskManager 会向 JobManager 请求更新 ExecutionGraph 中的 ExecutionVertex 的状态信息。更新成功，则返回 true。

（5）RequestNextInputSplit。运行在 TaskManager 上面的 Task，请求获取下一个要处理的输入 Split。成功则返回 NextInputSplit。

（6）JobStatusChanged。ExecutionGraph 向 JobManager 发送该消息，用来表示 Flink Job 的状态发生的变化，例如 RUNNING、CANCELING、FINISHED 等。

2．TaskManager

TaskManager 也是一个 Actor，它是实际负责执行计算的 Worker，在其上执行 Flink Job 的一组 Task。每个 TaskManager 负责管理其所在节点上的资源信息，如内存、磁盘、网络，在启动时将资源的状态向 JobManager 汇报。TaskManager 端可以分成两个阶段：

（1）注册阶段。TaskManager 会向 JobManager 注册，发送 RegisterTaskManager 消息，等待 JobManager 返回 AcknowledgeRegistration，然后 TaskManager 即可进行初始化过程。

（2）可操作阶段。该阶段 TaskManager 可以接收并处理与 Task 有关的消息，如 SubmitTask、CancelTask、FailTask。如果 TaskManager 无法连接到 JobManager，这时 TaskManager 就失去了与 JobManager 的联系，会自动进入“注册阶段”。只有完成注册，才能继续处理 Task 相关的消息。

3．Client

当用户提交一个 Flink 程序时，会首先创建一个 Client。该 Client 首先会对用户提交的 Flink 程序进行预处理，并提交到 Flink 集群中处理，所以 Client 需要从用户提交的 Flink 程序配置中获取 JobManager 的地址，并建立到 JobManager 的连接，将 Flink Job 提交给 JobManager。Client 会将用户提交的 Flink 程序组装一个 JobGraph，并且是以 JobGraph 的形式提交的。一个 JobGraph 是一个 Flink Dataflow，它由多个 JobVertex 组成的 DAG。其中，一个 JobGraph 包含了一个 Flink 程序的 JobID、Job 名称、配置信息、一组 JobVertex 等信息。

12.3 单机安装 Flink

Flink 运行支持 Linux、苹果、Windows 主流平台，不过最好的是使用 Linux。下面是安装前的准备：

（1）安装 Jdk 1.7.X 或者以上的版本。

（2）进入 Flink 官网下载页面，选择一个与你的 Hadoop 版本相匹配的 Flink 包。如果你不打算使用 Hadoop，则选择任何版本都可以。下载完成最新的发布包后，拷贝到 master 节点上并解压（如图 12-1 所示）：

```
sudo tar -xvf flink-1.1.0-bin-hadoop26-scala_2.11.tgz -C /opt/flink/
```

图 12-1 解压 Flink

（3）单机本地启动 Flink。在 Flink 目录中执行 bin/start-local.sh 启动 local 模式：

```
bin/start-local.sh
```

可以通过查看 logs 文件夹下的相关日志来检查我们的 Flink 系统是否在正确地运行，如图 12-2 所示。

图 12-2 本地启动 Flink

```
tail log/flink-*-jobmanager-*.log
```

在浏览器中输入 http://localhost:8081/，Flink 默认监听 8081 端口，防止其他进程占用此端口。此时出现的管理界面如图 12-3 所示。

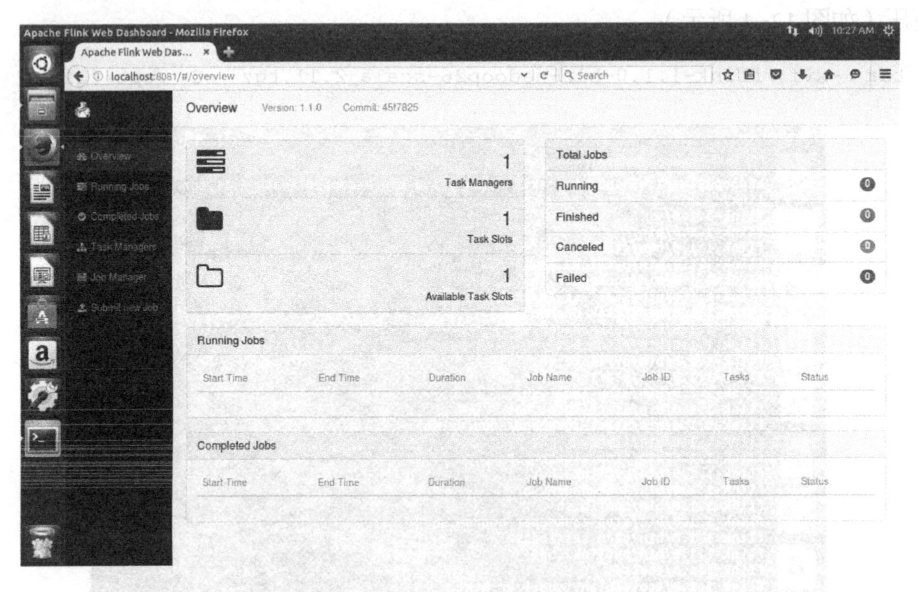

图 12-3　Flink Web 管理界面

可以发现，这个界面与 Spark 的管理界面的逻辑相似，主要是管理正在运行的 Job、已经完成的 Job 以及 Task 管理和 Job 管理。到这里，Flink 已启动成功，接下来可以运行实例。

12.4　Flink 运行第一个例子

下面运行一个分布式系统最经典的例子 WordCount：以 FLINK_HOME 的 README.txt 文件作为示例文件，测试 WordCount 程序，在 Ubuntu16.04 上运行代码。运行过程如图 12-4 所示。

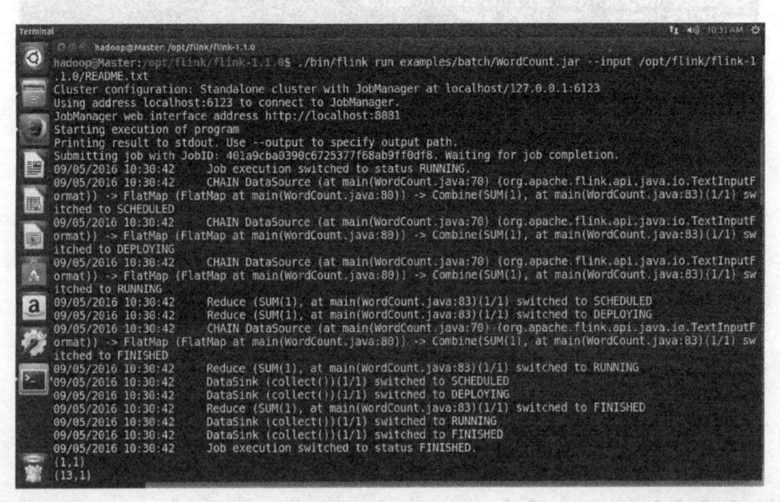

图 12-4　执行命令

```
./bin/flink run examples/batch/WordCount.jar --input /opt/flink/flink-1.1.0/
README.txt
```

运行成功后，可以在终端显示出图 12-5 所示的计算结果。

```
(s,2)
(section,1)
(security,2)
(see,3)
(software,8)
(source,1)
(technology,1)
(the,8)
(this,4)
(to,2)
(tsu,1)
(u,1)
(under,1)
(unrestricted,1)
(use,2)
(user,1)
(using,2)
(visit,1)
(wassenaar,1)
(website,1)
(which,2)
(with,1)
(www,1)
(you,2)
(your,1)
Program execution finished
Job with JobID 401a9cba0390c6725377f68ab9ff0df8 has finished.
Job Runtime: 635 ms
Accumulator Results:
- a5916820970d2ac9f1870bf5bc5ace22 (java.util.ArrayList) [111 elements]

hadoop@Master:/opt/flink/flink-1.1.0$
```

图 12-5　运行结果

也可以在 Flink Web 管理界面看到任务完成信息，如图 12-6 所示。

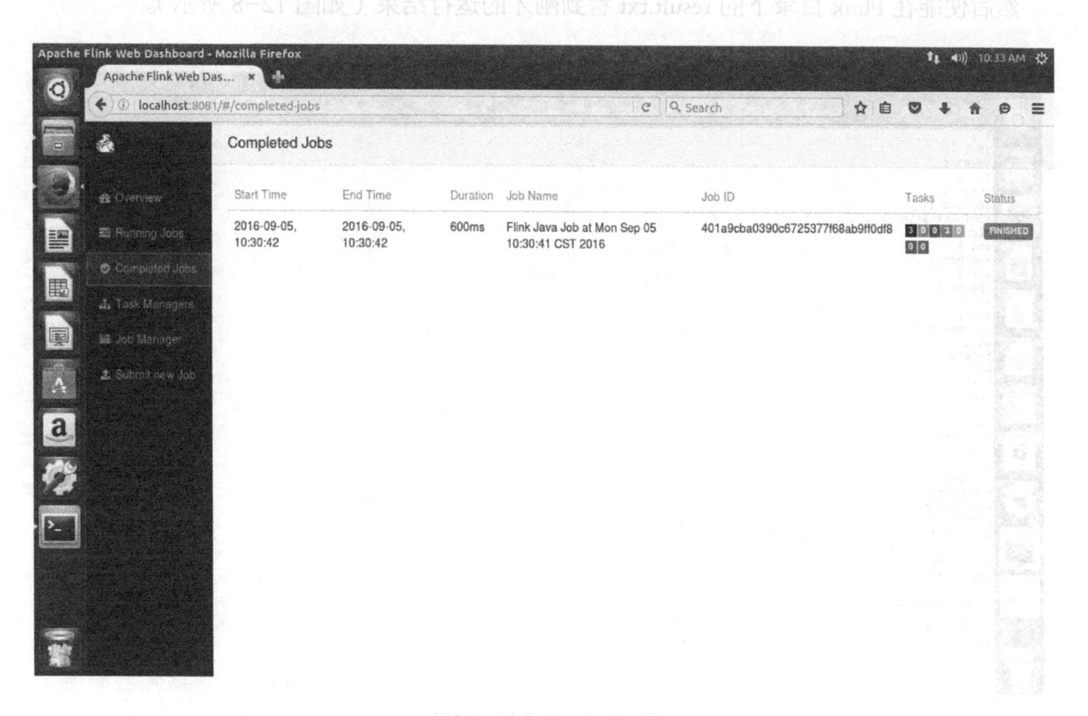

图 12-6　管理界面

如果不希望将结果显示在终端，而是保存在文件中，则可以用--output 参数来指定保存的位置。所执行的命令如下（结果如图 12-7 所示）：

```
./bin/flink run examples/batch/WordCount.jar --input /opt/flink/flink-1.1.0/README.txt --output result.txt
```

图 12-7 执行命令

然后便能在 Flink 目录下的 result.txt 看到刚才的运行结果（如图 12-8 所示）。

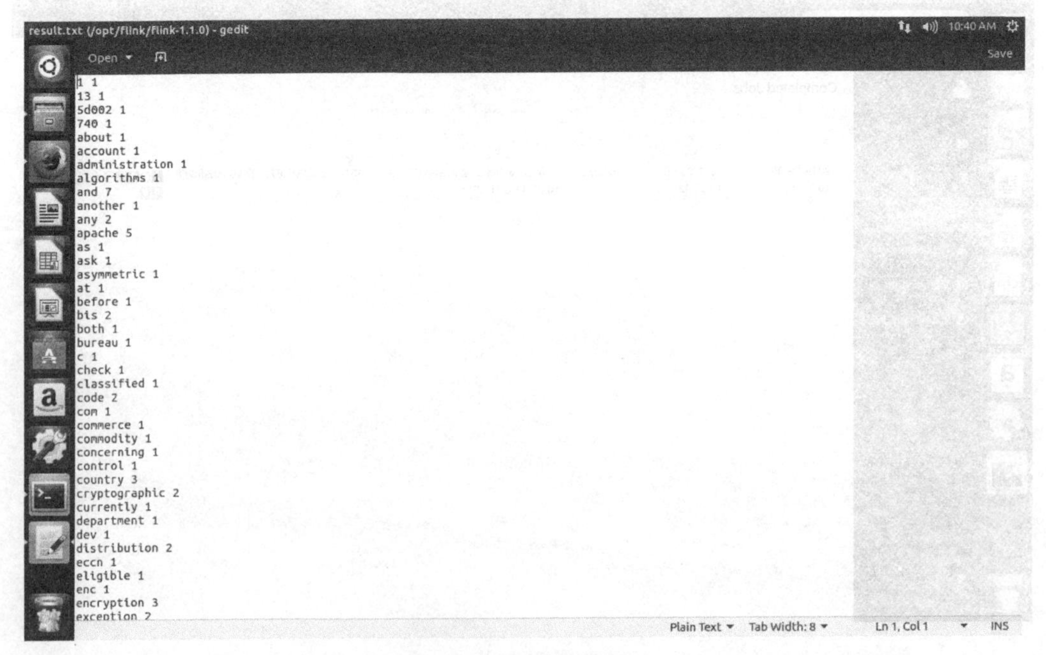

图 12-8 查看输出结果

12.5 Flink 集群部署

12.5.1 环境准备

集群由一个 master 节点和一个或多个 worker 节点组成，在安装之前应确保每台机器上都已经安装了 Java 1.7.x 或以上版本和 SSH（Flink 的脚本会用到 SSH 来管理远程组件）。

SSH 需要设置了免密码登入，为了能够启动/停止远程主机上的进程，master 节点需要能免密登录所有 worker 节点。最方便的方式是使用 SSH 的公钥验证。由于安装过 Hadoop 和 Spark 集群的用户应该已经非常熟悉这部分内容，所以这里不再赘述。

12.5.2 安装和配置

这里的安装和单机安装并没有什么区别，但是每个 worker 节点上的 Flink 路径必须保持一致。在解压完之后，需要编辑 conf/flink-conf.yaml 配置 Flink。设置 jobmanager.rpc.address 配置项为 master 节点地址。另外，为了明确 JVM 在每个节点上所能分配的最大内存，需要配置 jobmanager.heap.mb 和 taskmanager.heap.mb，值的单位是 MB。如果对于某些 worker 节点，希望分配更多的内存给 Flink 系统，则可以在相应节点上设置 FLINK_TM_HEAP 环境变量来覆盖默认的配置，如图 12-9 所示。

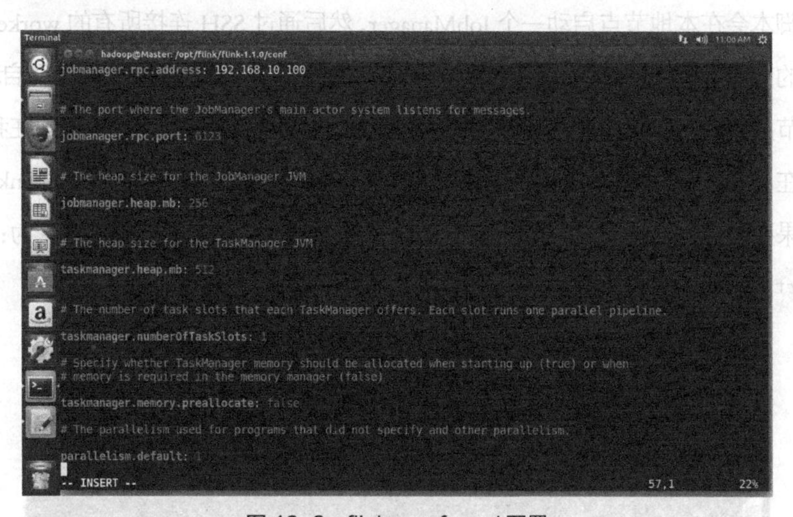

图 12-9　flink-conf.yaml 配置

最后，你需要提供一个集群中 worker 节点的列表。因此，就像配置 HDFS 一样，编辑 conf/slaves 文件，然后输入每个 worker 节点的 IP/Hostname，如图 12-10 所示。每一个 worker 节点之后都会运行一个 TaskManager。conf/master 文件是用来作 JobManager HA 的，在这里不需要配置。

特别地，以下几个是非常重要的配置项：

- TaskManager 总共能使用的内存大小(taskmanager.heap.mb)；
- 每一台机器上能使用的 CPU 个数(taskmanager.numberOfTaskSlots)；

- 集群中的总 CPU 个数(parallelism.default);
- 临时目录(taskmanager.tmp.dirs)。

图 12-10 slaves 配置

12.5.3 启动 Flink 集群

下面的脚本会在本地节点启动一个 JobManager,然后通过 SSH 连接所有的 worker 节点(slaves 文件中所列的节点),并在每个节点上运行 TaskManager。现在你的 Flink 系统已经启动并运行了。运行在本地节点上的 JobManager 现在会在配置的 RPC 端口上监听并接收任务。现在我们在 master 节点上,并在 Flink 目录中输入命令,结果如图 12-11 所示,从图中可以看到,Flink 集群已经启动成功。如果要停止 Flink,也有一个 stop-cluster.sh 脚本。启动 Flink 群集的命令为:

```
./bin/start-cluster.sh
```

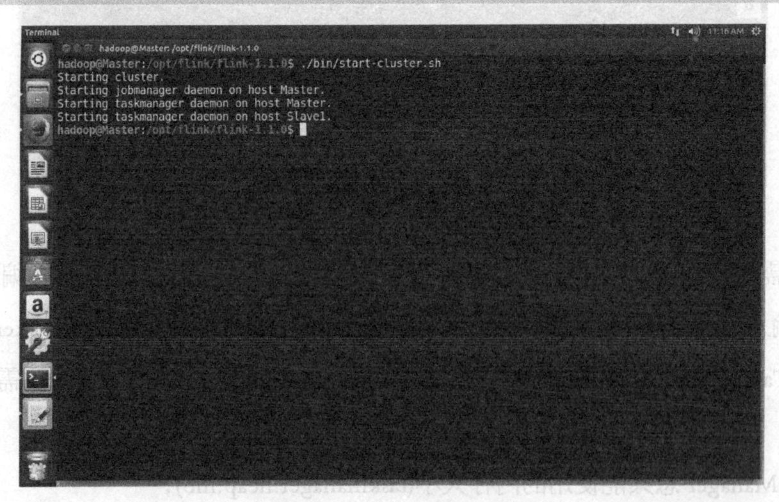

图 12-11 启动 Flink 集群

12.5.4 集群中添加 JobManager/TaskManager

可以使用 bin/jobmanager.sh 和 bin/taskmanager 脚本来添加 JobManager 和 TaskManager 实例到正在运行的集群中。添加一个 JobManager 的命令如下：

```
bin/jobmanager.sh (start cluster)|stop|stop-all
```

添加一个 TaskManager 的命令如下：

```
bin/taskmanager.sh start|stop|stop-all
```

应确保是在需要启动/停止相应实例的节点上运行这些脚本的。

12.6 本章小结

本章介绍了 Flink 的基本概念，接着介绍了 Flink 的基本架构，然后详细给出了 Flink 单机和集群安装配置的步骤，使读者可以根据搭建步骤一步步搭建自己的数据处理集群，方便后面的学习实验。最后通过简单易懂的数据处理入门小实验，使读者动手实践，加深对原理和认识的理解。

PART 13 第13章 分布式文件搜索 Elasticsearch

本章主要介绍 Elasticsearch 的基本架构，详细给出 Elasticsearch 的单机及集群的搭建步骤，以及一些入门操作实例，还有 Elasticsearch 常用插件 head 的安装方法。

13.1 Elasticsearch 简介

Elasticsearch 是一个开源的分布式搜索引擎，具备高可靠性，支持非常多的企业级搜索用例。像 Solr 4 一样，Elasticsearch 也是基于 Lucene 构建的。Elasticsearch 支持时间索引和全文检索，对外提供一系列基于 java 和 http 的 api，用于索引、检索、修改大多数配置。

Elasticsearch 有几个重要基本概念如下。

（1）接近实时（NRT）。Elasticsearch 是一个接近实时的搜索平台。这意味着，从索引一个文档直到这个文档能够被搜索到有一个轻微的延迟（通常是 1 秒）。

（2）集群（cluster）。一个集群就是由一个或多个节点组织在一起，它们共同持有整个的数据，并一起提供索引和搜索功能。一个集群由唯一的名字标识，这个名字默认就是“elasticsearch”。这个名字是重要的，因为一个节点只能通过指定某个集群的名字来加入这个集群。在产品环境中显式地设定这个名字是一个好习惯，但是也可以使用默认值进行测试/开发。

（3）节点（node）。一个节点是集群中的一个服务器，作为集群的一部分，它存储数据，参与集群的索引和搜索功能。与集群类似，一个节点也是由一个名字来标识的，默认情况下，这个名字是一个随机的漫威漫画角色的名字，这个名字会在启动时赋给节点。这个名字对于管理工作来说很重要，因为在这个管理过程中，需要确定网络中的哪些服务器对应于 Elasticsearch 集群中的哪些节点。 一个节点可以通过配置集群名称的方式来加入一个指定的集群。默认情况下，每个节点都会被安排加入到一个叫作“elasticsearch”的集群中，这意味着如果在你的网络中启动了若干个节点，并假定它们能够相互发现彼此，它们将会自动地形成并加入到一个叫作“elasticsearch”的集群中。在一个集群里，可以拥有任意多个节点。而且，如果当前网络中没有运行任何 Elasticsearch 节点，这时启动一个节点，会默认创建并加入一个叫“elasticsearch”的集群。

（4）索引（index）。一个索引就是一个拥有几分相似特征的文档的集合。比如说，你可以有一个客户数据的索引，另一个产品目录的索引，还有一个订单数据的索引。一个索引由一个名字来标识（必须全部是小写字母的），并且当我们要对对应于这个索引中的文档进行索引、搜索、更新和删除时，都要使用到这个名字。在一个集群中，可以定义任意多的索引。

（5）类型（type）。在一个索引中，可以定义一种或多种类型。一个类型是索引的一个逻辑上的分类/分区，其语义完全由使用者来定。通常，会为具有一组共同字段的文档定义一个类型。比如说，我们运营一个博客平台并且将所有的数据存储到一个索引中。在这个索引中，可以为用户数据定义一个类型，为博客数据定义另一个类型。当然，也可以为评论数据定义另一个类型。

（6）文档（document）。一个文档是一个可被索引的基础信息单元。比如，你可以拥有某一个客户的文档、某一个产品的一个文档。当然，也可以拥有某个订单的一个文档。文档以JSON（Javascript Object Notation）格式来表示，而JSON是一个到处存在的互联网数据交互格式。在一个 index/type 里面，可以存储任意多的文档。注意，尽管一个文档物理上存在于一个索引之中，但文档必须被索引/赋予一个索引的 type。

（7）分片和复制（shards & replicas）。一个索引可以存储超出单个结点硬件限制的大量数据。比如，一个具有10亿文档的索引占据1TB的磁盘空间，而任一节点都没有这样大的磁盘空间；或者单个节点处理搜索请求，响应太慢。为了解决这个问题，Elasticsearch 提供了将索引划分成多份的能力，这些份就叫作分片。当你创建一个索引的时候，可以指定希望的分片的数量。每个分片本身也是一个功能完善并且独立的“索引”，这个“索引”可以被放置到集群中的任何节点上。分片之所以重要，主要有两方面的原因：

① 允许你水平分割/扩展你的内容容量。

② 允许你在分片（潜在地，位于多个节点上）之上进行分布式的、并行的操作，进而提高性能/吞吐量。

至于一个分片怎样分布，它的文档怎样聚合回搜索请求，是完全由Elasticsearch管理的，对于用户来说，这些都是透明的。在一个网络/云的环境里，失败随时可能发生，在某个分片/节点不知怎么的就处于离线状态，或者由于任何原因消失了，这种情况下，有一个故障转移机制是非常有用并且是强烈推荐的。为此目的，Elasticsearch 允许创建分片的一份或多份拷贝，这些拷贝叫作复制分片，或者直接叫复制。复制之所以重要，有两个主要原因：

① 在分片/节点失败的情况下，提供了高可用性。基于这个原因，应注意复制分片从不与原/主要（original/primary）分片置于同一节点上是非常重要的。

② 扩展你的搜索量/吞吐量，因为搜索可以在所有的复制上并行运行。

总之，每个索引可以被分成多个分片。一个索引也可以被复制0次（即没有复制）或多次。一旦复制，每个索引就有了主分片（作为复制源的原来的分片）和复制分片（主分片的拷贝）

之别。分片和复制的数量可以在索引创建时指定。在索引创建之后，可以在任何时候动态地改变复制的数量，但是事后不能改变分片的数量。默认情况下，Elasticsearch 中的每个索引被分片成 5 个主分片和 1 个复制，这意味着，如果集群中至少有 2 个节点，则索引将会有 5 个主分片和另外 5 个复制分片（1 个完全拷贝），这样的话每个索引总共就有 10 个分片。

13.2 Elasticsearch 单节点安装

安装环境要求：Ubuntu 16.04 servers64、JDK 1.8.0。在安装 Elasticsearch 之前，可以通过以下命令来检查 Java 版本（如果有需要，安装或者升级）：

```
Java -version
```

一旦 Java 安装完成，就可以下载并安装 Elasticsearch。其二进制文件可以从 www.elasticsearch.org/download 下载，也可以从这里下载以前发布的版本。对于每个版本，可以在 zip、tar、DEB、RPM 类型的包中选择下载。为简单起见，我们使用 tar 包。这里下载最新版本 elasticsearch-2.3.5-tar.gz 并将其解压：

```
tar -zxf elasticsearch-2.3.5-tar.gz -C /opt/ES/
```

这将在选择的目录下创建很多文件和目录。然后，进入到 bin 目录下：

```
cd elasticsearch-2.3.5/bin
```

至此，已经准备好开启我们的节点和单节点集群：

```
./ elasticsearch
```

如果一切顺利，将看到大量信息如图 13-1 所示。

图 13-1　启动 Eleasticsearch

可以看到，一名为“Tanya Anderssen”（你会见到一个不同的漫威漫画角色）的节点启动并且将自己选作单节点集群的 master。我们在一个集群中开启了一个节点。

注意，有 http 标记的那一行，提供了有关 HTTP 地址和端口（9200）的信息，通过这个地址和端口我们就可以访问我们的节点。默认情况下，Elasticsearch 使用 9200 来提供对其 REST API 的访问。如果有必要，这个端口是可以配置的。

至此，Elasticsearch 已经安装成功，可以通过浏览器进行测试。输入 localhost：9200 可以看到如图 13-2 所示内容。

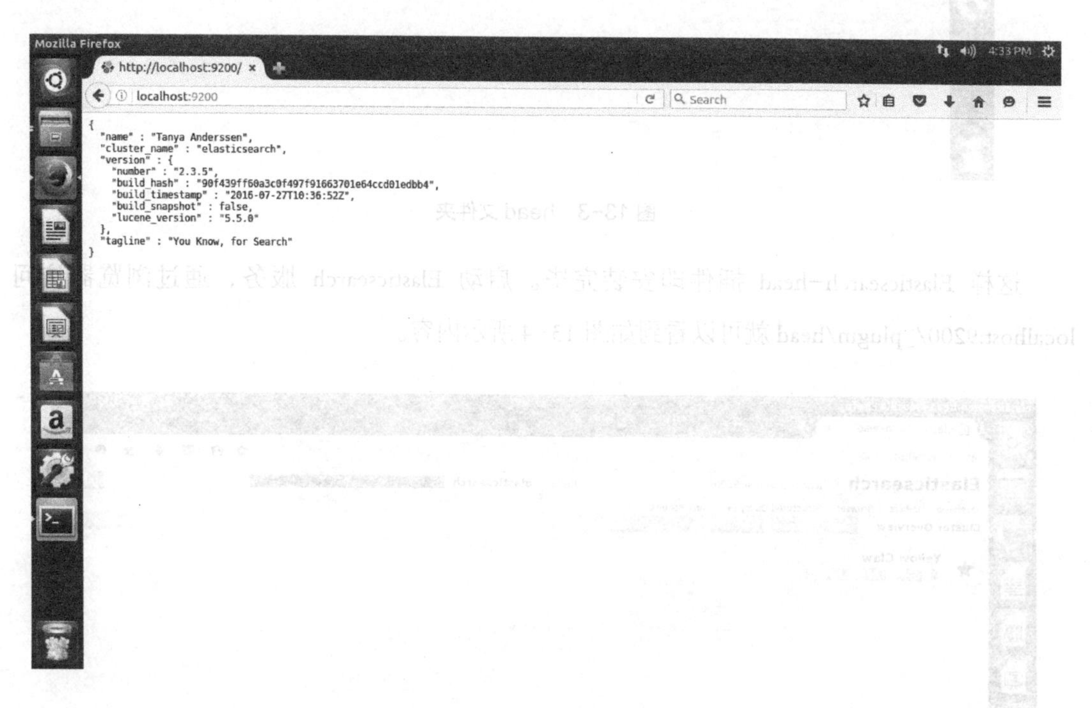

图 13-2　查看 9200 端口

13.3　插件 Elasticsearch-head 安装

在学习 Elasticsearch 的过程中，必定需要通过一些工具查看 es 的运行状态以及数据。如果都是通过 rest 请求，未免太过麻烦，而且也不够人性化。此时，head 可以完美地帮助你快速学习和使用 es。Elasticsearch-head 是一个 Elasticsearch 的集群管理工具，是完全由 html5 编写的独立网页程序，你可以通过插件把它集成到 es。

安装插件 Elasticsearch-head 非常简单，从 http://mobz.github.io/elasticsearch-head/下载 head 插件的 zip 包，然后解压到 HOME_ELASTICSEARCH/plugins/head 文件夹中即可，如图 13-3 所示。

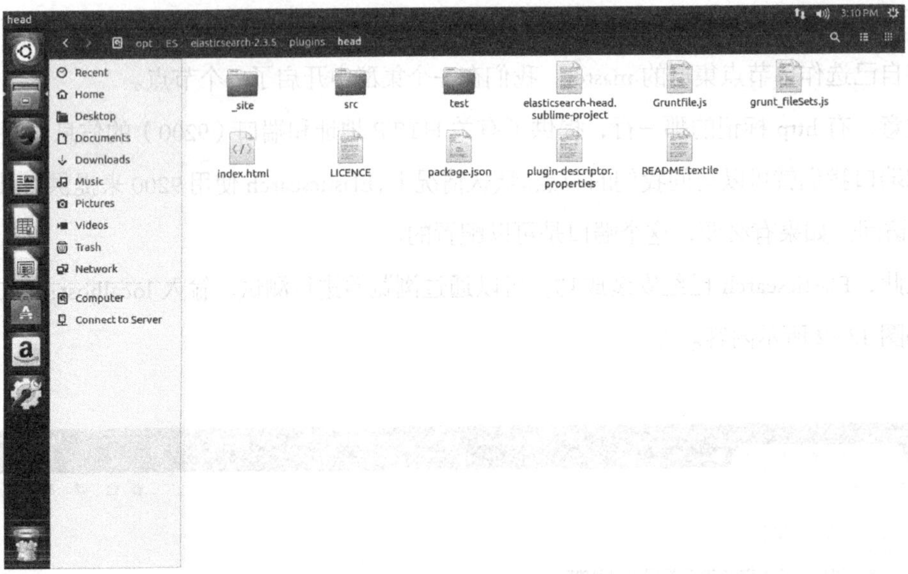

图 13-3　head 文件夹

这样 Elasticsearch-head 插件即安装完毕。启动 Elasticsearch 服务，通过浏览器访问 localhost:9200/_plugin/head 就可以看到如图 13-4 所示内容。

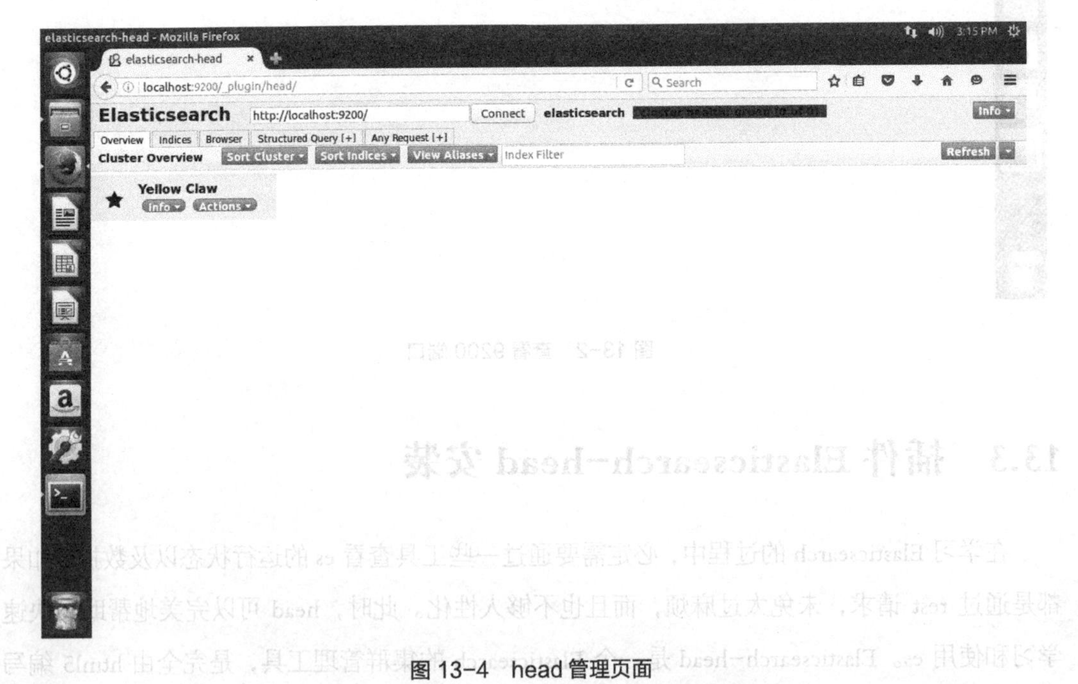

图 13-4　head 管理页面

在这个页面中，可以看到基本的分片的信息，如主分片、副本分片等，以及有多少分片可以使用。上方 Elasticsearch 是集群的名称，颜色表示集群的健康状态：绿色表示主分片和副本分片都可用；黄色表示只有主分片可用，没有副本分片；红色表示主分片中的部分索引不可用，但是不影响某些索引的访问。这个页面的出现，说明 head 插件已经安装成功。

13.4 Elasticsearch 的基本操作

1. 查看集群健康

以基本的健康检查作为开始，可以利用它来查看集群的状态。在此过程中，可以使用 curl，当然也可以使用任何可以创建 HTTP/REST 调用的工具。假设在启动 Elasticsearch 的节点上并打开另外一个 shell 窗口。要检查集群健康，将使用_cat API。需要事先记住的是，节点 HTTP 的端口是 9200。

```
curl 'localhost:9200/_cat/health?v'
```

相应的结果如图 13-5 所示。

可以看到，集群的名字是"elasticsearch"，正常运行，并且状态是绿色。询问集群状态的时候，可能得到绿色、黄色或红色。绿色代表一切正常（集群功能齐全），黄色意味着所有的数据都是可用的，但是某些复制没有被分配（集群功能齐全），红色则代表因为某些原因，某些数据不可用。注意，即使是集群状态是红色的，集群仍然是部分可用的（它仍然会利用可用的分片来响应搜索请求），但是可能需要尽快修复它，因为有丢失的数据。也是从上面的响应中，可以看到，一共有一个节点，由于里面没有数据，我们有 0 个分片。注意，由于使用默认的集群名字（elasticsearch），并且由于 Elasticsearch 默认使用网络多播（multicast）发现其他节点，如果在网络中启动了多个节点，就已经把它们加入到一个集群中了。在这种情形下，可能在上面的响应中会看到多个节点。

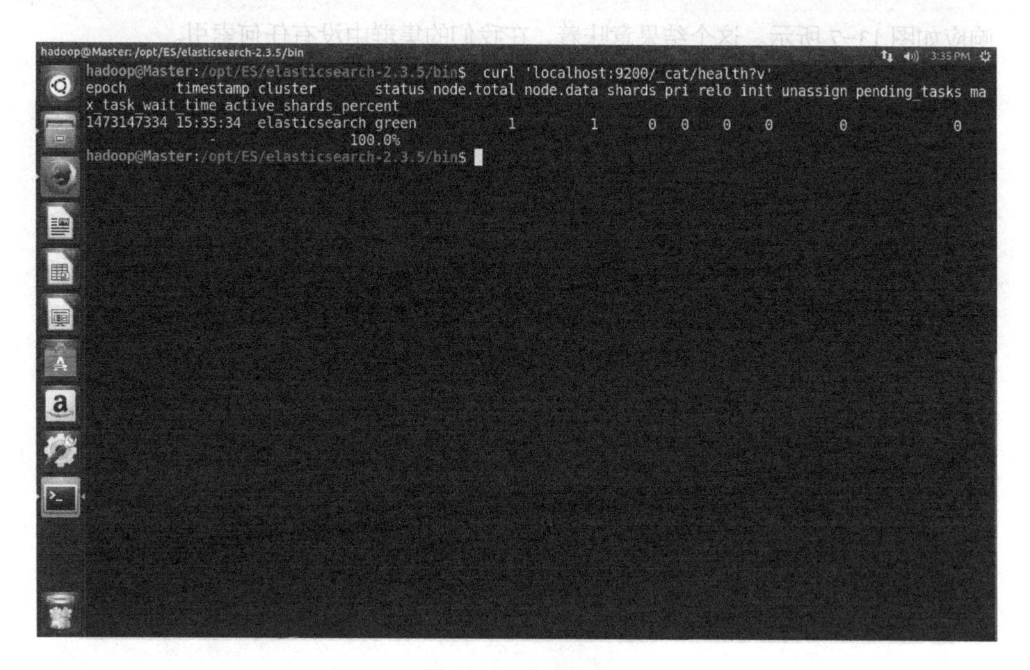

图 13-5　集群健康

2．查看集群中的节点列表

```
curl 'localhost:9200/_cat/nodes?v'
```

响应如图 13-6 所示。

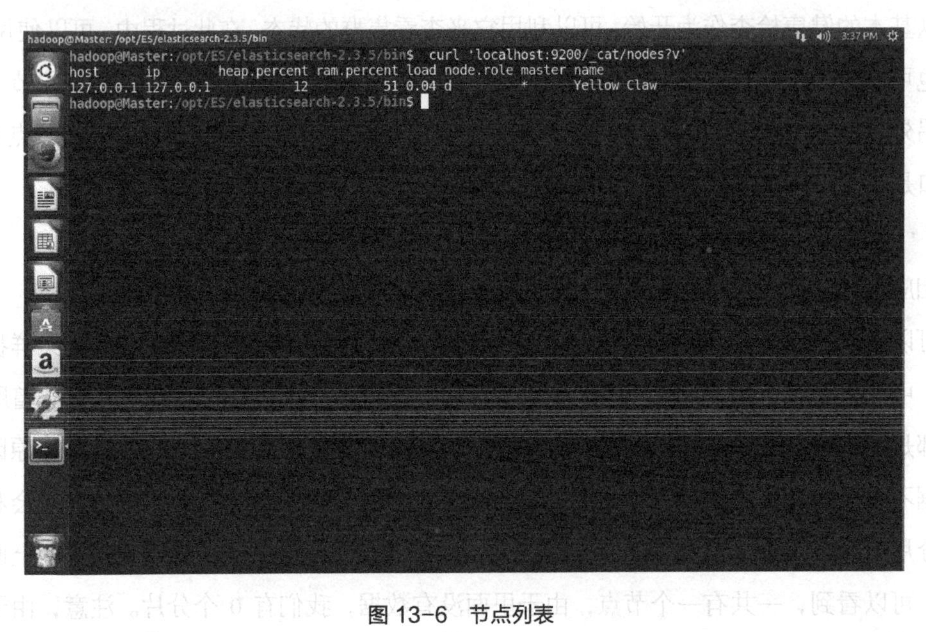

图 13-6 节点列表

可以看到叫作“Yellow Claw”的节点，这个节点是集群中的唯一节点。

3．列出所有的索引

```
curl 'localhost:9200/_cat/indices?v'
```

响应如图 13-7 所示。这个结果意味着，在我们的集群中没有任何索引。

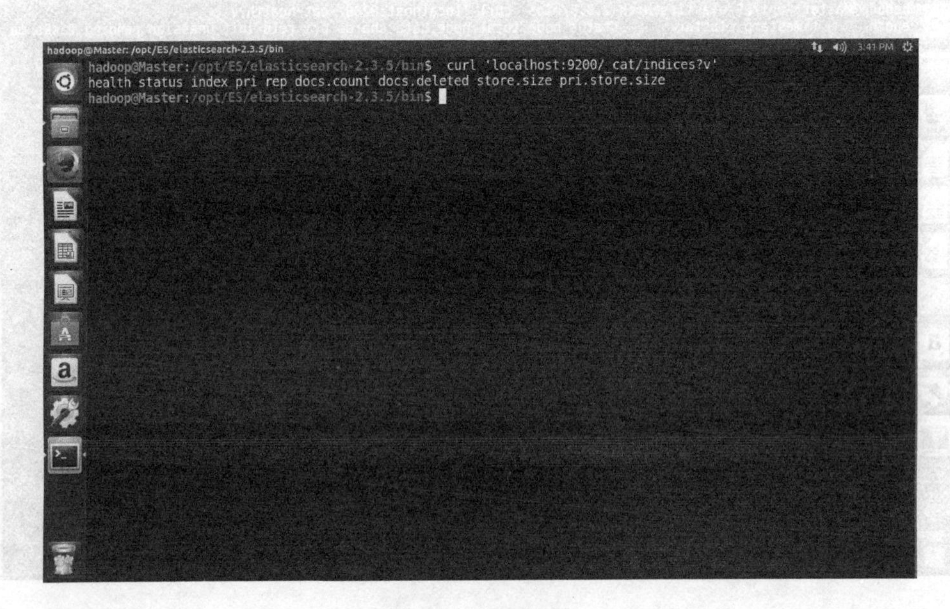

图 13-7 查看索引

4．创建一个索引

现在创建一个叫作“customer”的索引，然后再列出所有的索引。

```
curl -XPUT 'localhost:9200/customer?pretty'

curl 'localhost:9200/_cat/indices?v'
```

第一个命令使用PUT创建了一个叫作“customer”的索引。我们简单地将pretty附加到调用的尾部，使其以美观的形式打印出JSON响应（如果有的话）。响应如图13-8所示。

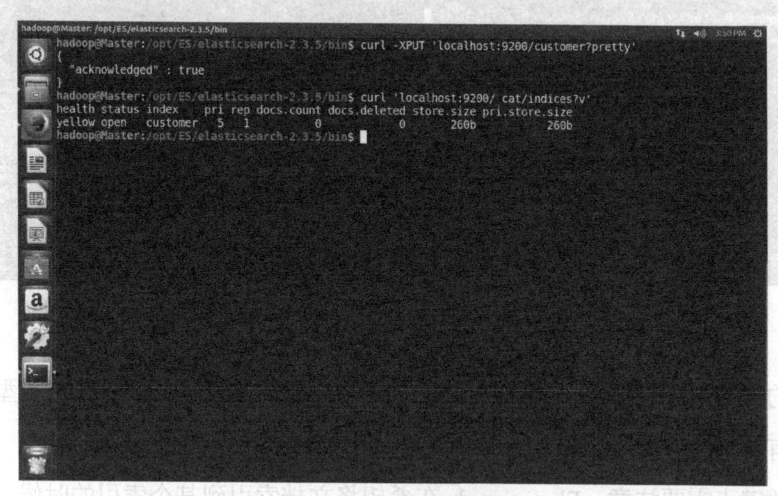

图13-8　创建查看索引

第二个命令的结果说明，现在有一个叫作customer的索引，并且它有5个主分片和1份复制（都是默认值），其中包含0个文档。

注意，这个customer索引有一个黄色健康标签。根据之前的介绍，黄色意味着某些复制没有（或者还未）被分配。这个索引之所以这样，是因为Elasticsearch默认为这个索引创建一份复制。由于现在我们只有一个节点在运行，则那一份复制就分配不了了（为了高可用），直到当另外一个节点加入到这个集群后，才能分配。一旦那份复制在第二个节点上被复制，则这个节点的健康状态就会变成绿色。

5．索引并查询一个文档

现在放一些东西到customer索引中。首先要知道的是，为了索引一个文档，必须告诉Elasticsearch这个文档要到这个索引的哪个类型（type）下。将一个简单的客户文档索引到customer索引、“external”类型中，这个文档的ID是1，操作如下：

```
curl -XPUT 'localhost:9200/customer/external/1?pretty' -d '

      {

       "name": "Yellow BL"

       }'
```

响应如图13-9所示。

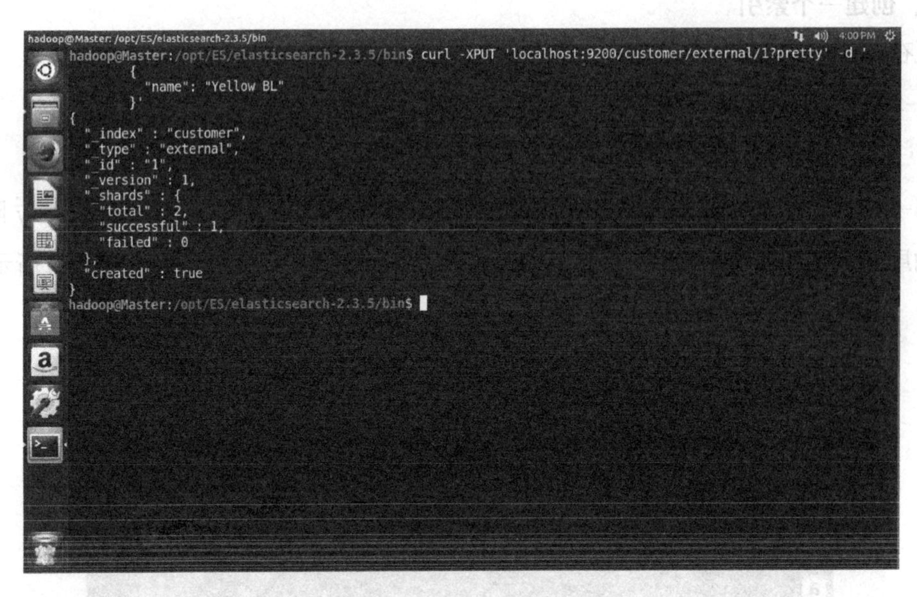

图 13-9　创建文档索引

从上面的响应中可以看到，一个新的客户文档在 customer 索引和 external 类型中被成功创建。文档也有一个内部 id 1，这个 id 是我们在索引的时候指定的。

有一个关键点需要注意，Elasticsearch 在希望将文档索引到某个索引的时候，并不强制要求这个索引被显式地创建。在前面这个例子中，如果 customer 索引不存在，则 Elasticsearch 将自动地创建这个索引。

6．读取索引的文档

```
curl -XGET 'localhost:9200/customer/external/1?pretty'
```

响应如图 13-10 所示。

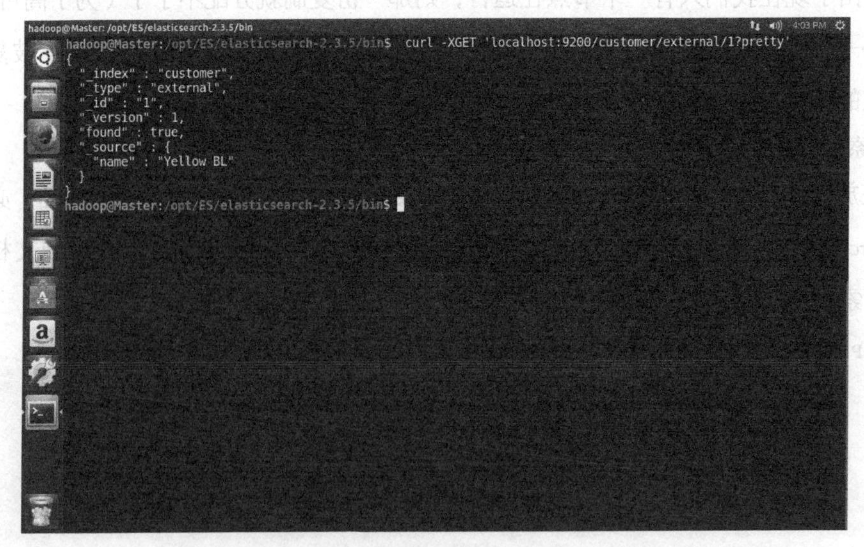

图 13-10　读取索引文档

除一个叫作 found 的字段来指明我们找到了一个 ID 为 1 的文档和另外一个字段 source 返回我们前一步中索引的完整 JSON 文档之外，没有其他的什么特别之处。

7．删除一个文档

```
curl -XDELETE 'localhost:9200/customer?pretty'

curl 'localhost:9200/_cat/indices?v'
```

响应如图 13-11 所示。

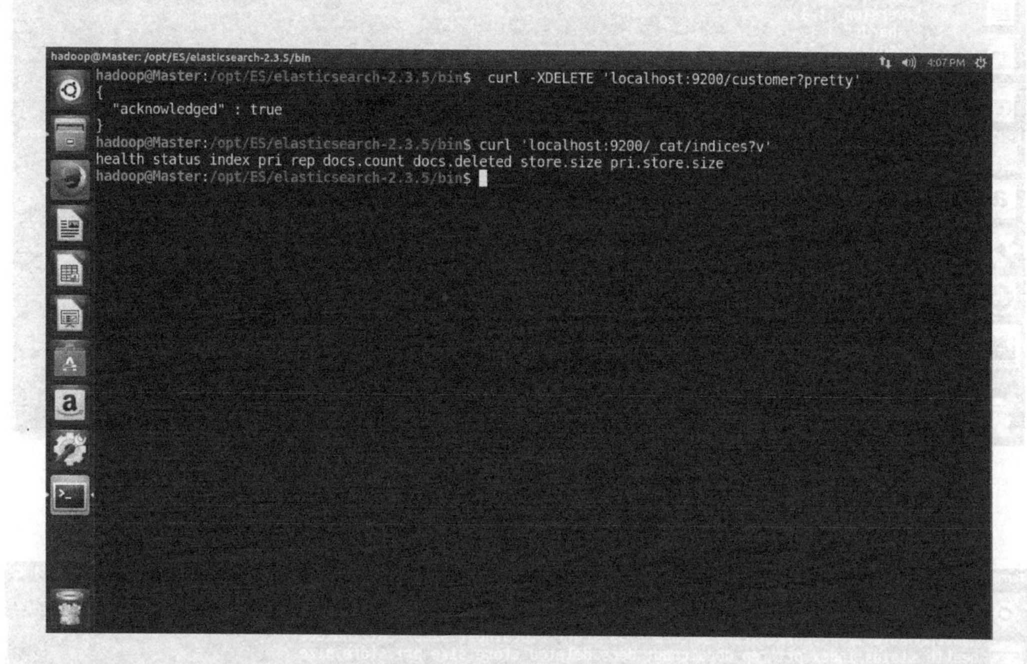

图 13-11　删除索引文档

这表明我们成功地删除了这个索引，现在回到了集群中空无所有的状态。

13.5　综合实战

1．载入样本数据

可以从 https://github.com/bly2k/files/blob/master/accounts.zip?raw=true 下载这个样本数据集。将其解压到当前目录下，并通过下列命令将其加载到我们的集群里：

```
curl -XPOST 'localhost:9200/bank/account/_bulk?pretty' --data-binary @accounts.json
```

响应如图 13-12 所示。图中也可以看到文档的模式。

再执行以下命令查看索引：

```
curl 'localhost:9200/_cat/indices?v'
```

如图 13-13 所示，意味着我们成功批量索引了 1000 个文档到银行索引中（account 类型）。

```
    "status" : 201
  }
}, {
  "index" : {
    "_index" : "bank",
    "_type" : "account",
    "_id" : "990",
    "_version" : 1,
    "_shards" : {
      "total" : 2,
      "successful" : 1,
      "failed" : 0
    },
    "status" : 201
  }
}, {
  "index" : {
    "_index" : "bank",
    "_type" : "account",
    "_id" : "995",
    "_version" : 1,
    "_shards" : {
      "total" : 2,
      "successful" : 1,
      "failed" : 0
    },
    "status" : 201
  }
} ]
}
hadoop@Master:/opt/ES/elasticsearch-2.3.5$
```

图 13-12　载入样本数据

图 13-13　查看索引

2．使用 head 插件

打开 head 插件管理页面，可以看到多了一个 bank 索引，如图 13-14 所示。

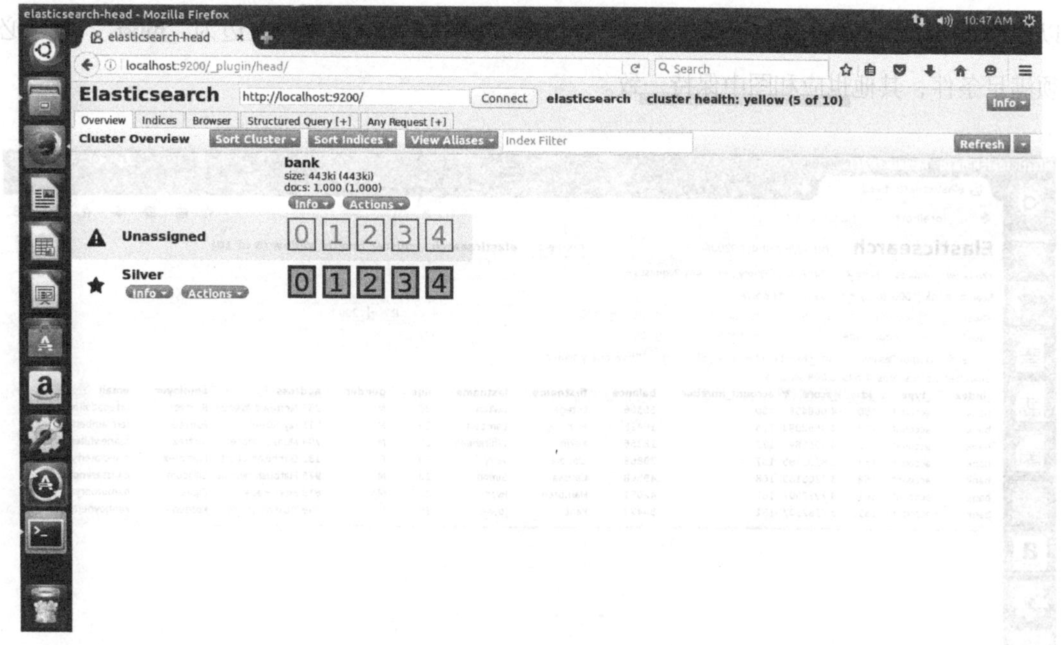

图 13-14　head 管理界面

单击 **Structured Query** 选项卡，在 Search 下拉菜单中选择“bank”并单击“Search”按钮。这里将显示所有记录，如图 13-15 所示。

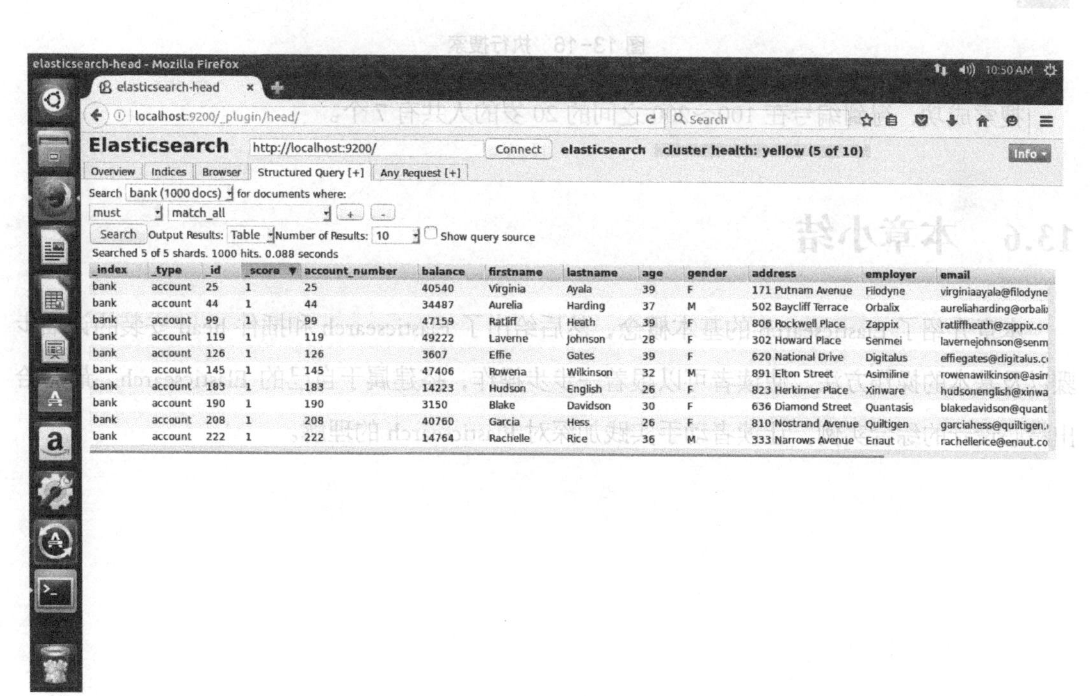

_index	_type	_id	_score ▼	account_number	balance	firstname	lastname	age	gender	address	employer	email
bank	account	25	1	25	40540	Virginia	Ayala	39	F	171 Putnam Avenue	Filodyne	virginiaayala@filodyne
bank	account	44	1	44	34487	Aurelia	Harding	37	M	502 Baycliff Terrace	Orbalix	aureliaharding@orbali:
bank	account	99	1	99	47159	Ratliff	Heath	39	F	806 Rockwell Place	Zappix	ratliffheath@zappix.co
bank	account	119	1	119	49222	Laverne	Johnson	28	F	302 Howard Place	Senmei	lavernejohnson@senm
bank	account	126	1	126	3607	Effie	Gates	39	F	620 National Drive	Digitalus	effiegates@digitalus.c
bank	account	145	1	145	47406	Rowena	Wilkinson	32	M	891 Elton Street	Asimiline	rowenawilkinson@asin
bank	account	183	1	183	14223	Hudson	English	26	F	823 Herkimer Place	Xinware	hudsonenglish@xinwa
bank	account	190	1	190	3150	Blake	Davidson	30	F	636 Diamond Street	Quantasis	blakedavidson@quant
bank	account	208	1	208	40760	Garcia	Hess	26	F	810 Nostrand Avenue	Quiltigen	garciahess@quiltigen.
bank	account	222	1	222	14764	Rachelle	Rice	36	M	333 Narrows Avenue	Enaut	rachellerice@enaut.co

图 13-15　查看所有数据

3. 执行搜索

现在可以选择我们希望搜索的数据，单击“+”来增加搜索条件，搜索编号在 100～200

以内、年龄为 20 岁的人如图 13-16 所示。之后单击“Search”。确保左边为“must”，表示必须满足条件，其他也应和图中保持一致。

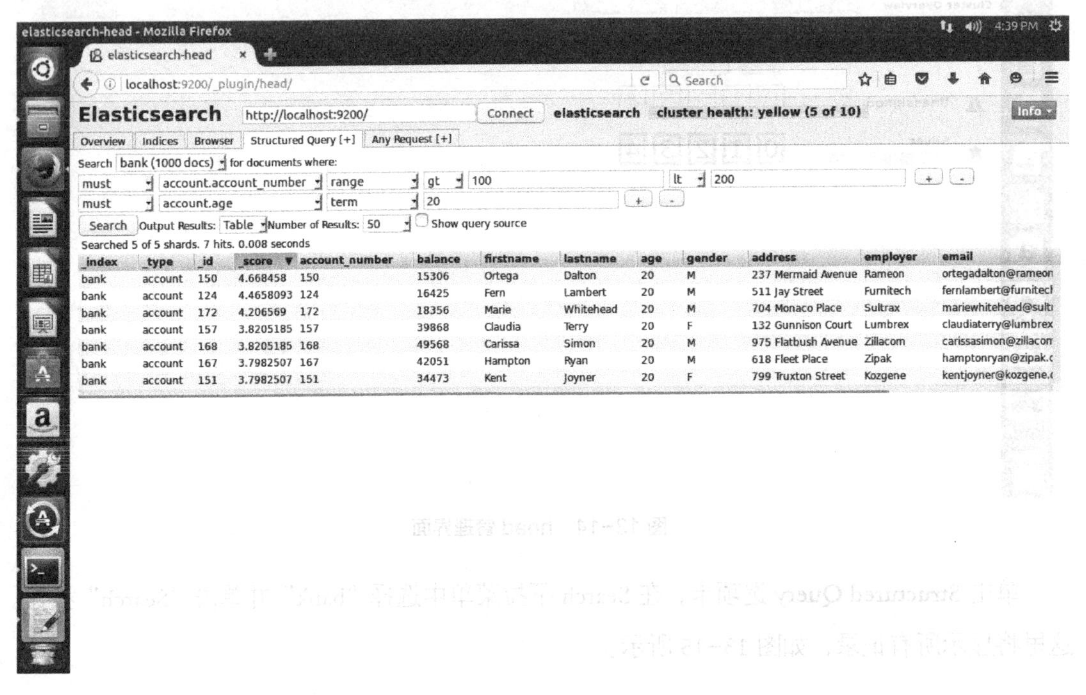

图 13-16　执行搜索

搜索成功，得到编号在 100～200 之间的 20 岁的人共有 7 个。

13.6　本章小结

本章介绍了 Elasticsearch 的基本概念，然后给出了 Elasticsearch 和插件 head 安装的详细步骤以及基本的操作方法，使读者可以跟着一步步操作，搭建属于自己的 Elasticsearch。最后给出精心设计的综合实例，让读者动手实践加深对 Elasticsearch 的理解。

PART 14 第14章 实例电商数据分析

本章应用网络爬虫，从电商平台爬取数据，对数据进行预处理并导入到 Hadoop，接着对数据进行统计挖掘分析，给出一个数据分析的综合示例。

14.1 背景与挖掘目标

随着数据挖掘技术的发展和电子商务的普及，将数据挖掘技术应用到电子商务中，可以解决电子商务中数据量庞大的问题，从而获得真正有价值的信息。

本章对淘宝服饰的销量以及评价进行挖掘分析：

（1）分析服饰的优缺点；

（2）从好评和差评中分析出主要原因。

14.2 分析方法与过程

本次数据采集是通过爬虫对淘宝服饰的销量、评分、评价等数据进行爬取，然后导入 MySQL 数据库，分为 taobao（主表）、haoping（好评）、chaping（差评）三张表。先对三张表的废数据进行过滤，然后对 haoping、chaping 两张表的评价内容进行取样分词统计出关键字，最后运用 hive 以关键字对总体数据进行统计。

14.2.1 数据收集

数据收集的爬虫使用 Python 的 requests 库编写，使用 Beautifulsoup 库和 lxml 库提取数据，在页面中定位数据使用的是 Xpath。开发爬虫之前首先明确需求，枚举出页面中需要提取的信息，如商品名称、商品价格等，而后根据信息在页面源码中的位置，写出可以定位到这条信息的 Xpath，对于可能出现的每一种页面，分别提取出一套 Xpath，在数据库中建立数据表，分门别类地保存 Xpath。

页面爬取完毕后，从数据库拿出事先写好的 Xpath，用 Xpath 定位页面中有价值的信息，取出这些信息并按照其种类存进事先准备的数据表中。在爬取到的商品信息中找出这个商品的 ID 号码，根据商品号码和淘宝 url 的生成规律，生成可以获取商品评论的 url，使用 Python

打开链接从而获取商品评论，按照事先写好的 Xpath 提取评论内容存入数据库。商品信息表、商品评论表、Xpath 目录数据库表的结构如图 14-1 至图 14-3 所示。

名	类型	长度	小数点	允许空值 (	
id	int	11	0	☐	🔑1
state	int	11	0	☑	
classifaction	varchar	255	0	☑	
keyword	varchar	255	0	☑	
create	varchar	255	0	☑	
production	text	0	0	☑	
price	varchar	255	0	☑	
saleVolume	varchar	255	0	☑	
instruction	text	0	0	☑	
storename	varchar	255	0	☑	
storepercent	varchar	255	0	☑	
userkey	int	11	0	☑	
saleurl	text	0	0	☑	
comment	varchar	255	0	☑	

图 14-1　商品信息表结构

名	类型	长度	小数点	允许空值 (	
id	int	5	0	☐	🔑1
keyWord	varchar	30	0	☑	
numberNews	int	5	0	☑	
title	varchar	30	0	☑	
publication	varchar	20	0	☑	
datatime	varchar	30	0	☑	
content	varchar	255	0	☑	
imagAdress	varchar	255	0	☑	
state	int	1	0	☑	

图 14-2　商品评论表结构

名	类型	长度	小数点	允许空值 (	
id	int	11	0	☐	🔑1
createXpath	varchar	255	0	☑	
productionXpath	varchar	255	0	☑	
instructionXpath	varchar	255	0	☑	
storepercentXpath	varchar	255	0	☑	
storenameXpath	varchar	255	0	☑	
classifaction	varchar	255	0	☑	
priceXpath	varchar	255	0	☑	
saleVolumeXpath	varchar	255	0	☑	

图 14-3　Xpath 目录数据库表结构

爬虫运行后爬取的部分数据如图 14-4 至图 14-6 所示。

Id	state	laizi	keyword	miaosu	chandi	pric	sale	aaa	dianpu	pingfen	userkey	wangzhi	ddd
7472	0	天猫	韩版	包邮夏季学生白色弹力破洞	广东广州	21.9	58657人收货	材质成分	attainluxury著臻旗舰店	|4.8|4.7|4.7	347040456	https://detail	(Null)
7473	0	淘宝	韩版	2016宽松牛仔短裤女夏黑白	广东广州	29.9	53369人收货	|品牌: 自	莱瑟儿	|4.6|4.6|4.6	154977188	https://item.t	(Null)
7474	8	天猫	韩版	夏装男士短袖t恤 韩版圆领大	广东广州	49.0	49304人收货		翰代维旗舰店	|4.8|4.7|4.6	384955515	https://detail	(Null)
7475	0	天猫	韩版	夏季透气男士板鞋韩版休闲	浙江温州	19.9	41866人收货	上市年份	乐家高旗舰店	|4.8|4.6|4.6	79030131	https://detail	(Null)
7476	0	天猫	韩版	韩版春夏季小白鞋女厚底板	浙江温州	29.9	40822人收货	适用对象	碧月鞋类专营店	|4.7|4.6|4.6	515032219	https://detail	(Null)
7477	0	天猫	韩版	夏装短袖T恤男士圆领印花	浙江杭州	29.9	39158人收货	适用场景	popor旗舰店	|4.7|4.6|4.6	595962881	https://detail	(Null)
7478	0	天猫	韩版	夏装短袖T恤男圆领纯棉印花	江西南昌	19.9	35880人收货	适用场景	文将服饰旗舰店	|4.8|4.6|4.6	766803579	https://detail	(Null)
7479	0	天猫	韩版	夏低帮白色帆布鞋女小白鞋	浙江金华	49.9	34784人收货	适用对象	温妮莎鞋类专营店	|4.8|4.6|4.6	959000994	https://detail	(Null)
7480	0	天猫	韩版	男鞋秋夏季老北京布鞋男士	浙江金华	29.9	33561人收货	上市年份	迈逍遥旗舰店	|4.8|4.7|4.6	687325609	https://detail	(Null)
7481	0	天猫	韩版	韩版高腰牛仔短裤女夏季薄	湖北武汉	25.5	31627人收货	材质成分	薇伦旗舰店	|4.8|4.7|4.7	618199199	https://detail	(Null)
7482	0	天猫	韩版	男士短袖T恤韩版潮2016年	江西南昌	18.8	31386人收货	适用场景	诚昊和服饰旗舰店	|4.8|4.6|4.6	1805632	https://detail	(Null)
7483	0	天猫	韩版	2016春夏季新款显瘦九分裤	浙江金华	49.9	29738人收货	材质成分	莎凯斯旗舰店	|4.7|4.6|4.6	340229333	https://detail	(Null)
7484	0	天猫	韩版	夏季男士运动休闲鞋韩版潮	福建泉州	35.0	28402人收货	上市年份	威登鲁尼旗舰店	|4.8|4.7|4.7	872100025	https://detail	(Null)
7485	0	天猫	韩版	2016夏季新款短裤女夏新大	广东广州	38.0	27354人收货	材质成分	旗黄衣阁旗舰店	|4.8|4.7|4.7	239648053	https://detail	(Null)
7486	0	淘宝	韩版	韩版夏装aa款露脐短款短袖	广东广州	17.9	27076人收货	|流行元素	紫鹤家居服饰	|4.7|4.7|4.7	915732061	https://item.t	(Null)
7487	0	天猫	韩版	2016夏季新款男士短袖T恤	浙江杭州	39.9	26675人收货	适用场景	sapphiron旗舰店	|4.7|4.6|4.6	719735507	https://detail	(Null)
7488	0	淘宝	韩版	夏季新款2016韩版镂空无袖	浙江杭州	59.9	26330人收货	|廓形: A型	小谷粒轻熟系小G自制女装	|4.6|4.7|4.7	677086967	https://item.t	(Null)
7489	0	天猫	韩版	短裤女士夏季雪纺韩版宽松	浙江杭州	49.0	25995人收货	材质成分	雅羊人旗舰店	|4.8|4.7|4.7	470591420	https://detail	(Null)
7490	8	天猫	韩版	夏装短袖T恤男纯棉圆领印花	浙江杭州	16.9	25553人收货		mvtt旗舰店	|4.7|4.6|4.6	232922011	https://detail	(Null)
7491	0	天猫	韩版	夏装短袖T恤纯棉男士V领日	浙江杭州	15.8	25088人收货	适用场景	fwf旗舰店	|4.7|4.6|4.6	21812233	https://detail	(Null)
7492	0	天猫	韩版	2016夏季新款男士短袖T恤	浙江杭州	17.8	24327人收货	适用场景	mitouomo服饰旗舰店	|4.7|4.6|4.6	745223564	https://detail	(Null)
7493	0	天猫	韩版	夏季男士短袖T恤圆领纯色体	浙江湖州	31.0	23257人收货	适用场景	雨季淡然旗舰店	|4.7|4.6|4.6	481739805	https://detail	(Null)
7494	0	淘宝	新品	新品简约体恤韩国新款夏装	广东东莞	29.9	14803人收货	|袖长: 短	美与乐趣服饰有限公司	|4.7|4.7|4.7	857184472	https://item.t	(Null)
7495	0	天猫	新品	夏季男鞋新品透气网鞋男韩	浙江温州	49.0	9327人收货	上市年份	盐商旗舰店	|4.8|4.7|4.6	137510728	https://detail	(Null)

图 14-4 淘宝服饰数据

id	userkey	comment	create	classifaction
58045	154977188	不好意思评价晚了，质量很好穿起来很好看。就是拍大一码不过不	2016宽松牛仔短裤女夏黑白蓝色毛边高腰显瘦学生韩版百搭阔腿热裤	淘宝
58046	154977188	还不错，质量和图片一样，泡了一会儿不怎么掉色，只是一点线毛	2016宽松牛仔短裤女夏黑白蓝色毛边高腰显瘦学生韩版百搭阔腿热裤	淘宝
58047	154977188	合身又显腿瘦，有下水洗过一次，水有點褪色，但裤子没有掉色，	2016宽松牛仔短裤女夏黑白蓝色毛边高腰显瘦学生韩版百搭阔腿热裤	淘宝
58048	154977188	腰围刚好。裤脚宽松了一点，适合腿粗的。不怎么掉色，就是线头	2016宽松牛仔短裤女夏黑白蓝色毛边高腰显瘦学生韩版百搭阔腿热裤	淘宝
58049	154977188	满意 不会紧紧裹在腿上 客服推荐的刚刚好 不知道会不会掉色缩水	2016宽松牛仔短裤女夏黑白蓝色毛边高腰显瘦学生韩版百搭阔腿热裤	淘宝
58050	154977188	头一次自己在网上买东西，看这家店评论都还很好就买了一条，我	2016宽松牛仔短裤女夏黑白蓝色毛边高腰显瘦学生韩版百搭阔腿热裤	淘宝
58051	154977188	老实话不明白这个裤子还有差评。那也是买家太挑剔了。和其他好	2016宽松牛仔短裤女夏黑白蓝色毛边高腰显瘦学生韩版百搭阔腿热裤	淘宝
58052	154977188	我本人一百四十五斤，买了大码，穿起来好宽松的呢？好喜欢的人	2016宽松牛仔短裤女夏黑白蓝色毛边高腰显瘦学生韩版百搭阔腿热裤	淘宝
58053	154977188	第二次购买了，这次买的浅蓝色，上回买的白色更好看点，但是也	2016宽松牛仔短裤女夏黑白蓝色毛边高腰显瘦学生韩版百搭阔腿热裤	淘宝
58054	154977188	嗯，总的来说很不错，客服推荐的尺码合适，穿上很百搭，很显瘦	2016宽松牛仔短裤女夏黑白蓝色毛边高腰显瘦学生韩版百搭阔腿热裤	淘宝
58055	154977188	好好看。好实惠。便宜有好货啊。配衣服刚刚好。大小也合适。边	2016宽松牛仔短裤女夏黑白蓝色毛边高腰显瘦学生韩版百搭阔腿热裤	淘宝
58056	154977188	我买的是最小码，穿上后还是肥了，但是真心的好看，希望自己以	2016宽松牛仔短裤女夏黑白蓝色毛边高腰显瘦学生韩版百搭阔腿热裤	淘宝
58057	154977188	这个价格能买到这个裤子很不错了，质量很好 效果也不错，很满意	2016宽松牛仔短裤女夏黑白蓝色毛边高腰显瘦学生韩版百搭阔腿热裤	淘宝
58058	154977188	买大了一码，还没穿，不知道怎么样，看起来挺好的，物流速度还	2016宽松牛仔短裤女夏黑白蓝色毛边高腰显瘦学生韩版百搭阔腿热裤	淘宝
58059	154977188	超级实惠！布料很柔软，穿上去超级舒服，今天到的快递，真的真	2016宽松牛仔短裤女夏黑白蓝色毛边高腰显瘦学生韩版百搭阔腿热裤	淘宝
58060	154977188	只能说快递太给力了，18号拍的，今天就到了，裤子挺好的，我码	2016宽松牛仔短裤女夏黑白蓝色毛边高腰显瘦学生韩版百搭阔腿热裤	淘宝
58061	154977188	裤子白白的，好看。就是两边上这个梗，不好看，身高155体重98	2016宽松牛仔短裤女夏黑白蓝色毛边高腰显瘦学生韩版百搭阔腿热裤	淘宝
58062	154977188	布料柔软，码子刚好，穿着非常舒服又不热，显腿瘦，like.味道有	2016宽松牛仔短裤女夏黑白蓝色毛边高腰显瘦学生韩版百搭阔腿热裤	淘宝
58063	154977188	非常满意的一条短裤，157cm/50kg，选27码，刚好，这种应该算	2016宽松牛仔短裤女夏黑白蓝色毛边高腰显瘦学生韩版百搭阔腿热裤	淘宝
58064	154977188	今天收到衣服发现衣服非常让我满意，我160，100穿上27码正好，	2016宽松牛仔短裤女夏黑白蓝色毛边高腰显瘦学生韩版百搭阔腿热裤	淘宝
58065	915732061	宝贝很快收到了，真是太惊喜太喜欢了，首先说说面料，卖说是纯	韩版夏装aa款露脐短款短袖t恤紧修身露肚脐纯棉高腰上衣打底衫女	淘宝
58066	915732061	宝贝很快收到了，真是太惊喜太喜欢了，首先说说面料，卖说是纯	韩版夏装aa款露脐短款短袖t恤紧修身露肚脐纯棉高腰上衣打底衫女	淘宝
58067	915732061	很不错，搭配衣服很方便，也很漂亮，简单。	韩版夏装aa款露脐短款短袖t恤紧修身露肚脐纯棉高腰上衣打底衫女	淘宝

图 14-5 对应服饰的好评数据

id	userkey	comment	create	classifaction
53999	154977188	首先我声明我蒸	2016宽松牛仔短裤女夏黑白	淘宝
54000	154977188	我码号拍大了	2016宽松牛仔短裤女夏黑白	淘宝
54001	154977188	等了5天才收到	2016宽松牛仔短裤女夏黑白	淘宝
54002	154977188	第一次买还是好	2016宽松牛仔短裤女夏黑白	淘宝
54003	154977188	碰到这么没良心	2016宽松牛仔短裤女夏黑白	淘宝
54004	154977188	东西终于收到了	2016宽松牛仔短裤女夏黑白	淘宝
54005	154977188	这得客服真好	2016宽松牛仔短裤女夏黑白	淘宝
54006	154977188	裤子根本没有力	2016宽松牛仔短裤女夏黑白	淘宝
54007	154977188	第一次差评，实	2016宽松牛仔短裤女夏黑白	淘宝
54008	154977188	买个最小码还大	2016宽松牛仔短裤女夏黑白	淘宝
54009	154977188	差…&hel	2016宽松牛仔短裤女夏黑白	淘宝
54010	154977188	四点，1、同样	2016宽松牛仔短裤女夏黑白	淘宝
54011	154977188	建议还是不要买	2016宽松牛仔短裤女夏黑白	淘宝
54012	154977188	差…&hel	2016宽松牛仔短裤女夏黑白	淘宝
54013	154977188	物流超级慢！八	2016宽松牛仔短裤女夏黑白	淘宝
54014	154977188	刚拆开扣子就掉	2016宽松牛仔短裤女夏黑白	淘宝
54015	154977188	质量看得见！除	2016宽松牛仔短裤女夏黑白	淘宝
54016	154977188	本人买得是高腰	2016宽松牛仔短裤女夏黑白	淘宝
54017	154977188	从来买东西 没给	2016宽松牛仔短裤女夏黑白	淘宝
54018	154977188	严重的差评以前	2016宽松牛仔短裤女夏黑白	淘宝
54019	915732061	衣服真不怎么样	韩版夏装aa款露脐短款短袖	淘宝
54020	915732061	料子和款式都还	韩版夏装aa款露脐短款短袖	淘宝
54021	915732061	发货 到时挺快	韩版夏装aa款露脐短款短袖	淘宝
54022	915732061	不好就是显胖。	韩版夏装aa款露脐短款短袖	淘宝

图 14-6 对应服饰的差评数据

14.2.2 数据预处理

这里要对数据进行除杂。对所抽取的样本数据进行探索、审核和必要的加工处理，是保证最终的挖掘模型的质量所必需的。可以说，挖掘模型的质量不会超过抽取样本的质量。数据探索和预处理的目的是保证样本数据的质量，从而为保证模型质量打下基础。如图 14-4 所示 state=8 的数据是爬虫在采集时采集失败的废数据，我们首先要把这些废数据删掉。视数据量的大小和复杂度，可以把数据交给 spark sql 或者自己编写 Map Reduce 来处理。这里以 sql 命令为例，删除的代码如下。

```
DELETE from haoping
      where userkey in
      (
SELECT userkey from taobao
      where state=8
);
```

14.2.3 导入数据到 Hadoop

因为现在 Hadoop 的版本还不能完美兼容 MySQL，所以数据需要上传至 Hadoop。这里我们用 Hadoop 下的 Hive 来进行分析。为了演示清楚，这里先将数据导入到 HDFS，再从 HDFS 导入到 Hive。

1. 从 MySQL 导入到 HDFS

首先启动 Hadoop，然后启动 Sqoop 创建两个 link，一个 link 是连接 MySQL 的，另一个 link 是连接 HDFS 的。如图 14-7 所示。

```
sqoop:000> show link -all
2 link(s) to show:
link with id 1 and name mysql (Enabled: true, Created by root at 8/3/16 7:23 PM, Updated by hadoop at 8/24/16 1:54 AM)
Using Connector generic-jdbc-connector with id 1
  Link configuration
    JDBC Driver Class: com.mysql.jdbc.Driver
    JDBC Connection String: jdbc:mysql://192.168.10.43:3306/test?useUnicode=true&characterEncoding=UTF-8&createDatabaseIfNotExist=true&autoRec
onnect=true
    Username: root
    Password:
    JDBC Connection Properties:
link with id 2 and name hdfs (Enabled: true, Created by root at 8/3/16 7:25 PM, Updated by hadoop at 8/4/16 2:06 AM)
Using Connector hdfs-connector with id 3
  Link configuration
    HDFS URI: hdfs://master:9000
    Hadoop conf directory: /usr/local/hadoop/etc/hadoop
sqoop:000>
```

图 14-7 创建两个 link

link 创建完成之后，创建一个 job 并运行，把 MySQL 的数据导入到 HDFS。如图 14-8 至图 14-10 所示。

这样数据便从 MySQL 传到 HDFS 了。

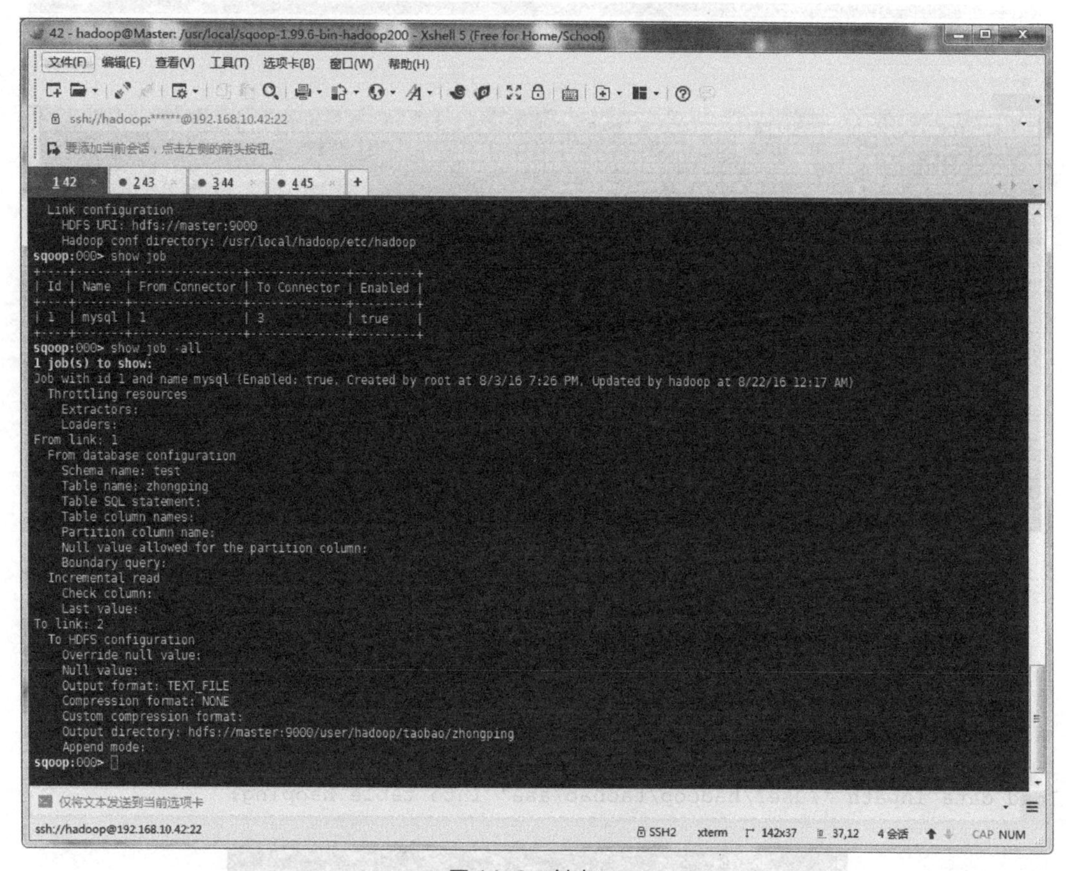

图 14-8　创建 job

```
2016-08-24 02:22:57 PDT:
Counters:
        org.apache.hadoop.mapreduce.FileSystemCounter
                FILE_LARGE_READ_OPS: 0
                FILE_WRITE_OPS: 0
                HDFS_READ_OPS: 10
                HDFS_BYTES_READ: 1171
                HDFS_LARGE_READ_OPS: 0
                FILE_READ_OPS: 0
                FILE_BYTES_WRITTEN: 2768290
                FILE_BYTES_READ: 0
                HDFS_WRITE_OPS: 10
                HDFS_BYTES_WRITTEN: 339687
        org.apache.hadoop.mapreduce.lib.output.FileOutputFormatCounter
                BYTES_WRITTEN: 0
        org.apache.hadoop.mapreduce.lib.input.FileInputFormatCounter
                BYTES_READ: 0
        org.apache.hadoop.mapreduce.JobCounter
                TOTAL_LAUNCHED_MAPS: 10
                MB_MILLIS_MAPS: 198013952
                SLOTS_MILLIS_REDUCES: 0
                VCORES_MILLIS_MAPS: 193373
                SLOTS_MILLIS_MAPS: 193373
                OTHER_LOCAL_MAPS: 10
                MILLIS_MAPS: 193373
        org.apache.sqoop.submission.counter.SqoopCounters
                ROWS_READ: 1541
                ROWS_WRITTEN: 1541
        org.apache.hadoop.mapreduce.TaskCounter
                SPILLED_RECORDS: 0
                MERGED_MAP_OUTPUTS: 0
                VIRTUAL_MEMORY_BYTES: 19214172160
                MAP_INPUT_RECORDS: 0
                SPLIT_RAW_BYTES: 1171
                MAP_OUTPUT_RECORDS: 1541
                FAILED_SHUFFLE: 0
                PHYSICAL_MEMORY_BYTES: 1777643520
                GC_TIME_MILLIS: 4985
                CPU_MILLISECONDS: 22700
                COMMITTED_HEAP_BYTES: 933756928
Job executed successfully
sqoop:000>
```

图 14-9　运行 job

图 14-10　HDFS 查看上传内容

2．通过 HDFS 导入 Hive

先进入到 Hive 创建相应的表的结构，如图 14-11 所示。

通过命令进行导入：

```
load data inpath '/user/hadoop/taobao/aaa' into table haoping;
```

图 14-11　创建 hive 对应 MySQL 表的结构

然后查看表中数据（如图 14-12 所示）：

```
select * from haoping
```

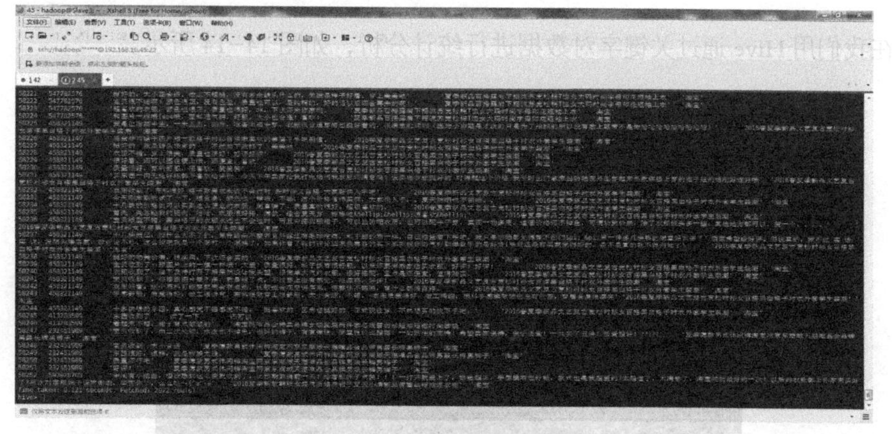

图 14-12 Hive 查看表中数据

14.2.4 数据取样分析

众所周知，英文是以词为单位的，词和词之间靠空格隔开，而中文是以字为单位，句子中所有的字连起来才能描述一个意思。例如，英文句子 I am a student，用中文则为“我是一个学生”。计算机可以很简单地通过空格知道 student 是一个单词，但是不能很容易地明白“学”、“生”两个字合起来才表示一个词。把中文的汉字序列切分成有意义的词，就是中文分词，有些人也称为切词。“我是一个学生”，分词的结果是“我”、“是”、“一个”、“学生”。

中文分词技术属于自然语言处理技术范畴，对于一句话，人可以通过自己的知识来明白哪些是词，哪些不是词，但如何让计算机也能理解呢？其处理过程就是分词算法。

因为我们的数据是中文，是自然语言，所以我们对其关键字进行分析，首先就要进行分词。然后统计分词在数据中出现的频率来确定哪些是关键字。

这里对好评、差评各取 300 条，进行分词统计出关键字。网上有很多分词工具和算法，这里为了方便使用现成的工具进行分析，如图 14-13 所示。

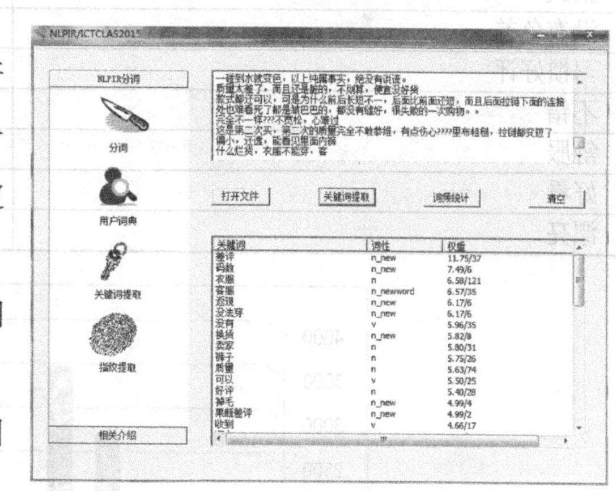

图 14-13 评论分词关键字统计

关键字统计结果如表 14-1 所列。

表 14-1 关键字统计结果表

评论	好评	差评
关键字	吸汗，价格，没有色差，物流很快，喜欢，穿着舒服，质量，习惯好评，款式	做工，物流，线头，服务态度，颜色，退货，抹布，运费，掉毛，质量，换货

现在我们用 Hive 通过关键字对数据进行统计分析，如图 14-14 所示。

图 14-14　运行 Hive 进行关键字统计

分析得出的好评结果如表 14-2 所列，其结果统计如图 14-15 所示。

表 14-2　好评

吸汗	60
物流很快	125
价格	1090
喜欢	2770
质量	3530
款式	635
没有色差	305
习惯好评	35
不错	2800
舒服	2445
好看	1725
漂亮	785

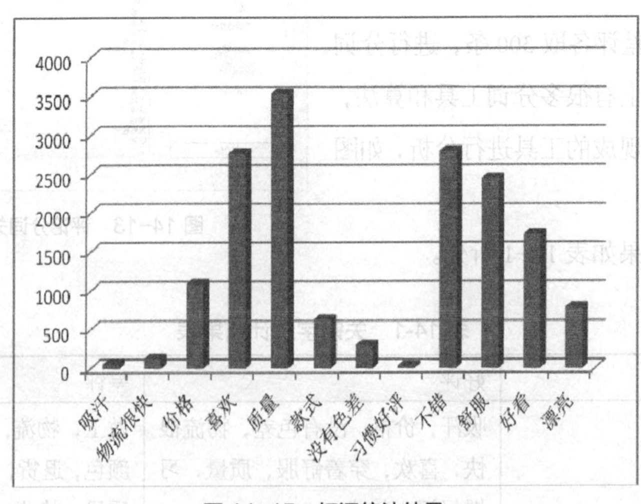

图 14-15　好评统计结果

差评统计结果如表 14-3 所列，统计结果图如图 14-16 所示。

表 14-3　差评

做工	470
物流	503
退货	738
服务态度	241
颜色	911
抹布	498
运费	508
质量	3331
掉毛	286
换货	197

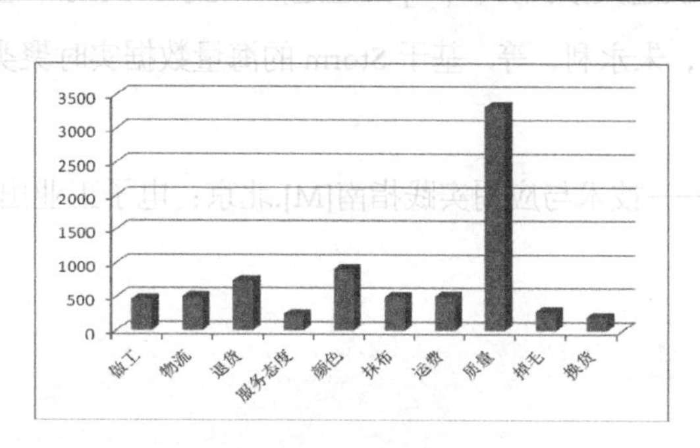

图 14-16　差评统计结果

对统计结果进行分析，可得出如表 14-4 所列的结论。

表 14-4　结论

消费者普遍关注电商的几个方面	质量>舒适度>款式>价格>物流
消费者不能容忍电商的几个方面	质量>服务态度>款式>物流

通过上述结论不难看出，质量对于销量起着决定性的作用；要成为一家好的服饰电商，应该以质量为重，选用让人皮肤感到舒适的材料，有良好的售后，选择潮流的款式和较快的物流。当然，我们这里是对总体的数据进行分析，如果从不同类别的商品角度去分析，则会得出不同的结论。

14.3　本章小结

电子商务相对于传统零售业来说，最大的特点就是一切都可以通过数据化来监控和改进。通过数据可以看到用户从哪里来、如何组织产品可以实现很好的转化率、投放广告的效率如何等问题。基于数据分析的每一点改变，都能够对电商的各个环节有更深的认识，所以，电子商务网站的数据分析显得尤为重要。

参考文献

[1]黄宜华．深入理解大数据[M]．北京：机械工业出版社, 2014.

[2]张良均．Hadoop 大数据分析与挖掘实战[M]．北京：机械工业出版社, 2015.

[3]陆嘉恒．Hadoop 实战[M].北京：机械工业出版社, 2012.

[4]刘鹏．实战 Hadoop：开启通向云计算的捷径[M]．北京：电子工业出版社, 2011.

[5]王晓华．MapReduce 2.0 源码分析与编程实战[M]．北京：人民邮电出版社, 2014.

[6]乔治．HBase 权威指南[M]．北京：人民邮电出版社，2013.

[7]Karou H．Spark 快速大数据分析[M].王道远,译.北京：人民邮电出版社，2015.

[8]王铭坤，袁少光，朱永利，等．基于 Storm 的海量数据实时聚类[J]．计算机应用, 2014, 34(11):3078−3081.

[9] 赵刚．大数据——技术与应用实践指南[M].北京：电子工业出版社, 2013.